PRINCIPES

MATHÉMATIQUES.

PRINCIPES

MATHÉMATIQUES

DE FEU

JOSEPH-ANASTASE DA CUNHA,

TRADUITS LITTÉRALEMENT DU PORTUGAIS

PAR J. M. D'ABREU.

A BORDEAUX,

DE L'IMPRIMERIE D'ANDRÉ RACLE.

1811.

AVERTISSEMENT

DU TRADUCTEUR.

Les premiers livres des *Principes mathématiques*
étoient connus à Lisbonne, si je me le rappelle bien, dès
1782 : c'est à peu près à cette époque que M. da Cunha (1)
les composoit et les faisoit imprimer à l'usage du collége royal de Saint-George, dont il étoit alors le direc-
teur. On les y expliquoit sous sa direction, au fur et à
mesure qu'ils sortoient de la presse. Mais ce collége
ayant essuyé des vicissitudes qui entraînèrent la sup-
pression de l'emploi que M. da Cunha y occupoit, l'im-
pression du reste de son ouvrage éprouva des retards,
et ne fut terminée qu'en 1787 : il en corrigea la dernière
épreuve la veille même de sa mort. On doit regretter
que les infortunes de toute espèce, ainsi que les souf-
frances presque continuelles qui l'affligèrent pendant
les dernières années de sa vie, ne lui aient point permis
de publier également plusieurs autres ouvrages qu'il a
laissés dans ses papiers, et que ses amis estiment comme
autant de chefs-d'œuvres de goût et de profondeur.
Parmi ces ouvrages, il en est quelques-uns qui forme-
roient peut-être l'introduction la plus digne de celui-ci :
tels je regarde ceux qui ont pour titre : *Discours préli-*
minaire sur les premiers éléments de géométrie; On

______

(1) Professeur de mathématiques à l'université de Coïmbre, né
à Lisbonne, en 1744, mort en 1787.

powers and logarithms; Sur les racines; Sur l'infini mathématique; Contre la méthode des premiers et derniers rapports des quantités naissantes et évanouissantes de Newton; Préface de la théorie des fluxions, et autres, dont je possède la plupart des manuscrits autographes. Il sembleroit donc qu'il eût été de mon devoir d'en insérer ici quelques extraits : mais, d'une part, j'estime trop les originaux, pour oser les mutiler mal à propos ; et de l'autre, j'ai quelque espérance de pouvoir les faire paroître bientôt, avec une notice de la vie de l'auteur, écrite par un de ses meilleurs amis. En attendant, j'ai cru qu'en me bornant à la traduction du seul ouvrage de M. da Cunha, dont il a pu achever la rédaction, je rendrois quelque service à sa mémoire et au public. Puisse l'idée que je me suis toujours faite du travail de mon compatriote, n'être pas une simple illusion de l'amitié !

Il y avoit déjà, avant lui, une quantité prodigieuse de livres élémentaires, destinés aux écoles premières de mathématiques ; la vie de l'homme seroit trop courte pour les lire tous avec attention : mais il paroît que les uns étoient trop volumineux, les autres trop résumés, et tous plus ou moins défectueux sur l'article le plus essentiel ; je veux dire, sur la méthode de démonstration. Aussi des géomètres du premier rang ne craignoient pas d'affirmer que l'on manquoit encore d'un vrai livre classique de mathématiques pures. Apparamment que les préceptes ne venant jamais qu'après les chefs-d'œuvres, en quelque genre que ce puisse être, les véritables conditions de cet intéressant problème n'étoient pas encore bien arrêtées. Quoi qu'il en soit, l'écrivain qui, en s'appesantissant sur tout ce qui lui tombe sous la plume, ne laisse au lecteur un peu instruit, que la peine d'en retrancher les longueurs superflues; celui qui tantôt paroit s'adresser à des enfants fréquentant des écoles publiques, tantôt à des amateurs isolés, tantôt à des géomètres profonds; ou qui, dans la même page, mêlera quelquefois des analogies imparfaites avec des raisonnements exacts; ces écrivains, dis-je, ne sauroient faire le livre classique dont on parle; car il est naturel que l'on doive s'y assujettir à des unités de plan, de style et de méthode, à peu près comme dans certains autres ouvrages on tient à celles d'action, de temps et de lieu. Or, il me paroit que celui de M. da Cunha ne laisse rien à désirer à aucun de ces égards. D'abord, il ne présuppose que des élèves laborieux, conduits par un répétiteur sensé; le style en est toujours conforme à ce premier point de vue; la méthode de déduction que l'on y trouve au commencement, on la retrouve partout jusqu'à la fin, depuis la première proposition d'Euclide, jusqu'au fameux problème des isopérimètres; et la chaîne de principes qui y lie ces deux extrêmes, me paroit la plus courte et la plus solide qui puisse servir de fil régulateur, et à l'étude du disciple, et à l'explication du maître. On auroit donc tort de vouloir ici de plus longs développements et des applications à fantaisie: cela regarde ceux qui enseignent. Il est clair que l'auteur, en cherchant à associer dans un même volume, sans lacunes ni répétitions, la sévérité de l'antique géométrie, à la rapidité des calculs modernes, n'a eu principalement en vue, que d'y tenir en haleine l'attention des professeurs autant que celle des élèves; car le perfectionnement des uns n'intéresse pas moins le public que les progrès des autres. Il avoit observé, en outre, que l'on ne gagne rien à surcharger les livres élémentaires, de calculs à moitié faits ; que le commençant, au lieu de vérifier ces calculs, la plume à la main, se contente, pour l'ordinaire, de les parcourir des yeux. Ce n'est donc pas non plus à caprice ni à stérilité, qu'il faut imputer à notre auteur ce laconisme qui caractérise son texte, et que je me suis fait un devoir de conserver dans la traduction, autant que je l'ai pu, et que me l'a permis la différence des deux langues. Les jeunes gens n'ont que trop d'occasions d'apprendre à délayer les moindres choses dans beaucoup de mots, sans qu'on leur en donne des leçons dans les livres mêmes où il seroit si convenable de les préserver de ce mauvais goût. Il ne s'agit donc ici que d'une série de raisonnements exacts, exprimés par le plus petit nombre de phrases possible : le reste, je le répète encore, appartient à des leçons orales.

Mais c'est surtout à l'égard de la méthode de démonstration constamment suivie dans le cours de ses principes, que l'auteur me paroît avoir laissé bien loin derrière lui tous ceux qui l'ont devancé dans la même carrière. Plus de cette mauvaise métaphysique que M. d'Alembert appeloit métaphysique alambiquée, et qui infestoit encore de son temps certaines branches des mathématiques pures. Notre auteur est le premier qui en ait assujetti l'ensemble à un seul et même art de raisonner, à cette règle de logique dont nous avons parlé ailleurs (1), et qu'il

---

(1) Supplément à la traduction de la géométrie d'Euclide, de M. Peyrard, note 1re.

avoit puisée, à l'exemple de Hobbes et de Descartes,
dans les écrits des anciens géomètres.

« Puisqu'enseigner, dit le premier de ces deux phi-
» losophes (1), n'est autre chose que conduire l'esprit
» de celui qu'on enseigne, à la connoissance des choses,
» en lui faisant suivre la route que l'on a tenue soi-
» même en les trouvant, la méthode de démonstration
» est la même que celle de recherche, si ce n'est qu'il
» faut en supprimer la première partie, c'est-à-dire,
» celle qui conduit depuis la sensation jusqu'aux prin-
» cipes universels ; car ceux-ci, puisqu'ils sont des prin-
» cipes, ne peuvent être démontrés ; et puisqu'ils sont
» connus d'avance, etc., ils peuvent avoir besoin d'ex-
» plication, mais jamais de démonstration. Donc toute
» la méthode de démonstration est synthétique ; et elle
» consiste dans l'ordre d'un discours commençant aux
» propositions premières, ou les plus universelles, com-
» prises par elles-mêmes, et s'avançant toujours par un
» enchaînement continuel de propositions syllogisti-
» ques, jusqu'à ce que la vérité de la conclusion cher-
» chée soit comprise par celui qui apprend...............
» Les propositions premières ne sont autre chose que
» des définitions, et elles seules sont des bases de dé-
» monstrations, c'est-à-dire, que ce sont des vérités
» créées par la volonté de ceux qui parlent et de ceux
» qui écoutent, et qui, par cela même, sont impossibles
» à démontrer ».

Voilà précisément la méthode d'Euclide. On diroit

____

(1) Voyez le chap. IV de la logique de Hobbes, traduct. de
M. Destutt-Tracy, pag. 639.

vj

que notre auteur n'a eu devant les yeux, dans chaque théorie de ses principes, que le sens strict de ce peu de mots. Pour en donner un exemple remarquable, nous n'aurons besoin que de nous arrêter un instant sur la définition fondamentale de son IXme. livre (1). Suivant la méthode ordinaire, on commence la théorie des exposants, par $a^n = aaa$ etc., lorsque n représente un nombre entier et positif; et de ce cas particulier, on procède syllogistiquement à la formule générale $a^b = 1 + bc + \frac{1}{2}(bc)^2 +$ etc., quel que soit le nombre b; ce qui est absurde en rigueur logique, car l'espèce ne sauroit contenir le genre; et si le commençant ne s'aperçoit pas de cette absurdité, c'est parce que la courbe qu'on lui fait parcourir entre les deux objets $a^n = aaa$ etc., et $a^b = 1 + bc + \frac{1}{2}(bc)^2 +$ etc., est ordinairement aussi longue que compliquée. On lui cache d'abord le chemin le plus court qui devroit le conduire de l'un à l'autre; et ensuite l'autorité des livres, jointe à celle des professeurs, lui en impose. Voilà pourquoi M. da Cunha a pris pour proposition première de la théorie exponentielle, la formule $a^b = 1 + bc +$ etc., d'où il n'y a qu'un pas à faire pour arriver à la définition vulgaire $a^n = aaa$ etc.; et c'est ainsi, ou à peu près, qu'il faut discuter la plupart de ses définitions, si on ne veut pas courir le risque d'en rejeter les plus exactes, sans savoir ce que l'on fait.

Mais la méthode de recherche n'est-elle pas la plus lumineuse, la plus attrayante, etc. ? Rien ne scroit plus superficiel qu'une pareille objection, si on prétendoit

____

(1) Voyez la définition II du liv. IX de ces principes.

infirmer par-là le jugement de Hobbes, que nous venons de citer en faveur de notre auteur. La méthode
d'invention doit être aussi variable que les goûts de ceux
qui se mettent à la place des inventeurs. Pour s'en convaincre, on n'a qu'à jeter les yeux sur la diversité de
vues qui règne dans ces ouvrages élémentaires dont on
a parlé plus haut. A mon sens, s'il y a une méthode
susceptible de limites en perfection, ce ne peut être que
la synthétique; car la vraie proposition première d'une
théorie quelconque une fois trouvée, elle en sera toujours la première; celle qui touchera de plus près la
première, en sera toujours la seconde; ainsi de suite.
Or, ce n'est que de ces limites, rigoureusement parlant,
qu'il s'agit ici. D'ailleurs, puisque notre auteur présuppose un intermédiaire quelconque entre lui et le simple
commençant, il est visible que son plan n'exclut aucun
moyen d'enseignement, pourvu que ce moyen mérite
le nom de méthode. *Tâchez*, pourroit-il répondre à
cet intermédiaire quelconque, *de suppléer comme vous
le pourrez à la première partie de la méthode de recherche que j'ai supprimée, c'est-à-dire, à celle qui
conduit depuis la sensation jusqu'aux propositions universelles. Expliquez ces propositions premières par
votre méthode d'invention; développez à fantaisie les
ramifications principales de chaque théorie, etc.; mais
n'oubliez jamais de réduire vos développements à la
synthèse la plus concise et la plus rigoureuse; autrement vos élèves pourront très-bien confondre quelquefois des explications plausibles, et même des cercles vicieux, avec des démonstrations géométriques.*
Telle est en général ma manière d'apprécier l'ouvrage

dont je présente la traduction. Je voudrois pouvoir m'étendre davantage, et prouver en détail du moins la sincérité de mon opinion; mais cela demanderoit trop d'espace. Nous y reviendrons dans un autre petit travail que j'ai consacré encore à la mémoire de M. da Cunha, et où je tâche d'analyser non-seulement les théories de ses Principes qui me paroissent les plus parfaites, mais même celles qu'il auroit simplifiées bien davantage, s'il avoit eu le temps de les retoucher dans une seconde édition. Ce travail suivra de près le reste de ses œuvres de mathématiques, que j'ai promis plus haut. Heureux si, par mes bonnes intentions, je puis mériter l'indulgence du lecteur et l'approbation de mes compatriotes !

PRINCIPES MATHÉMATIQUES.

LIVRE PREMIER.

DÉFINITIONS.

I. Le *point* est un corps dont on peut négliger la longueur sans inconvénient remarquable.

II. Le corps dont la longueur ne sauroit être négligée sans erreur sensible, se nomme *ligne*.

III. Et celui dont on ne peut négliger de même que l'épaisseur, s'appelle *surface*.

IV. *Lignes droites* sont celles qui n'entourent aucun espace, de quelque manière que deux d'entre elles se rencontrent entre deux points communs.

V. Toute surface qui ne renferme aucun espace avec une ligne droite, de quelque manière que cette droite la rencontre entre deux points communs, se nomme *plan* ou *surface plane*.

VI. La surface plane prend le nom de *cercle*, lorsqu'elle est terminée par une seule ligne également distante d'un point intérieur de la même surface : cette ligne s'appelle *circonférence*, et le point, *centre* du cercle. Toute droite comprise entre le centre et la circonférence est un *rayon*, et la ligne droite, composée de deux rayons, s'appelle *diamètre*; toute portion de cercle, comprise entre deux rayons et la partie, ou *arc* de la circonférence qu'ils interceptent, est un *secteur* de cercle, et ces deux rayons en sont les *côtés*.

VII. On donne le nom d'*angle* à la figure que deux lignes forment, lorsqu'elles aboutissent à un même point. Les deux lignes sont les *côtés* de l'angle, et le point où elles aboutissent en est le *sommet*.

VIII. Par *angle rectiligne* on entend celui qui est formé par des lignes droites; et lorsqu'on compare des angles rectilignes comme des grandeurs égales ou inégales, on sous-entend toujours des arcs de cercles, compris entre leurs côtés, et décrits de leurs sommets comme centres avec des rayons égaux; et puisque deux rayons comprennent ainsi plus d'un arc, nous conviendrons de prendre, pour la valeur d'un angle rectiligne quelconque, le plus petit arc que les circonstances permettront, pourvu que cet arc soit compris entre ses côtés, et décrit de son sommet comme centre, avec le rayon dont on sera convenu d'avance.

IX. Tout angle dont les côtés coupent ainsi le quart de la circonférence, est un *angle droit*; et les côtés de l'angle droit sont *perpendiculaires* entre eux.

X. L'angle s'appelle *obtus* ou *aigu*, selon qu'il est plus grand ou plus petit qu'un angle droit.

XI. Deux lignes droites sont dites *parallèles*, lorsqu'étant situées dans un même plan, elles ne peuvent se rencontrer, quelque prolongées qu'on les suppose.

XII. Tout plan terminé par des lignes droites est

un *polygone*, et les droites qui le terminent en sont les côtés.

XIII. Le *triangle* est un polygone à trois côtés.

XIV. Le *quadrilatère* en a quatre.

XV. Le *pentagone*, cinq.

XVI. L'*hexagone*, six; et ainsi de suite.

XVII. Le quadrilatère dont les côtés opposés sont parallèles, se nomme *parallélogramme*.

XVIII. Celui dont tous les angles sont droits, s'appelle *rectangle*.

XIX. Le rectangle équilatéral est un *carré*.

DEMANDES.

I. Tirer une droite entre deux points donnés.

II. Prolonger à volonté une droite donnée.

III. D'un centre avec un rayon donné décrire un cercle.

AXIOME.

Si deux lignes droites font avec une troisième droite deux angles intérieurs d'un même côté, dont la somme soit moindre que deux angles droits, les deux premières droites prolongées de ce même côté pourront toujours se rencontrer.

AVERTISSEMENTS.

I. Tant que l'on n'avertira pas du contraire, nous supposerons toujours des figures situées sur un même plan.

II. Lorsque les arcs dont il est parlé dans la définition VIII ne seront pas décrits, il suffira de les sous-entendre.

III. On marque un angle par trois lettres , en plaçant la seconde près du sommet, et les deux autres des deux côtés : on le désigne quelquefois par quatre, en plaçant la quatrième du côté de l'arc qui lui convient. On l'indique aussi par la seule lettre du sommet, lorsqu'on le peut sans confusion.

IV. Le signe $=$ veut dire *égal à*; $>$, *plus grand que*; $<$, *moindre que*; sup., *supposition*; const., *construction*; dém., *démonstration*; [1. déf. 5], *définition V du livre I*er.; [1. ax.], *axiome du livre* I er.; [2. 7], *proposition VII, livre II*, etc.

PROPOSITIONS.

I. Sur une droite donnée construire un triangle équilatéral.

Soit AB la droite donnée. Du centre A avec le rayon AB décrivez le cercle BC [demande 5] ; du centre B avec le même rayon AB décrivez le second cercle AD ; du point E, où les circonférences se rencontrent, tirez les droites EA, EB [demande 1] : vous aurez AE$=$AB, BE$=$BA [1. déf. 6], et par conséquent AE$=$BE; donc le triangle ABE sera équilatéral.

II. Par un point quelconque, ou dans la direction d'un point donné, conduire d'un autre point donné une droite égale à une droite proposée.

Soit d'abord A le premier point, C le second, et AB la droite donnée. Du centre A avec le rayon AB décrivez le cercle BD ; tirez et prolongez, s'il le faut, AC de part et d'autre jusqu'à la circonférence, et vous aurez AE $=$ AF $=$ AB [1. déf. 6].

Supposons, en second lieu, que G soit le premier point

donné, H le second, et IL la droite donnée. Menez GI, et sur ce côté faites le triangle équilatéral IGM; prolongez MI, MG, en faisant IN $=$ IL et MO $=$ MN; conduisez, comme dans le premier cas, GP $=$ GO dans la direction du point H, et vous aurez MO $=$ MN, MG $=$ MI [const.], et par conséquent GO $=$ IN : mais on a IL $=$ IN et GP $=$ GO [const.]; donc GP $=$ IL.

III. Si deux triangles ont un angle égal compris entre des côtés égaux chacun à chacun, je dis que les troisièmes côtés, les angles opposés aux côtés égaux, et les deux triangles, seront égaux.

Dans les deux triangles ABC, DEF, soit AB $=$ DE, AC $=$ DF, et l'arc GH $=$ l'arc IL, ces arcs étant décrits des sommets A, D, avec des rayons égaux, AG $=$ DI. Du sommet C avec un rayon quelconque CM décrivez l'arc MN; coupez FO $=$ CM [1. 2], et du centre F avec le rayon FO, décrivez l'arc OP; du sommet B, par un point quelconque Q du premier triangle, conduisez la droite BQ, prolongée jusqu'au côté opposé AC; achevez le cercle HRV, et posez le triangle ABC sur DEF, de manière que le point A tombe sur le point D, le côté AB sur quelque autre point de DE, le côté AC près de DF, et le point C sur le plan du triangle DEF. Les droites AB, DE, ayant deux points communs [const.], doivent tomber l'une sur l'autre [1. déf. 4] : mais ces deux droites sont égales [sup.], et le point A est en D [const.]; donc le point B tombera sur le point E. Or, les droites AC, BC, ayant deux points communs avec le plan de DEF [const.], doivent tomber sur ce même plan [1. déf. 5]; donc les points H, R, V, ainsi que la droite BR, et par conséquent le point Q, tomberont aussi sur le plan de DEF [1. déf. 5]; donc tous les points d'ABC sont dans le plan de DEF. Je dis maintenant que tous ceux de GH doivent tomber sur la circonférence ILV; car autrement il y en auroit un, par exemple S, qui tomberoit soit en dedans, soit en dehors du cercle ILV; et menant la droite DST, ou DTS, on auroit DS=AG [1. déf. 6], AG=DI [const.], DI =DT [1. déf. 6], et par conséquent DS=DT, ce qui seroit absurde. Or, le point G est en I [dém.], et l'arc GH=l'arc IL [sup. et déf. 8]; donc H sera en L, et par conséquent le côté AC sur le côté DF : donc C tombe en F, parce que AC=DF [sup.]. D'où il s'ensuit que les troisièmes côtés BC, EF, ne feront qu'une seule et même droite ; donc BC=EF. Puisque CA tombe sur FD, CM sur FO, CB sur FE, et CN sur FP, l'arc MN tombera de même sur l'arc OP [dém. précédente]; donc MN = OP, et par conséquent l'angle C = l'angle F [1. 8]. On démontreroit de même que l'angle ABC= DEF ; et puisque les côtés des triangles ABC, DEF, les plans qu'ils entourent, et les angles qu'ils forment, posés les uns sur les autres, se recouvrent parfaitement, il s'ensuit que les deux triangles sont égaux.

Corol. 1. Si deux angles rectilignes coupent, selon la déf. 8, des arcs égaux dans deux cercles donnés, ils couperont aussi des arcs égaux dans deux autres cercles quelconques, décrits de leurs sommets comme centres avec des rayons égaux.

2. Si deux secteurs, tels que AGH et DIL, ont un angle égal compris entre des rayons égaux, ils seront égaux.

IV. Lorsque les côtés d'un triangle sont égaux, les angles opposés à ces côtés sont égaux.

Supposons dans le triangle ABC le côté AB = AC, et prolongeons AB et AC en faisant CE = BD [1. 2] : nous aurons AD = AE. Menons DC et BE. Dans les triangles ADC et AEB, on a AD = AE [dém.], AC = AB [sup.], et l'angle BAC commun : on aura donc CD = BE, l'angle ACD = ABE, et l'angle BDC = CEB [1. 3]. Dans les triangles DBC, ECB, on a DB = EC [const.], DC = EB [dém.], et l'angle BDC = CEB [dém.]; donc l'angle DCB = EBC [1. 5]: mais l'angle ACD = ABE [dém.]; donc l'angle ACB = ABC.

V. Partager une droite donnée en deux parties égales.

Soit AB la droite donnée. Sur AB construisez les triangles équilatéraux ABC, ABD, et menez la droite CD. Cette droite divisera AB également en E.

Car CA étant = CB [const.], on a l'angle CAE = CBE [1. 4], ainsi que DAE = DBE ; donc l'angle CAD = CBD : mais ces angles égaux sont compris entre des côtés égaux, savoir, entre AC = BC et AD = BD [const.]; donc l'angle ACE = BCE [1. 5]. On aura donc dans les triangles CAE, CBE, le côté CE commun, CA = CB, et l'angle ACE = BCE [dém.], et par conséquent AE = BE [1. 5].

VI. Par un point donné sur une droite quelconque élever une perpendiculaire à cette droite.

Soit BC la droite, et A le point donné. Il s'agit d'élever AF perpendiculaire à BC.

De côté et d'autre du point A prenez AE = AD, et construisez les triangles équilatéraux DEF et DEG ; la droite FA, menée par les points F, A, sera la perpendiculaire demandée.

La droite FG devant passer par le point A [1. 5], il

s'ensuit que FA fera partie de FG ; et puisque dans le triangle FDE, les deux côtés DF, EF, sont égaux [const.], on aura l'angle FDA = FEA [1. 4] : mais ces deux angles sont compris entre des côtés égaux, savoir, entre FD = FE et DA = EA [const.]; donc l'angle FAD = FAE [1. 5]. On trouvera de même l'angle DAG = EAG. Or, les droites DF, FE, EG, GD, étant égales à la même droite DE [const.], doivent être égales entre elles; donc les triangles FDG, FEG, donneront l'angle DFG = DGF, et l'angle EFG = EGF [1. 4]; d'où l'on tire DFE = DGE : mais ces deux angles sont compris entre des côtés égaux chacun à chacun, c'est-à-dire, entre DF = DG, et FE = GE ; donc les angles FED, GED, des triangles respectifs, seront égaux [1. 3]. Les triangles FEA, GEA, ont aussi l'angle FEA = GEA [dém.] compris entre FE = GE et AE commun, et par conséquent l'angle FAE = EAG [1. 5]; donc l'angle DAF = FAE = EAG = GAD [dém.], et par conséquent chacun de ces angles devra couper la quatrième partie de toute circonférence décrite du centre A avec un rayon quelconque [1. 5]; donc ils sont droits, et par conséquent la droite AF sera perpendiculaire sur BC [1. déf. 9].

Corol. 1. Tout diamètre d'un cercle en divise la circonférence en deux parties égales.

2. L'angle dont les côtés sont en ligne droite est égal à deux angles droits.

3. Et tout angle égal à deux droits a ses côtés en ligne droite.

Supposons l'angle ABCE égal à deux angles droits.

Si BA et BC ne sont pas en ligne droite, on pourra, en prolongeant CB, supposer CBE une ligne droite, et conclure en conséquence, que l'angle CBE vaut aussi deux angles droits [corol. précéd.]: mais l'angle ABCE est égal à cette même somme [sup.]; donc ABCE = CBE, ce qui est impossible.

4. Une droite tombe perpendiculairement sur une autre, lorsqu'elle la rencontre en faisant deux angles de suite égaux entre eux.

VII. Si deux droites se coupent, les angles opposés par le sommet seront égaux; et si les angles opposés par le sommet sont égaux, leurs côtés seront en ligne droite, pourvu que deux de ces côtés soient supposés en ligne droite.

Soient BC, DE, deux droites qui se croisent en A. Chacun des angles BACE et DAEB est égal à deux droits [1. 6. corol.], et par conséquent BACE = DAEB; retranchant donc de part et d'autre la partie commune BAE, on aura BAD = CAE.

Supposons l'angle BAD = CAE, et BC un ligne droite: je dis que AD et AE seront en ligne droite.

Car on a d'abord l'angle BAD plus BAE = CAE plus BAE: mais ces derniers réunis font deux angles droits [1. 6. corol. 2]; donc les premiers BAD plus BAE feront aussi deux angles droits, et par conséquent DA et EA seront en ligne droite [1. 6. corol. 5].

VIII. Si deux droites coupées par une troisième font avec elle des angles alternes égaux, ces deux droites sont parallèles entre elles.

Soient CD, EF, les deux droites, et LB la troisième; et supposons que les angles alternes CAB, ABF, qu'elles forment ensemble, soient égaux: je dis que CD et EF seront parallèles.

Car autrement elles pourront se rencontrer, par exemple en G. Divisons AB également en H [1. 5], et menons la droite GHI en faisant III = IIG. Si l'on joint AI, on aura les triangles AHI, GHB, dont l'angle AIII sera = GHB [1. 7]: mais les côtés qui comprennent ces deux angles sont égaux chacun à chacun, c'est-à-dire, AH = HB et HI = IIG [const.]; donc l'angle HAI = HBF [1. 3]: or, CAH est aussi égal à HBF [sup.]; donc HAI = HAC, ce qui est impossible. Donc les deux droites CD, EF, ne sauroient se rencontrer, et par conséquent sont parallèles [1. déf. 11].

Corol. Deux droites sont parallèles, lorsqu'elles forment avec une troisième droite l'un des angles externes égal à l'angle interne opposé du même côté; ou lorsque deux des angles internes d'un même côté valent ensemble deux angles droits.

Car supposant l'angle externe LAD = ABF interne, et opposé du même côté, on aura LAD = CAB [1. 7], et par conséquent CAB = ABF: donc CD, EF, seront parallèles [dém.].

Supposons que ABF et BAD, internes du même côté, fassent ensemble deux angles droits. Puisque CAB plus BAD font aussi deux angles droits [1. 6. corol.], on aura ABF plus BAD = CAB plus BAD. Retranchant donc de ces deux sommes égales la partie commune BAD, reste ABF = CAB; d'où il suit que CD et EF sont parallèles [1. 8].

IX. Si une droite coupe deux parallèles, les angles alternes seront égaux, les deux internes du même côté feront ensemble deux angles droits, et l'externe sera égal à l'interne opposé du même côté.

Soient DE, FG, parallèles, et B, C, les deux points où elles coupent la troisième AB. Si deux des angles alternes, comme BCD et CBG, pouvoient ne pas être égaux, l'un, par exemple BCD, seroit plus grand que l'autre CBG ; on auroit donc BCD plus BCE > CBG plus BCE : mais la première de ces deux sommes vaut deux angles droits [1. 6. corol.]; donc CBG plus BCE en feroit une plus petite que deux angles droits, et par conséquent CE, BG, prolongées à volonté, pourroient se rencontrer [1. ax.] : mais cela est impossible [sup.]; donc l'angle BCD = CBG. Il suit de là que l'angle CBG plus BCE = BCD plus BCE : mais cette dernière somme vaut deux angles droits [1. 6. corol.]; donc CBG plus BCE feront aussi deux angles droits.

Or, ACE = BCD [1. 7], et CBG = BCD [dém.]; donc ACE = CBG.

X. D'un point donné sur une droite quelconque tirer une droite qui y fasse un angle égal à un angle donné.

Soit AB la droite, A le sommet, et CDE l'angle donné. Sur DE prenez un point quelconque G, et faites DF = DG [1. 2]; menez FG, que vous diviserez également en H [1. 5], et joignez DH. Puisque DF = DG [const.], on aura l'angle DFH = DGH [1. 4] : mais ces angles sont compris entre des côtés égaux chacun à chacun, savoir, entre DG = DF et GH = FH [const.]; donc l'angle DHF = DHG [1. 5], et par conséquent DH perpendiculaire à FG [1. 6. corol.]. Prenant ensuite AI = DH [1. 2], et levant IL perpendiculaire sur AB [1. 6], et égale à FH [1. 2], menez AL. Dans les triangles IAL, DHF, vous aurez IA = HD, IL = HF, et l'angle

AIL$=$DHF [const.], et par conséquent l'angle IAL$=$ HDF [1. 5]; faisant de même LAM$=$HDG, vous aurez l'angle BAM$=$CDE.

XI. Par un point donné mener une parallèle à une droite donnée.

Soit BC la droite, et A le point donné. Par un point quelconque D, pris sur la droite BC, menez AD, et construisez l'angle DAE$=$ADB [1. 10]: la droite AE sera parallèle à BC [1. 8].

XII. Dans tout triangle la somme des trois angles est égale à deux angles droits; et si on en prolonge l'un des côtés, l'angle extérieur sera égal à la somme des deux intérieurs opposés.

Soit ABC un triangle quelconque. Menant CD parallèle à AB, les angles DCB, BCA et CAB, feront ensemble deux angles droits [1. 9]: mais l'angle ABC$=$ DCB [1. 9]; donc les trois angles ABC, BCA, CAB, réunis, feront aussi deux angles droits.

Prolongeant AC vers E, puisque l'angle ECD$=$CAB [1. 9], et DCB$=$ABC, on aura BCE$=$ABC plus CAB.

XIII. Dans tout triangle le plus grand côté est opposé au plus grand angle, et le plus grand angle est opposé au plus grand côté.

Soit dans le triangle ABC le côté AB $>$ AC. Faisant AD$=$AC, et menant CD, on aura l'angle ACD$=$ADC [1. 4], et par conséquent ACB$>$ADC : mais l'angle ADC$>$ABC [1. 12]; donc ACB$>$ABC.

Soit dans le triangle EFG, l'angle EFG$>$EGF. Si le côté EG étoit $<$EF, l'angle EGF seroit $>$ EFG [dém.], impossible [sup.]: si EG étoit$=$EF, l'angle EFG seroit $=$EGF [1. 4], impossible; donc EG$>$EF.

Corol. Dans tout triangle des angles égaux sont opposés à des côtés égaux, et des côtés égaux sont opposés à des angles égaux.

XIV. Si deux côtés d'un triangle sont égaux à deux côtés d'un autre triangle chacun à chacun, et que l'angle compris entre les premiers soit plus grand que l'angle compris entre les derniers, le côté opposé au plus grand angle surpassera le côté opposé au plus petit; et si le troisième côté du premier triangle surpasse le troisième côté de l'autre, l'angle opposé au plus grand côté sera plus grand que l'angle opposé au plus petit.

Soit dans les triangles ABC, DEF, le côté AB = DE, AC = DF, et l'angle BAC > EDF.

Au point A du côté AB, pas plus grand que le côté AC, faites l'angle BAG = EDF [1. 10]. Puisque AB n'est pas plus grand que AC, l'angle ACB ne sera pas plus grand que ABC [1. 13] : mais l'angle externe AGC est > ABC [1. 12]; donc AGC > ACB, et par conséquent AC > AG [1. 13]. Sur AG prolongée prenez AH = AC = DF, et tirez BH, HC. Les angles BAH, EDF, sont égaux [const.] : mais ils sont compris entre des côtés égaux, c'est-à-dire, entre AH = DF, et AB = DE [sup.]; donc le troisième côté BH sera = EF [1. 5] : mais AC = AH [const.]; donc AHC = ACH [1. 4], et par conséquent BHC > BCH; donc BC > BH [1. 13], c'est-à-dire, BC > EF.

Supposons dans les triangles ILM, DEF, le côté IL = DE, IM = DF, et LM > EF. Si l'angle LIM étoit < EDF, le côté EF seroit > LM [dém.], contre la supposition : si LIM étoit = EDF, le côté LM seroit = EF [1. 5] contre la supposition; donc l'angle LIM > EDF.

XV. Dans tout parallélogramme, les angles opposés, ainsi que les côtés opposés entre eux, sont égaux.

Supposez ABCD un parallélogramme, et menez la diagonale BD. Puisque AD est parallèle à BC, et AB parallèle à DC [sup. et 1. déf. 17], l'angle ADB sera = DBC [1. 9], ainsi que l'angle BDC = ABD; donc l'angle ADC = ABC. On trouvera de même BAD = BCD.

Je dis, en second lieu, que les côtés opposés sont égaux; car s'ils ne le sont pas, on pourra supposer, par exemple, AB > DC: faisant donc BE = CD, et menant DE, on aura dans les triangles BDE, CBD, un côté commun BD, le côté BE = DC, et l'angle ABD = BDC [dém.]; donc BDE = CBD [1. 5]: mais ADB = DBC [dém.]; donc l'angle BDE = ADB, ce qui est impossible; donc AB = DC et AD = BC.

Corol. 1. La diagonale partage le parallélogramme en deux parties égales.

2. Tout parallélogramme est rectangle, s'il a un angle droit.

XVI. Si deux côtés opposés d'un quadrilatère sont égaux et parallèles, le quadrilatère est un parallélogramme.

Supposez que les côtés AB, CD, du quadrilatère ABCD, soient égaux et parallèles, et menez la diagonale BD: le côté AB étant parallèle à CD, l'angle ABD sera = BDC [1. 9]: mais BA = DC [sup.], et BD commun; donc l'angle BDA = DBC [1. 5], et par conséquent AD est parallèle à BC [1. 8].

LIVRE II.

DÉFINITIONS.

I. Toute ligne droite qui joint les extrémités d'un arc, en est la *corde*.

II. Pour qu'un angle soit *inscrit* à un arc, il faut que son sommet s'y trouve placé, et que ses côtés aboutissent aux deux extrémités de cet arc.

III. Lorsqu'il est impossible de mener plus d'une droite par le sommet d'un angle quelconque, entre les lignes qui en sont les côtés, on appelle ces lignes *tangentes l'une de l'autre,* et on dit qu'elles se *touchent* réciproquement au sommet.

PROPOSITIONS.

I. Trouver le centre d'un cercle proposé.

Soit ABC le cercle. Tirez la corde AB, et divisez-la également en D. Par le point D menez la perpendiculaire EDC jusqu'à la circonférence, et divisez-la également en F : je dis que F sera le point que l'on demande.

Car autrement le centre du cercle devra se trouver hors de la ligne EC [1. déf. 6]. Supposons-le en G, et menons GA, GD, GB ; on aura AG=GB [1. déf. 6], et l'angle GAD=GBD [1. 4]: mais AD=BD [const.]; donc ADG=BDG [1. 3], et par conséquent ces deux angles

seront droits [1. 6. corol.] : mais ADC est droit [const.] ;
donc l'angle ADG=ADC, ce qui est absurde ; donc F
est le centre demandé.

Corol. La perpendiculaire élevée sur le milieu de la
corde passe nécessairement par le centre.

II. Le rayon ne sauroit être perpendiculaire à la corde,
sans la couper en deux parties égales ; ni la diviser en
parties égales , sans la couper perpendiculairement ,
pourvu que la corde ne soit pas un diamètre.

Soit AB la corde, C le centre, et CG un rayon perpendiculaire à AB : je dis que AD=DB.

Car autrement on pourra diviser AB également en E,
et y lever la perpendiculaire EF, laquelle devra passer
par le centre C [2. 1. corol.] ; ce qui est impossible , vu
que EF doit être parallèle à CD [1. 8. corol.] ; donc AD
=DB.

Supposons AD=DB : toute droite élevée perpendiculairement sur le point D doit passer par le centre C, et
ne faire en conséquence avec CD qu'une seule et même
droite [1. déf. 4] ; donc CD est perpendiculaire à AB.

III. Si d'un point intérieur du cercle on peut mener à la
circonférence trois droites égales, ce point en est le centre.

Soit AB=AC=AD. Menez les droites BC, CD, et
divisez-les également en E et F, moyennant les droites
AE et AF. Puisque BE=CE [const.], et BA=CA [sup.],
ainsi que l'angle ABE=ACE [1. 4], on aura l'angle
AEB=AEC [1. 5] ; donc AE perpendiculaire sur BC.
On démontreroit de même que AF est perpendiculaire
sur DC : mais AE, AF, doivent passer par le centre
[2. 1. corol.], et le point A est le seul où elles puissent
se rencontrer ; donc A est le centre du cercle.

IV. Si deux rayons divisent le cercle en deux secteurs, l'angle de l'un de ces secteurs sera toujours le
double de l'angle inscrit à l'arc de l'autre secteur.

A est le centre du cercle BCD, BADE l'angle de l'un
des secteurs, et BCD l'angle inscrit à l'arc de l'autre
secteur.

Supposons d'abord que le centre A soit un point de
BC, côté de l'angle BCD. Puisque AC=AD, on aura
l'angle BCD=ADC [1. 4] : mais l'angle BAD est égal
à la somme des deux BCD plus ADC [1. 12]; donc
BAD sera le double de BCD.

Supposons, en second lieu, que le centre A ne se
trouve sur aucun des côtés de l'angle BCD. Menant le
diamètre CAF, l'angle BAF sera le double de BCF, et
l'angle DAF double de DCF [dém.]; donc BADE sera
le double de BCD.

Corol. 1. Un angle sera plus grand qu'un autre, s'il
est inscrit dans un arc plus petit; et plus petit, s'il est
inscrit dans un plus grand arc.

2. Les angles inscrits sont égaux, lorsqu'ils le sont
dans des arcs égaux; et si les arcs sont égaux, ces angles le seront aussi.

3. Un angle sera droit, ou aigu, ou obtus, selon qu'il
se trouvera inscrit dans une demi-circonférence, ou dans
un arc plus grand ou plus petit que la demi-circonférence.

4. Deux angles opposés d'un même quadrilatère font
ensemble deux angles droits, lorsque le quadrilatère est
inscrit dans le cercle, c'est-à-dire, lorsque les sommets
de tous ses angles sont à la circonférence.

V. Tout point de la corde, différent de ses extrémités, est placé dans l'intérieur du cercle.

Soit C un point quelconque de la corde AB, et D le centre. Menez les droites AD, BD, CD. L'angle DAC étant $=$ DBC [1. 4], et DBC $<$ DCA [1. 12], on aura DAC $<$ DCA, et par conséquent DC $<$ DA [1. 15]: donc le point C sera dans l'intérieur du cercle.

VI. Lorsqu'une droite et une corde se rencontrent dans un même point de la circonférence, de telle sorte que l'angle qu'elles y forment soit égal à l'angle inscrit dans l'arc extérieur, c'est-à-dire, dans l'arc qui n'est point compris entre la droite et la corde, je dis que cette droite touche les deux arcs au point où elle les rencontre; et que si elle y est tangente à l'un de ces deux arcs, elle le sera également à l'autre, et formera de chaque côté de la corde, deux angles égaux à ceux qui seront inscrits dans les arcs externes, chacun à chacun.

La droite DAE passe par l'extrémité A de la corde AB, et y fait avec elle l'angle BAE égal à l'angle ACB inscrit dans l'arc ACB : cet arc s'appelle externe par rapport à l'angle BAE. Cela posé, je dis que la droite DE touche les deux arcs AFB, ACB, au point A.

Toute droite menée du point A à quelque autre point de l'arc AFB, doit tomber dans l'intérieur du cercle [2. 5], et faire avec AB un angle moindre que ACB [2. 4]; car il sera inscrit à un arc $>$ ACB; donc ce même angle doit être $<$ BAE, et par conséquent tous les points de l'arc AFB seront situés entre les droites AB et AE. Menons, s'il est possible, par le point A, entre le côté AE et l'arc AFB, une droite AG. Puisque l'angle BAE est $=$ BCA [sup.], on aura BAG $<$ BCA; on pourra donc faire BCH $=$ BAG, et mener AH. L'angle BCH sera $=$ BAH [2. 4. corol.], et par conséquent BAH $=$ BAG, c'est-à-dire, la partie égale au tout; ce qui est absurde. Il est donc impossible de mener par le point A , entre le côté AE et l'arc AFB, une droite telle que AG; d'où il s'ensuit que la droite AE et l'arc AFB se touchent réciproquement en A. [2. déf. 3].

D'un point quelconque F de l'arc AFB, menez les droites FA , FB. Les deux angles opposés ACB , AFB, feront ensemble deux angles droits [2. 4. corol.]: mais les deux angles BAE plus BAD font aussi deux angles droits [1. 6. corol.]; donc ACB plus AFB = BAE plus BAD : or l'angle ACB = BAE [sup.]; donc l'angle BAD = AFB, et par conséquent AD touchera aussi l'arc ACB au point A [dém.].

Supposons maintenant que la droite IN touche l'arc ILM au point I ; menons la droite IL, et dans l'arc LMI, externe par rapport à l'angle LIN, inscrivons l'angle LMI: je dis que LIN sera = LMI ; car si LIN est, par exemple, > LMI, on pourra construire l'angle LIO = LMI, et pour lors le côté IO sera tangent à l'arc IL [dém.] : mais entre les deux droites IN, IO, on en peut mener autant qu'on veut ; donc il sera possible de conduire plus d'une droite entre un arc IL et sa tangente IN ; ce qui est contraire à la définition III , liv. II : donc LIN = LMI ; d'où il s'ensuit que la droite NIP doit toucher à la fois, et au même point I, les deux arcs IL et LMI.

Corol. 1. Un cercle et une droite ne peuvent se toucher que dans un point. Cette conséquence dérive de la proposition précédente et du commencement de la démonstration.

2. Toute droite menée par le centre d'un cercle, et par le point de contact, est perpendiculaire à la tangente

dans ce même point ; et toute droite perpendiculaire à la tangente au point de contact, doit passer par le centre du cercle.

3. Toute perpendiculaire à l'extrémité d'un rayon est tangente à la circonférence.

4. On ne peut mener qu'une tangente par un seul point de la circonférence.

VII. Le diamètre est la plus grande de toutes les cordes d'un même cercle.

Soient AC un diamètre, et AB, BC, deux cordes du cercle ABC ; l'angle ABC sera droit [2. 4. corol.], et par conséquent > ACB [1. 12] ; donc AC > AB [1. 15].

VIII. De deux arcs de cercle décrits avec des rayons égaux, et moindres que la demi-circonférence, le plus grand est celui qui a une plus grande corde, et la plus grande corde soutend un plus grand arc.

GA, HD, sont deux rayons égaux, et ABC, DEF, des arcs circulaires moindres que les demi-circonférences respectives. Soient menées les cordes AC, DF, et les rayons GC, HF. Ces rayons seront égaux. Supposons l'arc ABC > DEF ; l'angle AGC sera > DHF [1. déf. 8], et par conséquent la corde AC > DF [1. 14]. Si l'on suppose la corde AC > DF, on aura l'angle AGC > DHF [1. 14], et par conséquent l'arc ABC > DEF [1. déf. 8].

Si le plus grand arc étoit une demi-circonférence, la corde en seroit le diamètre, et partant la plus grande [2. 7] ; si la plus grande corde étoit un diamètre, l'arc soutendu seroit une demi-circonférence, et partant le plus grand arc [sup.].

Corol. Dans des cercles à rayons égaux, les arcs égaux

ont des cordes égales ; et les cordes égales soutendent des arcs égaux.

IX. Deux lignes qui touchent une troisième dans un point quelconque, sont tangentes entre elles dans ce même point.

Supposons que AB, AC, touchent la même ligne AD au point A : je dis que AB touche AC au même point.

Car autrement on pourroit mener entre AB et AC, par le point A, deux lignes droites [2. déf. 5], et entre ces deux lignes autant de droites qu'on voudra : mais de toutes ces droites, il en tomberoit deux pour le moins, soit entre BA et DA, soit entre CA et DA ; donc les lignes AB, AC, ne seroient pas toutes deux tangentes à la même droite dans un même point, ce qui seroit contraire à la supposition. Donc AB est tangente à AC.

Corol. 1. Les circonférences de deux cercles, qui ont un point commun en ligne droite avec leurs centres, sont tangentes l'une de l'autre dans ce même point : et les circonférences qui sont tangentes l'une de l'autre, ont leurs centres en ligne droite avec le point de contact.

Soit AB la droite qui joint les centres de deux cercles, et A le point commun à leurs circonférences. Si l'on mène la perpendiculaire AC par le point A, les deux cercles toucheront AC dans ce point [2. 6. corol. 1, et par conséquent ils s'y toucheront réciproquement [2. 6].

Soit A le point de contact de deux cercles qui s'y touchent réciproquement, et B le centre de l'un d'eux. Par le point A menez la droite AC perpendiculaire au rayon AB ; AC sera tangente de ce cercle au point A [2. 6. corol.] : mais les deux cercles s'y touchent réciproquement [sup.] ; donc AC sera aussi tangente de l'autre [2. 9].

et par conséquent AB prolongée, devra passer aussi par son centre [2. 6. corol.].

2. Deux cercles ne peuvent se toucher qu'en un seul point.

Supposons, s'il est possible, qu'ils se touchent en deux, par exemple en A et B, et tirons la corde AB, divisée également en C par la perpendiculaire CD : cette droite prolongée à volonté passera par les centres des deux cercles [2. 1. corol.], sans rencontrer les points A, B de contact [contre le corol. précédent]; donc les deux cercles ne se touchent qu'en un point.

LIVRE III.

DÉFINITIONS.

I. Le tout composé de parties égales s'appelle *multiple* de chaque partie, et chaque partie *sous-multiple* du tout.

II. Lorsqu'on compare deux grandeurs quelconques en examinant combien de fois la première comprend un sous-multiple quelconque de la seconde, on nomme celle-ci *conséquent*, et l'autre *antécédent*.

III. Si plusieurs antécédents et leurs conséquents sont tels qu'aucun des antécédents ne puisse contenir un sous-multiple quelconque de son conséquent, plus de fois que chacun des autres antécédents ne contient un équi-sous-multiple de son conséquent, on les nomme *proportionnels*, et on dit que l'un des antécédents est à son conséquent, comme chacun des autres antécédents est à son conséquent.

AVERTISSEMENT.

I. Pour désigner qu'une grandeur A est à une grandeur B, comme une autre grandeur C est à une grandeur D, on écrit A : B :: C : D.

II. A + B, c'est-à-dire, A plus B, marque le tout composé des parties A et B.

III. A — B, c'est-à-dire, A moins B, marque ce que l'on doit ajouter à la grandeur B, pour composer un tout égal à A.

AXIOME.

Deux grandeurs inégales étant proposées, quelque multiple de la plus petite excédera la plus grande.

PROPOSITIONS.

I. Deux grandeurs étant proposées, si de la plus grande on retranche non moins de la moitié, et du reste non moins de la moitié, et ainsi de suite, on parviendra toujours à un reste moindre que la plus petite.

Soit $A > B$; quelque multiple de B sera $> A$ [3. ax.].

Soit d'abord $B + B > A$, et C la moitié de A : on aura $A = C + C$, $B + B > C + C$, et par conséquent $B > C$.

Soit $B + B + B > A$, et désignons par C la moitié de A, et par D la moitié de C : on aura $A = C + C = D + D + D + D < B + B + B$; donc $D < B$.

Soit $B + B + B + B > A$. Retranchons de A la moitié, et soit C l'autre moitié; retranchons de C la moitié, et soit D l'autre moitié; retranchons de D la moitié, et soit E l'autre moitié : on aura $A = E + E + E + E + E + E + E < B + B + B + B$, et par conséquent $E < B$; et ainsi de suite. Mais si à chaque soustraction on retranchoit plus de la moitié, le dernier reste seroit encore plus petit; donc, etc.

Corol. Quelque inégales que soient deux grandeurs homogènes, on pourra toujours supposer un sous-multiple de la plus grande, moindre que la plus petite.

II. Quatre grandeurs étant proportionnelles, si un antécédent est plus grand que son conséquent, l'autre antécédent sera aussi plus grand que son conséquent ; et si un antécédent est plus petit que son conséquent, l'autre antécédent sera plus petit que son conséquent.

Soit $A:B::C:D$. Si A, B, ne sont pas égaux, on pourra prendre un sous-multiple de B, moindre que toute différence qui puisse exister entre A et B [5. 1. corol.]. Désignons par E ce sous-multiple, et supposons $A > B$, et F aussi sous-multiple de D que E l'est de B ; E entrera en A plus de fois qu'en B [const.] : mais F entre en C autant de fois que E en A [const. et 5. déf. 5] ; donc F entre en C plus de fois que E n'entre en B. Mais F entre en D autant de fois que E en B [const. et 5. déf. 5] ; donc F entrera en C plus de fois qu'en D, et par conséquent $C > D$.

Soit $A < B$. On trouvera, de la même manière, que F entre en C moins de fois qu'en D, et par conséquent $C < D$.

Corol. Si un antécédent est égal à son conséquent, les autres antécédents seront égaux à leurs conséquents.

III. Le plus grand antécédent aura aussi le plus grand conséquent.

Soit $A:B::C:D$, et $A > C$. Il y aura une grandeur E sous-multiple de B, et $< A$ et $< A - C$. Supposons F aussi sous-multiple de D que E l'est de B ; E entrera en A plus de fois qu'en C : mais F entre en C autant de fois que E en A ; donc C contient F plus de fois que E, et par conséquent $E > F$. Mais B, D, sont équimultiples de E et F ; donc $B > D$.

Corol. Des conséquents égaux ont des antécédents égaux.

IV. Si plusieurs grandeurs sont proportionnelles, on

aura chaque antécédent plus son conséquent à son conséquent, comme chacun des autres antécédents plus son conséquent à son conséquent ; et si les antécédents sont plus grands que leurs conséquents, on aura aussi chaque antécédent moins son conséquent à son conséquent, comme chacun des autres antécédents moins son conséquent à son conséquent. Cette proposition est facile à déduire de la définition III, liv. III.

V. Lorsque plusieurs grandeurs seront proportionnelles et homogènes, on aura tous les antécédents pris ensemble à tous leurs conséquents, comme chaque antécédent est à son conséquent.

Soit $A:B::C:D$. Je dis que $A+C:B+D::A:B$. Supposons P sous-multiple de B et moindre que A, et Q aussi sous-multiple de D que P l'est de B. Si P n'entre qu'une fois en A, et par conséquent Q une seule fois en C [5. déf. 5], le tout $P+Q$ n'entrera qu'une fois en $A+C$; car l'excès de A sur P doit être moindre que P, et celui de C sur Q moindre que Q. De même si $P+P$ entre une seule fois en A, et par conséquent $Q+Q$ une seule fois en C [5. déf. 5], le tout $P+P+Q+Q$, ou bien $P+Q+P+Q$ n'entrera qu'une fois en $A+C$. On prouvera de même, que si P entre trois fois en A, et par conséquent Q trois fois en C, le tout $P+Q$ n'entrera que trois fois en $A+C$; et ainsi de suite. Mais $P+Q$ est aussi sous-multiple de $B+D$ que P l'est de B ; [car si l'on suppose $B=P+P$, et par conséquent $D=Q+Q$, on a $B+D=P+P+Q+Q=P+Q+P+Q$; si l'on suppose $B=P+P+P$, et $D=Q+Q+Q$, on a $B+D=P+P+P+Q+Q+Q=P+Q+P+Q+P+Q$, et ainsi de suite] : donc $A+C:B+D::A:B$.

Soit encore A : B :: E : F; on aura C : D :: E : F, et par conséquent C + E : D + F :: C : D, ou C : D :: C + E : D + F; ou bien A : B :: C + E : D + F, et par conséquent A + C + E : B + D + F :: A : B.

Et ainsi de suite.

Corol. Soient A, B homogènes : on aura A : B :: A : B, et A + A : B + B :: A : B; ou bien A : B :: A + A : B + B; ou A + A + A : B + B + B :: A : B; et ainsi de suite. D'où il suit que deux grandeurs homogènes sont entre elles comme leurs équimultiples.

VI. Deux antécédents et leurs conséquents sont proportionnels, lorsqu'il est impossible de trouver deux équimultiples des antécédents et deux équimultiples des conséquents, de telle manière que le multiple de l'un des antécédents soit plus grand que celui de son conséquent, et le multiple de l'autre antécédent plus petit que celui de son conséquent.

I	N	P	O
A,	B,	C,	D
	E		F
	G		H
	G — A		H
	L		
	I + L		M

Soient A, C les antécédents, B, D les conséquents, et E, F deux équi-sous-multiples quelconques de B, D; si A, B, C, D, ne sont pas proportionnels, l'un des sous-multiples, par exemple F, entrera en C plus de fois que E n'entre en A [5. déf. 5]. Prenons G, H équimultiples de E, F, mais à condition que H soit le plus grand mul-

tiple de F qui puisse entrer en C ; on aura $G > A$. Soient
I, L, M, équimultiples de A, $G - A$ et H, mais $I > B$,
et $L > B$, et prenons N, O, équimultiples de B, D, à
condition que N soit $> I$, et $< I + L$. Puisque I, L, sont
équimultiples de A et $G - A$, on trouvera, en raisonnant comme nous l'avons fait dans la démonstration précédente, que $I + L$ est aussi multiple de $A + G - A$,
c'est-à-dire, de G, que I l'est de A, ou M de H [const.].
On aura donc $I + L$ et M équimultiples de E, F : mais
N et O équimultiples de B, D, sont par cela même équimultiples de E, F, et on a $I + L > N$ [const.]; donc
$M > O$; car F doit entrer en $I + L$ plus de fois qu'en N,
et par conséquent F en M plus de fois qu'en O. Soit P
aussi multiple de C que I l'est de A, ou M de H : on aura
P non $< M$, et par conséquent $> O$. Il sera donc possible de trouver I, P, équimultiples de A, C ; N, O, équimultiples de B, D ; $I < N$ [const.], et $P > O$ [dém.];
ce qui est contraire à l'hypothèse : donc F ne sauroit
entrer en C plus de fois que E en A, et par conséquent
$A:B::C:D$ [3. déf. 5].

VII. Quatre grandeurs étant proportionnelles, si l'on
prend deux équimultiples des antécédents, et deux équimultiples quelconques des conséquents, les quatres grandeurs qui en viendront seront proportionnelles.

$$\begin{array}{cccc} I & M & L & N \\ E & G & F & H \\ \end{array}$$

$$A : B :: C : D$$

$$\begin{array}{cc} P & Q \\ R & \\ S & \end{array}$$

Soient $A:B::C:D$; E, F, équimultiples de A, C

I , L, équimultiples de E, F ; G, H, équimultiples de B, D,
et M, N , équimultiples de G, H : je dis que I sera $>$ N,
toutes les fois que L sera $>$ N ; ou I $<$ M , lorsque L $<$ N.

Supposons I $>$ M, et P, Q, équi-sous-multiples de B, D,
mais à condition que P, moindre que A , puisse entrer
dans la moitié de I — M plus de fois que A n'entre en I.
Prenez R multiple de P, moindre que A , sans être $<$
A — R ; et S aussi multiple de R que I l'est de A.
Retranchant R de I autant de fois que A entre en I,
la somme de tous les restes sera moindre que la moitié de I — M [const.] : donc I — S moindre que la
moitié de I—M, et par conséquent S plus grand que
la somme de M plus la moitié de I—M. P entrera donc
en S plus de fois qu'en M : mais il est facile de démontrer que Q ne peut pas entrer en L moins de fois
que P en S ; donc Q entrera en L plus de fois que P en
M , et par conséquent Q en L plus de fois qu'en N ; d'où
il s'ensuit que L $>$ N , lorsque I $>$ M. On démontreroit
de même L $<$ N, lorsque I $<$ M : mais I , L, sont équimultiples de E, F , et M, N, équimultiples de G , H ;
donc E:G::F:H.

VIII. Si plusieurs grandeurs sont proportionnelles,
chaque conséquent sera à son antécédent, comme chaque conséquent est à son antécédent.

E G F H	G E H F
A , B , C , D	B , A , D , C

Soit A:B::C:D ; je dis que B:A::D:C ; car supposant
E, F, équimultiples de A , C , et G, H, équimultiples de
B, D, on aura E:G::F:H [3. 7], et par conséquent E
$>$ G, lorsque F $>$ H, ou bien E $<$ G, lorsque F $<$ H
[3. 2]: donc B:A::D:C [3. 6].

IX. Si plusieurs grandeurs proportionnelles sont homogènes, les antecédents seront entre eux comme leurs conséquents.

Soit A:B::C:D des grandeurs homogènes : je dis que A:C::B:D.

$$E \quad G \quad F \quad H$$
$$A, \; C, \; B, \; D$$

Prenant E, F équimultiples de A, B, et G, H équimultiples quelconques de C, D, on aura E:F::A:B, et G:H::C:D [3. 5. corol.]; mais on a A:B::C:D [sup.]; donc E:F::G:H; et par conséquent E > F ou E < F, en même temps que G > H, ou G < H : donc A : C:: B:D.

X. Soit dans une série de grandeurs la première à la seconde, la seconde à la troisième, la troisième à la quatrième, et ainsi de suite, comme dans une autre série de grandeurs la première à la seconde, la seconde à la troisième, la troisième à la quatrième, et ainsi de suite; je dis que la première et la dernière de la première série seront entre elles, comme la première et la dernière de la seconde.

Dans les séries A, C, E, et B, D, F, soit A:C::B:D, et C:E::D:F : je dis que A:E::B:F.

$$R$$
$$Y \quad X \quad T$$
$$A, \; C, \; E$$
$$B, \; D, \; F$$
$$Z \quad V \quad S$$
$$Q$$

Soient Y, Z équimultiples quelconques de A, B; X, V équimultiples quelconques de C, D; T, S équimultiples quelconques de E, F, mais T plus grand, ou plus petit que Y; et supposons R, Q équi-sous-multiples de X, V, mais R moindre que Y, et moindre que T, et moindre que l'excès de T sur Y, ou de Y sur T. Puisque A:B:: C:D, on aura aussi Y:X :: Z:V, et X:T::V:S [5.7]; donc T:X::S:V [5.8].

Supposons Y > T; R entrera en Y plus de fois qu'en T [const.] : mais Q doit entrer en Z autant de fois que R en Y, parce que Y:X::Z:V [5. déf. 5]; donc Q entre en Z plus de fois que R en T: mais Q entre en S autant de fois que R en T, parce que T:X::S:V [déf. 5. dém.]; donc Q entre en Z plus de fois qu'en S, et par conséquent Z > S, lorsque Y > T. On trouveroit de même S > Z, lorsque T > Y; donc A:E::B:F [5. 6].

Dans les séries A, C, E, G; B, D, F, H, soit A:C::B:D, C:E::D:F, et E:G::F:H : je dis que A:G::B:H; car les deux séries A, C, E; B, D, F, donnent A:E::B:F [dém.]; donc les séries A, E, G; B, F, H, donneront de même A:G::B:H.

Et ainsi de suite.

XI. Si dans une série de grandeurs la première est à la dernière, la seconde à la dernière, la troisième à la dernière, et ainsi de suite, comme dans une autre série la première est à la dernière, la seconde à la dernière, la troisième à la dernière, et ainsi de suite; je dis que tous les termes de la première série pris ensemble, moins le dernier terme, seront au dernier terme, comme tous les termes de la seconde pris ensemble, moins le dernier terme, sont au dernier terme.

Dans les séries A, E, B; C, F, D, soit A:B::C:D, et E:B::F:D; on aura aussi B:E::D:F [5. 8], et par conséquent les deux séries A, B, E, et C, D, F, donneront

A:E::C:F [5. 10] : donc A+E:E::C+F:F [5. 4]; donc les séries A+E, E, B, et C+F, F, D, donneront A+E:B::C+F:D [5. 10].

Soient A, E, G, B, et C, F, H, D, les séries; on aura A+E:B::C+F:D [dém.] : donc les séries A+E, G, B, et C+F, H, D, donneront aussi A+E+G:B::C+F+H :D.

Ainsi de suite.

Corol. Si deux antécédents sont équimultiples de leurs conséquents, les quatre grandeurs seront proportionnelles.

Par la définition III de ce liv. III, on a A:A::B:B; donc les séries A, A, A, et B, B, B, donneront A+A :A::B+B:B. On déduira de même des séries A, A, A, A, et B, B, B, B, A+A+A:A::B+B+B:B.

Ainsi de suite.

LIVRE IV.

DÉFINITIONS.

1. Ce chiffre 1, ou le mot *un*, ou le nom d'*unité*, désigne la grandeur dont on se sert pour en déterminer une autre du même genre, en examinant combien de fois l'une d'entre elles contient quelque sous-multiple de l'autre.

II. L'unité et les grandeurs qu'on compare avec elle, suivant la définition précédente, s'appellent *nombres;* l'unité et ses multiples sont des nombres *entiers;* le multiple d'un sous-multiple quelconque de l'unité s'appelle *fraction,* ou nombre *fractionnaire;* et la grandeur qui n'est multiple d'aucun sous-multiple de l'unité, est un nombre *sourd* ou *irrationnel.*

III. Tout nombre qui est à l'unité comme un antécédent quelconque est à son conséquent, s'appelle le *rapport de cet antécédent à son conséquent,* ou *raison qu'il y a entre cet antécédent et son conséquent.*

IV. Diviser une grandeur par une autre du même genre, c'est déterminer le rapport de la première à la seconde. Diviser une grandeur par un nombre proposé, c'est trouver une autre grandeur qui soit à la première comme l'unité est au nombre proposé. En pareils cas, la grandeur à diviser s'appelle *dividende;* la grandeur

5

ou le nombre proposé, *diviseur*; et le nombre ou la grandeur demandée, *quotient*. On désigne un quotient en soulignant le dividende, et en l'écrivant au-dessus du diviseur. Le quotient ainsi indiqué, prend quelquefois le nom de fraction, ou de nombre fractionnaire ; et pour lors le dividende s'appelle *numérateur*; et le diviseur, *dénominateur*.

V. Le quotient prend encore un autre nom, lorsque l'unité en est le dividende; dans ce cas, on l'appelle l'*inverse*, ou le *réciproque* du diviseur.

VI. Multiplier une grandeur par un nombre, c'est chercher une autre grandeur qui soit à la *proposée* comme le nombre est à l'unité. La proposée se nomme *multiplicande*; le nombre, *multiplicateur*; et la grandeur demandée, *produit*. Le multiplicande et le multiplicateur sont les *facteurs* du produit. Le produit de deux facteurs multipliés par un nombre, ou le produit de deux nombres multipliés par une grandeur, s'appelle *produit de trois facteurs*; le produit de trois facteurs par un nombre, ou le produit de trois nombres par une grandeur, s'appelle *produit de quatre facteurs*, et ainsi des autres. On indique un produit de plusieurs facteurs, en les écrivant de suite, et de gauche à droite, ou bien en mettant entre eux le signe $\times$, lorsque cela devient nécessaire pour éviter toute confusion.

VII. Le produit de plusieurs rapports s'appelle *rapport composé*, ou *raison composée* de ces rapports ; le produit de deux rapports égaux s'appelle *raison doublée* de chacun de ces rapports ; et chaque rapport, *raison sous-doublée* du produit; le produit de trois rapports égaux s'appelle *raison triplée* de chacun de ces

rapports; et chaque rapport, *raison sous-triplée* du produit, et ainsi de suite.

VIII. Le produit de deux facteurs égaux est le *carré*
de chacun de ces facteurs, et chaque facteur s'appelle
racine carrée du produit; le produit de trois facteurs
égaux est le *cube* de chacun de ces facteurs, et chaque
facteur est la *racine cubique* du produit; le produit de
quatre facteurs égaux est le *carré carré* de chacun des
facteurs, et chaque facteur est la *racine carrée carrée* du
produit; le produit de cinq facteurs égaux est le *carré
cube* de chacun des facteurs, et chaque facteur s'appelle
racine carrée cubique du produit; le produit de six facteurs égaux est le *cube cube* de chacun des facteurs,
et chaque facteur, racine *cube cubique* du produit, et
ainsi de suite.

VIII. Deux ou 2 est égal à $1+1$; trois ou $3 = 2+1$;
quatre ou $4 = 3+1$; cinq ou $5 = 4+1$; six ou $6 = 5+1$;
sept ou $7 = 6+1$; huit ou $8 = 7+1$; neuf ou $9 = 8+1$;
zéro ou $0 =$ rien.

Chacun de ces chiffres, lorsqu'ils sont écrits de suite,
et de droite à gauche, est censé ne représenter que la
dixième partie de ce qu'il vaudroit au rang immédiat à
gauche; et on fixe, par le moyen d'une virgule placée
immédiatement à droite, le rang où chaque chiffre ne
doit valoir que ce que son nom indique, à moins que
ce rang ne soit le dernier à droite, la virgule devenant
alors superflue.

Exemple. Dans l'expression 525,74 le 5 ne vaut que
cinq unités; le 2, s'il étoit au rang du 5, ne vaudroit,
à cause de la virgule, que deux unités, ce qui ne seroit
que la dixième partie de sa valeur actuelle; donc, à la

place où il est, il doit valoir dix fois deux unités, ou, ce qui revient au même, deux fois dix unités, ou deux dizaines, ou vingt unités ; le 5, au rang immédiat à droite, ne vaudroit donc que trois dizaines ou trente unités ; donc, à la place où il est, il doit valoir dix fois trois dizaines, ou trois cents unités, ou bien trois centaines d'unités. On aura donc, pour la partie 525, trois cent vingt-cinq unités. Le 7, au rang du 5, vaudroit sept unités ; donc, là où il est, il ne doit valoir que sept dixièmes ; le 4, au rang du 7, devroit donc valoir quatre dixièmes ; donc sa valeur actuelle ne peut être que de quatre centièmes. On aura donc, pour l'expression totale , trois cent vingt-cinq unités sept dixièmes et quatre centièmes parties de l'unité.

Observant que chaque dixième vaut cent centièmes, et que sept dixièmes valent, en conséquence, soixante-dix centièmes, on pourra lire la partie décimale, en disant: soixante-quatorze centièmes.

Observant encore que chaque unité contient cent centièmes, que chaque dizaine en contient mille, et chaque centaine, dix mille, on pourra lire l'expression 525,74 , en disant: trente-deux mille cinq cent soixante-quatorze centièmes.

Cet exemple servira de règle dans tous les cas semblables.

Pour faciliter la prononciation des nombres composés de beaucoup de chiffres, on est convenu de dire million, au lieu de mille fois mille ; billion, au lieu de mille millions ; trillion, au lieu de mille billions, et ainsi de suite. Il est donc clair qu'en partageant un nombre quelconque en tranches de trois rangs, en commençant par le dernier chiffre à droite, les millions se trouveront au premier rang sur la droite de la troisième tranche; les billions, au premier rang sur la droite de la quatrième tranche, et ainsi de suite.

Par exemple, le nombre 23 456 789 234 565 456 vaudra vingt-trois quatrillions, quatre cent cinquante-six trillions, sept cent quatre-vingt-neuf billions, deux cent trente-quatre millions, cinq cent soixante-cinq mille, quatre cent cinquante-six unités.

L'emploi des zéros se voit dans les exemples suivants :

24005 = vingt-quatre mille cinq unités.

240050 = deux cent quarante mille cinquante unités.

    0,3 = trois dixièmes.

    0,03 = trois centièmes.

    0,003 = trois millièmes.

    0,000303 = trois cent trois millionièmes.

AVERTISSEMENT.

On désigne le produit de deux facteurs 3 et A [4. déf. 7], en écrivant $A \times 3$, ou $3 \times A$, ou simplement 3 A; mais jamais A 3. En pareils cas, le multiplicateur prend le nom de *coefficient*.

PROPOSITIONS.

I. Trouver la somme de plusieurs nombres donnés, c'est-à-dire, trouver un nombre qui soit égal à plusieurs nombres écrits selon la définition IX, liv. IV.

En voici le procédé et la démonstration. Pour ajouter ensemble les nombres donnés 2056,07 ; 929,5 ; 0,003, et 78,719, on écrira d'abord les uns au-dessous des autres, comme on le voit ici :

$$2056,07$$
$$929,5$$
$$0,005$$
$$\underline{78,719}$$
$$5044,292$$

en plaçant les unités sous les unités, les dizaines et les dixièmes sous les dizaines et les dixièmes, les centaines et les centièmes sous les centaines et les centièmes, ainsi du reste. On tirera ensuite un trait horizontal au-dessous du nombre inférieur, et on commencera l'opération par la première colonne à droite, en disant : 5 plus 9 font 12 millièmes, c'est-à-dire, 10 millièmes plus 2 millièmes, ce qui fait 1 centième plus 2 millièmes ; on écrira donc 2 sous les millièmes, en retenant 1 centième qu'il faudra ajouter à la colonne respective, en disant : 1 plus 7 plus l'1 font 9 centièmes ; on pose 9 sous les centièmes, et on ne retient rien. La colonne immédiate donne 12 dixièmes, c'est-à-dire, 1 unité plus 2 dixièmes ; on pose donc 2 et on retient 1. La colonne immédiate, en y ajoutant l'1, donne 24 unités ; je pose 4 et retiens 2 : le 2 ajouté à la colonne suivante donne 14 dizaines ; je pose 4 et retiens 1 : l'1 ajouté à l'immédiate donne 10 centaines ; je pose 0 et retiens 1 : l'1 et 2 font 5 que je pose au rang des mille ; et puisque le nombre 5044,292 contient toutes les parties des nombres proposés, je conclus qu'il en est la somme.

Corol. Pour additionner les nombres complexes, par exemple, 14 toises, 5 pieds, 5 pouces; 2 toises, 5 pieds,

7 pouces; et 8 toises, 4 pieds, 8 pouces, on suit à peu
près le même procédé :

$$14 \text{ toises } 5 \text{ pieds } 5 \text{ pouces.}$$
$$\begin{array}{ccc} 2 & 5 & 7 \\ 8 & 4 & 8 \end{array}$$
$$26 \text{ toises } 1 \text{ pied } 8 \text{ pouces.}$$

On commence aussi par les écrire les uns au-dessous
des autres, en plaçant les unités de la plus petite espèce
sous la première colonne à droite, les immédiates sous
la seconde, et ainsi de suite; et puis on dit: 5 et 7 font
12 et 8 font 20 pouces, c'est-à-dire, 1 pied et 8 pouces :
on pose 8 et on retient 1; 1 et 3 font 4 et 5 font 9 et 4
font 13 pieds, c'est-à-dire, 2 toises et 1 pied : on pose
donc 1 et on retient 2; 2 et 14 font 16 et 2 font 18 et
8 font 26, et on aura 26 toises, 1 pied et 8 pouces pour
la somme demandée.

II. Deux nombres écrits selon la définition IX, liv. IV,
étant donnés, retrancher l'un de l'autre, c'est-à-dire,
trouver l'excès du plus grand sur le plus petit.

Soient 7288056 et 557242 les nombres proposés :

$$\begin{array}{r} 7288036 \\ 557242 \\ \hline 6750794 \end{array}$$

Mettez le plus petit au-dessous du plus grand, les
unités sous les unités, les dizaines sous les dizaines, etc.,
et puis ôtez les unités des unités, les dizaines des dizaines, et ainsi de suite. Lorsqu'un des chiffres supé-
rieurs n'est pas assez grand, on peut lui ajouter une
dizaine; mais alors, pour compenser cette addition, il
faudra supposer que le chiffre immédiat à gauche du

nombre inférieur a été augmenté d'autant ; car la différence entre deux grandeurs quelconques ne change pas, lorsqu'on ajoute à l'une et à l'autre une même grandeur. Cela posé, je dis : 2 ôté de 6, reste 4 ; je pose 4 unités : le 4 ôté du 3, cela ne se peut ; mais le 4 ôté de 13, reste 9 ; je pose 9 dizaines et retiens 10 dizaines que j'ai ajoutées à 3, ou bien 1 centaine que j'ajouterai aux 2 centaines inférieures, en disant : 1 et 2 font 3 centaines ; 3 ôté de 0, cela ne se peut ; mais 3 ôté de 10, reste 7 centaines que je pose, et retiens 10 centaines ou 1 mille que j'ajoute de même au nombre inférieur, en disant : 1 mille et 7 font 8 ; 8 retranché du 8 supérieur, reste 0 que je pose : le 3 inférieur ôté du 8 correspondant, reste 5 que je pose : le 5 immédiat retranché du 2 correspondant, cela ne se peut ; mais 5 retranché de 12, reste 7 dizaines de mille que je pose, et retiens 10 dizaines de mille, ou 100 mille, et ainsi de suite. On aura donc, pour la différence demandée, 6750794.

Soient 86,7 et 0,925 les nombres proposés.

Le plus grand 86,7 est égal à 86,700, parce que 7 unités valent 700 millièmes [4. déf. 9]. On pourra donc, dans tous les cas semblables, faire en sorte que les deux nombres proposés aient le même nombre de décimales, sans en changer la valeur. Opérant ensuite comme dans l'exemple précédent, on aura :

$$86{,}700$$
$$0{,}925$$
$$\overline{85{,}775}$$

Corol. 1. La soustraction des nombres complexes se fait à peu près de la même manière. Pour retrancher,

par exemple, 18 toises, 4 pieds et 7 pouces du nombre complexe 20 toises, 3 pieds, 2 pouces,

20 toises 3 pieds 2 pouces.
18   4   7
____
1 toise 4 pieds 7 pouces.

on observera que 7 est $>$ 2 : on ajoutera donc 12 à 2,
c'est-à-dire, 1 pied ou 12 pouces à 2 deux pouces, ce qui
fait 14 pouces, et puis on dira : 7 ôté de 14, reste 7 que
l'on pose ; et pour compenser l'addition précédente, on
ajoutera également 1 pied au nombre inférieur : 1 et 4
font 5 ; 5 ôté de 3, cela ne se peut ; mais opérant de la
même manière, j'ajoute une toise, c'est-à-dire, 6 pieds
à 3, ce qui fait 9 pieds ; 5 ôté de 9, reste 4 que je pose ;
et pour compenser l'addition précédente, j'ajoute également une toise au nombre inférieur, en disant : 1 et 18
font 19 ; 19 ôté de 20, reste 1 que je pose, et je trouve 1
toise, 4 pieds et 7 pouces pour la différence demandée.

2. Pour découvrir les erreurs qui peuvent se glisser
dans des opérations de cette espèce, on n'aura qu'à
ajouter la différence au plus petit des nombres proposés ; car cette addition doit reproduire le plus grand.

3. La soustraction peut servir de différentes maniè-
res, pour vérifier la somme : en voici un exemple :

4251
7092
6558
____
17861
00110
00

Supposons qu'en additionnant les nombres 4251, 7092, 6558, on ait trouvé 17861. Pour vérifier cette somme, on n'aura qu'à en retrancher la somme de chaque colonne, en répétant l'opération, non pas comme la première fois, mais de gauche à droite, et de bas en haut : ainsi, 6 et 7 font 13 et 4 font 17 ; 17 ôté de 17, reste rien ; je pose oo et retiens 861 : 5 et 2 font 7 ; 7 ôté de 8, reste 1 ; je pose 1 et retiens 161, reste de la somme totale : 3 et 9 font 12 et 3 font 15 ; 15 ôté de 16, reste 1 ; je pose 1 et retiens 11 ; et puisque ce dernier reste est égal à 1 plus 2 plus 8, somme de la dernière colonne à droite, il est très-vraisemblable que l'opération est exacte.

III. Mêmes facteurs donnent un même produit, quel que soit l'ordre des multiplications.

Soient a, b, deux nombres quelconques : je dis que a multiplié par b donne le même produit que b multiplié par a ; car prenant a pour multiplicateur, on aura $ab:b::a:1$ [4. déf. 7 et 5], et par conséquent $ab:a::b:1$ [5. 9] ; d'où il suit que le même nombre ab est le produit des facteurs a, b, en prenant b pour multiplicateur [4. déf. 6 et 5].

Soit G une grandeur quelconque, et a, b, deux nombres : je dis que $aG \times b = bG \times a = ab \times G$. Prenant a pour multiplicateur, on aura $a \times bG : bG :: a : 1$ [4. déf. 7], et $ab:b::a:1$ [dém.] : donc $a \times bG : bG :: ab : b$. Prenant b pour multiplicateur, on aura $bG : G :: b : 1$; donc les deux séries

$$a \times bG, \quad bG, \quad G$$
$$ab, \quad b, \quad 1$$

donneront $a \times bG : G :: ab : 1$ [3. 10] : mais prenant ab pour multiplicateur, on a aussi $ab \times G : G :: ab : 1$ [dém.] :

donc $a\times bG:G::ab\times G:G$, et par conséquent $a\times bG$
$=ab\times G$.

La même démonstration aura lieu, quel que soit le
nombre des facteurs.

IV. Deux nombres écrits selon la définition IX, liv.
IV, étant donnés, multiplier l'un par l'autre.

Supposons d'abord des nombres entiers et sans zéros
vers la droite, tels que 40728 et 6053. Prenez pour
multiplicateur celui qui aura le moins de chiffres
significatifs, et placez-le au-dessous de l'autre, comme
on le voit ici :

$$
\begin{array}{r}
40728 \\
6053 \\
\hline
122184 \\
203640 \\
244368 \\
\hline
246526584
\end{array}
$$

puis vous direz : 3 fois 8 font 24 ; je pose 4 et retiens
20, ou 2 dizaines ; 3 fois 2 dizaines font 6 dizaines
et 2 font 8 que je pose sous les dizaines ; 3 fois 7
centaines font 21 centaines ; je pose 1 et retiens 20,
ou 2 mille, que je pose de suite, vu qu'il n'y en a
point dans le multiplicande ; 3 fois 4 dizaines de mille
font 12 que je pose au rang qui leur convient, et
vous aurez 122184 pour le triple du multiplicande.
Continuant d'opérer de même, répétez cinq fois chaque chiffre du multiplicande, et vous aurez 203640
que vous poserez sous le dernier produit, en avançant
d'un rang vers la gauche. Par ce moyen, le nombre
203640 deviendra dix fois plus grand : mais il valoit

déjà cinq fois le multiplicande : donc il vaudra actuellement 5o fois ou 5 dizaines de fois le multiplicande [4. déf. 9]. Répétez encore six fois chaque chiffre du multiplicande , et vous aurez 244568 que vous poserez sous le dernier produit, en avançant de trois rangs vers la gauche. Par ce moyen , il viendra 1000 fois plus grand : mais il étoit déjà le sextuple du multiplicande ; donc il le vaudra maintenant 6000 fois. Il est donc clair que la somme totale 246526584 contient ou doit contenir 6o53 fois le multiplicande 40728 ; d'où $246526584 : 40728 :: 6o53 : 1$ [5. 4. corol.], et par conséquent $246526584 = 6o53 \times 40728$ [4. déf. 6].

Quand il y a des zéros vers la droite des facteurs, on peut faire la multiplication comme s'il n'y en avoit point, et ajouter ensuite, vers la droite du produit, autant de zéros qu'il y en a dans les deux facteurs. Soit, par exemple, 25000 à multiplier par 5100 : trouvez $25 \times 51 = 1175$; et 117500000 sera le vrai produit; car 25000×5100 est $= 25 \times 1000 \times 51 \times 100 = 25 \times 51 \times 1000 \times 100$ [4. 5] $= 1175 \times 1000 \times 100 = 1175 \times 100000 = 117500000$.

On trouvera de même, que lorsqu'il y a des décimales dans les deux facteurs, on peut effectuer la multiplication comme s'il n'y en avoit point, sauf à marquer dans le produit, par le moyen de la virgule, autant de rangs de décimales qu'il y en a dans les deux facteurs.

V. Si plusieurs grandeurs sont proportionnelles, le rapport de chaque antécédent à son conséquent sera égal à celui de chacun des autres antécédents à son conséquent ; et si le rapport de chaque antécédent à son conséquent est égal à celui de chacun des autres antécédents à son conséquent, les grandeurs seront proportionnelles.

Soit $A:B::C:D$. Désignant par $\frac{A}{B}$ le rapport de A à B, et par $\frac{C}{D}$ celui de C à D [4. déf. 4], on aura $\frac{A}{B}:1::A:B$, et $\frac{C}{D}:1::C:D$ [4. déf. 4]; d'où l'on tire $\frac{A}{B}:1::\frac{C}{D}:1$, et par conséquent $\frac{A}{B}=\frac{C}{D}$ [5. 5. corol.].

Supposons $\frac{A}{B}=\frac{C}{D}$; on aura $A:B::\frac{A}{B}:1$ [4. déf. 4], ou $A:B::\frac{C}{D}:1$ [sup.] : mais il est aussi $C:D::\frac{C}{D}:1$ [4. déf. 4]; donc $A:B::C:D$.

VI. Le produit est égal au multiplicande, toutes les fois que l'unité en est le multiplicateur.

VII. Toute fraction est égale à son numérateur, lorsque l'unité en est le dénominateur.

VIII. Si le numérateur et le dénominateur sont égaux, la fraction est égale à l'unité.

IX. Tout dividende peut être regardé comme un produit dont le diviseur et le quotient sont les facteurs.

Ces quatre propositions sont faciles à déduire des définitions respectives.

X. Toute fraction qui a pour dénominateur un nombre quelconque, est égale à son numérateur multiplié par le réciproque de ce même nombre.

Soit n un nombre, et G une grandeur quelconque : on aura $\frac{G}{n}:G::1:n$, et $1:n::\frac{1}{n}:1$ [4. déf. 4] : mais il est aussi $\dfrac{1}{n}\times G:G::\dfrac{1}{n}:1$ [4. déf. 6]; donc $\dfrac{G}{n}:G::\dfrac{1}{n}\times G:G$,

et par conséquent $\dfrac{G}{n}=\dfrac{1}{n}\times G$ [3. 3. corol.].

XI. Former une fraction qui soit le produit de deux fractions proposées, lorsque le numérateur et le dénominateur de l'une d'entre elles sont des nombres quelconques.

Soient a, b, deux nombres, et $\dfrac{C}{D}$ une fraction quelconque : je dis que $\dfrac{a}{b}\times\dfrac{C}{D}=\dfrac{aC}{bD}$; car a étant $=\dfrac{a}{b}b$,

et $C=\dfrac{C}{D}D$ [4. 9], on a

$$aC=\dfrac{a}{b}b\dfrac{C}{D}D=\dfrac{a}{b}\times\dfrac{C}{D}\times bD \ [4.\ 3],$$

et par conséquent $aC:bD::\dfrac{a}{b}\times\dfrac{C}{D}:1$ [4. déf. 6] ; donc

$\dfrac{aC}{bD}=\dfrac{a}{b}\times\dfrac{C}{D}$ [4. déf. 4].

XII. Diviser une fraction par une fraction.

Soit $\dfrac{A}{B}$ le dividende, $\dfrac{C}{D}$ le diviseur, et C, D, deux grandeurs homogènes : on a $\dfrac{A}{B}\times\dfrac{D}{C}:\dfrac{A}{B}::\dfrac{D}{C}:1$ [4. déf.

6]$::D:C::1:\dfrac{C}{D}$[4. déf. 4.]; donc $\dfrac{A}{B}\times\dfrac{D}{C}:\dfrac{A}{B}::1:\dfrac{C}{D}$, et

par conséquent $\dfrac{A}{B}:\dfrac{C}{D}::\dfrac{A}{B}\times\dfrac{D}{C}:1$, c'est-à-dire, que $\dfrac{A}{B}$

divisé par $\dfrac{C}{D}$ doit donner $\dfrac{A}{B}\times\dfrac{D}{C}$ [4. déf. 4].

Soit $\dfrac{E}{m}$ le dividende; $\dfrac{F}{n}$ le diviseur; E, F, deux grandeurs homogènes, et m, n, deux nombres quelconques.

Puisque $\dfrac{E}{m} = \dfrac{1}{m}E$, et $\dfrac{F}{n} = \dfrac{1}{n}F$ [4. 10], on aura

$$\frac{\dfrac{1}{m}E}{\dfrac{1}{n}F} = \frac{mn}{mn} \times \frac{\dfrac{1}{m}E}{\dfrac{1}{n}F} \,[4.6] = \frac{mn\dfrac{1}{m}E}{mn\dfrac{1}{n}F}\,[4.11] = \frac{nE}{mF} = \frac{E}{m}$$

divisé par $\dfrac{F}{n}$.

Corol. 1. Soit que l'on introduise ou que l'on supprime un même facteur dans le numérateur et dans le dénominateur d'une fraction proposée, la nouvelle fraction qui en résultera doit être égale à la proposée.

2. Plusieurs fractions étant proposées, on pourra les réduire à la même dénomination, toutes les fois qu'il sera permis de multiplier le numérateur et le dénominateur de chaque fraction par le produit des dénominateurs des autres.

Soient, par exemple, les fractions $\dfrac{A}{b}$, $\dfrac{C}{d}$, $\dfrac{E}{f}$, à réduire à la même dénomination.

On aura $\dfrac{A}{b} = \dfrac{dfA}{bdf}$, $\dfrac{C}{d} = \dfrac{bfC}{dbf}$, $\dfrac{E}{f} = \dfrac{bdE}{fbd}$.

XIII. Trouver la somme de plusieurs fractions.

Soient $\dfrac{B}{A}$, $\dfrac{C}{A}$, $\dfrac{D}{A}$, les fractions, et A, B, C, D, des grandeurs homogènes entre elles : je dis que $\dfrac{B}{A} + \dfrac{C}{A} + \dfrac{D}{A}$

$$= \frac{B+C+D}{A}.$$

Dans les séries B, C, D, A, et $\dfrac{B}{A}$, $\dfrac{C}{A}$, $\dfrac{D}{A}$, 1, on a

$B:A::\dfrac{B}{A}:1$; $C:A::\dfrac{C}{A}:1$; $D:A::\dfrac{D}{A}:1$ [4. déf. 4] ; ce qui

donne $B+C+D:A::\dfrac{B}{A}+\dfrac{C}{A}+\dfrac{D}{A}:1$ [5. 11], et par

conséquent $\dfrac{B+C+D}{A}=\dfrac{B}{A}+\dfrac{C}{A}+\dfrac{D}{A}$ [4. déf. 4].

Soient $\dfrac{F}{e}$, $\dfrac{G}{e}$, $\dfrac{H}{e}$, les fractions proposées, F, G, H,

des grandeurs homogènes, et e un nombre quelconque.

On aura $F:\dfrac{F}{e}::e:1$; $G:\dfrac{G}{e}::e:1$; $H:\dfrac{H}{e}::e:1$; donc

$F+G+H:\dfrac{F}{e}+\dfrac{G}{e}+\dfrac{H}{e}::e:1$ [3. 5], et par conséquent

$\dfrac{F+G+H}{e}=\dfrac{F}{e}+\dfrac{G}{e}+\dfrac{H}{e}$ [4. déf. 4].

Si les fractions proposées n'ont pas des dénominateurs égaux, on commence par les réduire à la même dénomination, et on procède ensuite à l'addition.

XIV. Deux fractions étant proposées, soustraire de la plus grande la plus petite.

Soit $B>C$, et la fraction $\dfrac{C}{A}$ à soustraire de $\dfrac{B}{A}$: je

dis que $\dfrac{B}{A}-\dfrac{C}{A}=\dfrac{B-C}{A}$;

Car $\dfrac{B-C}{A}+\dfrac{C}{A}$ rend $\dfrac{B-C+C}{A}$ [4. 13] $=\dfrac{B}{A}$.

Si les deux fractions ont des dénominateurs différents, il faut les réduire au même dénominateur avant d'effectuer la soustraction.

XV. Si le dénominateur d'une fraction est un nombre entier, le numérateur sera aussi multiple de la fraction que le dénominateur l'est de l'unité ; et si le numérateur ainsi que le dénominateur sont des nombres entiers, la fraction sera aussi multiple du réciproque du dénominateur, que le numérateur l'est de l'unité.

Soit A une grandeur quelconque, et b multiple de l'unité. Prenant M aussi multiple de $\frac{A}{b}$ que b l'est de 1, on aura $M : \frac{A}{b} :: b : 1$ [3. 11. corol.] : mais $A : \frac{A}{b} :: b : 1$ [4. déf. 4] ; donc $M : \frac{A}{b} :: A : \frac{A}{b}$, et par conséquent $M = A$ [3. 5. corol.].

Supposons A multiple de l'unité : on aura $\frac{A}{b} = \frac{1}{b} A$ [4. 10], et $\frac{A}{b} : A :: \frac{1}{b} : 1$ [4. déf. 6], ou bien $\frac{A}{b} : \frac{1}{b} :: A : 1$ [3. 9] ; donc $\frac{A}{b}$ sera aussi multiple de $\frac{1}{b}$ que A l'est de 1 [3. 5. corol.].

Scholie. Il suit de la proposition précédente que $\frac{A}{2}$, par exemple, représente la moitié de A ; $\frac{A}{3}$ le tiers de A ; $\frac{A}{4}$ le quart, ainsi de suite. La fraction $\frac{2}{3}$ sera donc le tiers de 2, ou les deux tiers de 1 ; $\frac{3}{4}$ sera le quart de 3, ou les trois quarts de 1 ; $\frac{4}{5}$ la cinquième partie de 4, ou quatre cinquièmes parties de 1, ainsi de suite.

XVI. Deux nombres étant écrits selon la définition IX, liv. IV, diviser l'un par l'autre.

Dans l'expression du dividende marquez le rang où devroit être placée la virgule, pour rendre le dividende non moindre que le diviseur, mais plus petit que le décuple du diviseur; à cette place, que vous aurez soin de marquer, soit de tête, soit en mettant des zéros à la suite du dividende, écrivez le chiffre qui contient l'unité autant de fois que le fictif dividende contient le diviseur. Ce chiffre, dont la valeur locale se trouvera fixée par le rang du dividende auquel il doit répondre, sera le premier caractère significatif du quotient, en comptant de gauche à droite. Retranchez ensuite du dividende le produit de ce premier chiffre, multiplié par le diviseur; le reste, s'il y en a, sera un second dividende partiel, dont vous vous servirez, comme du premier, pour trouver le second chiffre du quotient. Continuez à opérer de même jusqu'à ce qu'il n'en reste rien, ou jusqu'à ce que vous parveniez à un dernier dividende que vous puissiez négliger sans erreur considérable. Dans le premier cas, le quotient sera exact; dans le second, il ne sera qu'approché; car en le multipliant par le diviseur, on aura le dividende exactement, ou à peu près.

Exemple. Soit 246526,584 à diviser par 407,28. Supposons que le quatrième rang du dividende, en comptant de gauche à droite, soit celui des unités, ce dividende supposé excédera toujours le diviseur sans en être le décuple; donc le chiffre qui contiendra l'unité autant de fois que ce dividende contient le diviseur, ne sauroit contenir l'unité plus de fois que le premier, ou les deux premiers chiffres à gauche du dividende, ne contiennent le premier chiffre à gauche du diviseur; car autrement

le produit du quotient par le diviseur viendroit plus
grand que le dividende. Or, puisque 4 entre 6 fois dans
24, il est probable que 6 soit le premier chiffre à gauche du quotient : on pourra donc s'en assurer de la manière abrégée que l'on voit ici :

$$\begin{array}{r} 6 \\ \hline 4\text{o}7,28\,|\,2\text{46}5\text{26},58\text{4} \\ \text{oo2}\text{158} \end{array}$$

Il faudra multiplier 6 par le diviseur 407,28, et retrancher du dividende le produit, au fur et à mesure qu'on
le trouve. Ainsi 6 fois 8 font 48; 48 ôté de 6 du dividende, cela ne se peut; j'ajoute donc 5o au dividende,
et je dis : 48 de 56, reste 8; je pose 8 et retiens 5o, ou
5 unités du rang immédiat à gauche, que je dois ajouter au produit suivant, pour compenser l'addition que
l'on vient de faire : 6 fois 2 font 12 et 5 de retenu, font
17; 17 ôté de 22, reste 5; je pose 5 et retiens 20, ou 2
du rang immédiat : 6 fois 7 font 42 et 2 de retenu 44;
mais 44 ôté de 45, reste 1; je pose donc 1 et retiens 4 :
mais le rang immédiat du diviseur ne fournit aucun
produit; je n'ai donc que 4 à retrancher de 6, et je pose
le reste 2 : 6 fois 4 font 24; 24 retranché de 24, reste
rien; je pose donc oo sous 24.

Continuant à opérer de même sur le reste 2158,584,
comme on le figure ici,

$$\begin{array}{r} \text{o}5 \\ \hline 4\text{o}7,28\,|\,2\text{158},58\text{4} \\ \text{o}122,18 \end{array}$$

on trouvera 5 pour le troisième rang du quotient, et
rien pour le second, en comptant de gauche à droite :
on pose donc o au second, et 5 au rang immédiat.

Le nouveau reste 122,184 fournira, de la manière qui suit, le dernier chiffre du quotient :

$$3$$
$$407,28\overline{)122,184}$$
$$000\ 000$$

Voici le tableau de l'opération en entier

$$605,3$$
$$407,28\overline{)246526,584}$$
$$002158,100$$
$$0122,0$$
$$000$$

Le reste qui répond au rang des unités du diviseur, doit être écrit sous la colonne où se trouve le chiffre dont on s'est servi pour trouver ce même reste. Cette observation indiquera vers la droite de chaque dividende, le rang où la soustraction doit commencer.

Soit encore 0,0072 à diviser par 2855,43.

Je transforme d'abord le dividende proposé en 7200,00, ce qui le rend plus grand que le diviseur proposé, et moindre que le décuple du même diviseur. Ce nouveau dividende ne donne que 2 pour premier chiffre du quotient; car quoique le 7 du dividende contienne trois fois le 2 du diviseur, il ne s'ensuit pas que tout le diviseur doive entrer le même nombre de fois dans le dividende : voilà pourquoi il sera toujours à propos de vérifier chaque chiffre du quotient, en faisant de tête les multiplications et soustractions respectives, avant que de rien écrire. On peut même, pour abréger ces premières tentatives, commencer les multiplications et soustractions respectives, dans un ordre inverse ou de gauche à droite, en disant, par exemple :

$$0,000002$$
$$2855,45 \overline{|0,0072\,0000}$$
$$149514$$

Le 2 du diviseur est trois fois dans le 7 du dividende : 3 fois 2 font 6, et 6 ôté de 7, reste 1 : 3 fois 8 font 24 ; or 24 ôté de 12, cela ne se peut ; donc 3 ne sauroit être le premier chiffre du quotient ; j'y pose donc 2, et ainsi de suite. Voici le quotient approché à moins d'un billionième près :

$$0,00000252 \text{ etc.}$$
$$2855,45 \overline{|0,0072000000}$$
$$14951454$$
$$0066426$$
$$0955$$

Au lieu de la partie décimale du quotient, on écrit quelquefois une fraction en y mettant pour numérateur le reste de la division, et pour dénominateur, le diviseur proposé. Ayant, par exemple, 23 à diviser par 7, on peut trouver, suivant la méthode précédente,

$$3,2857 \text{ etc.}$$
$$7 \overline{|23,0000}$$
$$02\ 6451$$
$$0\ 000$$

ou bien $\dfrac{23}{7} = 3 + \dfrac{2}{7}$; car la partie décimale 0,2857 etc. est égale à $\dfrac{2}{7}$, c'est-à-dire $= 2$ divisé par 7 [4. déf. 4].

En pareils cas, on écrit $3\,\dfrac{2}{7}$, au lieu de $3 + \dfrac{2}{7}$.

XVII. Trouver deux nombres qui étant divisés l'un par l'autre, donnent au quotient un décimal périodique proposé, c'est-à-dire, un décimal dans lequel le même chiffre ou les mêmes chiffres reviennent toujours dans le même ordre.

Dans le décimal périodique donné, supprimez d'abord la virgule décimale, ainsi que toutes les périodes à gauche de la première ; de ce premier résultat, retranchez le même nombre sans virgule et sans aucune période : le reste sera le dividende demandé. Ensuite pour trouver le diviseur, écrivez autant de 9 qu'il y a de rangs dans chaque période, suivis d'autant de o vers la droite, qu'il y aura de rangs de décimales depuis le premier jusqu'au dernier à gauche de la première période : ce nombre sera le diviseur.

$$\textit{Exemples.}$$

$$1°. \quad 0,444 \text{ etc.} = \frac{0,444 \text{ etc.} (10 - 1)}{10 - 1} =$$

$$\frac{4,44 \text{ etc.} - 0,44 \text{ etc.}}{9} = \frac{4}{9}.$$

$$2°. \quad 0,135135 \text{ etc.} = \frac{0,135135 \text{ etc.} (1000 - 1)}{1000 - 1} =$$

$$\frac{135,135 \text{ etc.} - 0,135 \text{ etc.}}{999} = \frac{135}{999}.$$

$$5°. \quad 0,002323 \text{ etc.} = \frac{0,002323 \text{ etc.} (10000 - 100)}{10000 - 100}$$

$$= \frac{23,2323 \text{ etc.} - 0,2323 \text{ etc.}}{9900} = \frac{23}{9900}.$$

$$4°. \quad 0,372618618 \text{ etc.} =$$

$$\frac{0,372618618 \text{ etc.} (1000000 - 1000)}{1000000 - 1000} =$$

$$\frac{372618,618618 \text{ etc.} - 37,618618 \text{ etc.}}{999000} = \frac{372246}{999000}, \text{ ainsi}$$

des autres.

Scholie. Dans les expressions précédentes, ainsi que dans tous les cas semblables, le signe $=$ ne veut dire autre chose, sinon que les deux nombres qu'il sépare, peuvent ne différer entre eux que d'un nombre plus petit qu'aucun nombre proposé. Par exemple, $\frac{4}{9}$ est $> 0,4$; $> 0,44$; $> 0,444$, etc. : mais supposons que dans une question proposée il soit permis de négliger $0,0000001$ de l'unité; en écrivant $\frac{4}{9} = 444444$, on sera sûr de ne commettre qu'une erreur $< 0,0000001$, ainsi des autres.

XVIII. Multiplier des sommes et des différences indiquées, ou réduire en série l'expression d'un produit.

Soient A et B+C deux facteurs : je dis que A (B+C) $=$ AB+AC; car B $= \dfrac{AB}{A}$, et C $= \dfrac{AC}{A}$ [4.9]. Donc B+C $= \dfrac{AB}{A} + \dfrac{AC}{A} = \dfrac{AB+AC}{A}$ [4. 15], et par conséquent A (B+C) $=$ AB+AC [4. 9].

Soient A et B—C deux facteurs : je dis que A (B—C) $=$ AB—AC; car B—C $= \dfrac{AB-AC}{A}$ [4. 14], et par conséquent A (B—C) $=$ AB—AC [4. 9].

Soient A+B et C+D deux facteurs : on aura (A+B) (C+D) $=$ (A+B) C + (A+B) D [dém.] $=$ A (C+D) + B (C+D) [dém.] $=$ AC + AD + BC + BD [dém.].

Soient A—B et C—D deux facteurs : on aura (A—B) (C—D) $=$ (A—B) C—(A—B) D [dém.] $=$ A (C—D)

— B (C — D) [dém.] $=$ AC — AD — B (C — D) [dém.] $=$ AC — AD — BC + BD. Pour prouver cette dernière équation, on n'a qu'à y ajouter de part et d'autre le produit BC — BD, ou B (C — D).

Ces exemples embrassent tous les cas semblables.

XIX. Trouver deux nombres entiers, les plus petits possibles, qui soient entre eux comme deux entiers proposés, ou dont le rapport ne diffère pas trop du rapport exact entre les deux nombres proposés.

Soient M, N, les deux nombres proposés, M $>$ N, et M non multiple de N. Désignant par a, b, c, etc., p, q, r, etc., des nombres entiers, supposons $\dfrac{M}{N} = a + \dfrac{p}{N}$, $\dfrac{N}{p} = b + \dfrac{q}{p}$, $\dfrac{p}{q} = c + \dfrac{r}{q}$, $\dfrac{q}{r} = d + \dfrac{s}{r}$, et ainsi de suite, jusqu'à ce que l'on parvienne à un quotient exact. Désignant par $\dfrac{p}{N}$, $\dfrac{q}{p}$, $\dfrac{r}{q}$, etc., des fractions plus petites que l'unité, je dis que les fractions

$$\frac{a}{1}\,;\; \frac{ab+1}{b}\,;\; \frac{(ab+1)c+a}{bc\ \ +1}\,;\; \frac{((ab+1)\,c+a)\,d+ab+1}{(bc+1)\,d+\ \ b}\,;$$

$$\frac{(((ab+1)\,c+a)\,d+ab+1)\,e+(ab+1)\,c+a}{((bc+1)\ \,d+b)\,e+\ bc+1}\,,\text{ et ainsi}$$

de suite, seront des valeurs approchées de $\dfrac{M}{N}$; la seconde plus approchée que la première; la troisième plus approchée que la seconde, et ainsi de suite jusqu'à la dernière, qui sera égale à $\dfrac{M}{N}$. La loi de continuation en est manifeste.

La construction donne $\dfrac{M}{N} = a + \dfrac{P}{N} = a + \dfrac{1}{b+\dfrac{q}{p}}$

$$= a + \cfrac{1}{b + \cfrac{1}{c + \cfrac{r}{q}}} = a + \cfrac{1}{b + \cfrac{1}{c + \cfrac{1}{d + \cfrac{s}{r}}}} = a + \cfrac{1}{b + \cfrac{1}{c + \cfrac{1}{d + \cfrac{1}{e + \cfrac{t}{s}}}}}$$

$= $ etc. : on aura donc $\dfrac{M}{N} = \dfrac{a}{1}$, lorsque b sera le dernier

quotient, ou $\dfrac{N}{p} = b$; $\dfrac{M}{N} = a + \dfrac{1}{b} = \dfrac{ab+1}{b}$, lorsque

c sera le dernier quotient ; $\dfrac{M}{N} = a + \cfrac{1}{b + \cfrac{1}{c}} = \dfrac{(ab+1)c + a}{bc \quad +1}$,

lorsque d sera le dernier quotient ; $\dfrac{M}{N} = a + \cfrac{1}{b + \cfrac{1}{c + \cfrac{1}{d}}}$

$= \dfrac{((ab+1)c + a)d + ab + 1}{(bc+1)d + \quad b}$, lorsque d sera le dernier

quotient ; $\dfrac{M}{N} = a + \cfrac{1}{b + \cfrac{1}{c + \cfrac{1}{d + \cfrac{1}{e}}}}$

$= \dfrac{(((ab+1)c + a)d + ab + 1)e + (ab+1)c + a}{((bc+1)d + b)e + \quad bc + 1}$, lors-

que e sera le dernier quotient ; ainsi de suite, comme il est facile de s'en convaincre, en exécutant les opérations indiquées.

On aura aussi

$$\dfrac{ab+1}{b} - \dfrac{a}{1} = \dfrac{1}{1 \times b} ; \quad \dfrac{ab+1}{b} - \dfrac{(ab+1)c + a}{bc \quad +1} =$$

$$\dfrac{1}{b(bc+1)} ; \quad \dfrac{((ab+1)c + a)d + ab + 1}{(bc+1)d \quad + \quad b} - \dfrac{(ab+1)c + a}{bc \quad +1} =$$

$$\frac{1}{((bc+1)\,d+b)\,(bc+1)}\,;\quad \frac{((ab+1)\,c+a)\,d+ab+1}{(bc+1)\,d+\ \ b}$$

$$\frac{(((ab+1)\,c+a)\,d+ab+1)\,e+(ab+1)\,c+a}{((bc+1)\,d+b)\,e+\ \ \ \ \ bc+1}=$$

$$\frac{1}{((bc+1)\,d+b)\,(((bc+1)\,d+b)\,e+bc+1)}\,;\ \text{ainsi}$$

de suite : où l'on voit que la seconde fraction surpasse la première plus que la troisième; que la seconde surpasse la troisième plus que la quatrième ne
surpasse la troisième; que la quatrième surpasse la
troisième plus que la cinquième; que la troisième surpasse la cinquième plus que la sixième ne surpasse
la cinquième ; ainsi de suite. Désignant donc par $\dfrac{A}{\alpha}$
la dernière fraction trouvée $[=\dfrac{M}{N}$ dém.$]$; par $\dfrac{B}{6}$ l'avant-
dernière; par $\dfrac{C}{\gamma}$ la précédente; par $\dfrac{D}{\delta}$ l'immédiate; par
$\dfrac{E}{\varepsilon}$ l'immédiate, ainsi de suite; et supposant $\dfrac{A}{\alpha} > \dfrac{B}{6}$, on
aura $\dfrac{B}{6} > \dfrac{D}{\delta}, \dfrac{D}{\delta} > \dfrac{F}{\zeta}$, ainsi de suite, et $\dfrac{A}{\alpha} < \dfrac{C}{\gamma}, \dfrac{C}{\gamma} < \dfrac{E}{\varepsilon}$,
$\dfrac{E}{\varepsilon} < \dfrac{G}{\eta}$, etc. Supposant au contraire $\dfrac{A}{\alpha} < \dfrac{B}{6}$, on aura $\dfrac{B}{6}$
$< \dfrac{D}{\delta}, \dfrac{D}{\delta} < \dfrac{F}{\zeta}$, etc., et $\dfrac{A}{\alpha} > \dfrac{C}{\gamma}, \dfrac{C}{\gamma} > \dfrac{E}{\varepsilon}, \dfrac{E}{\varepsilon} > \dfrac{G}{\eta}$, etc.;
ce qui prouve que, de deux de ces fractions consé-
cutives, l'une est plus grande et l'autre plus petite que
la proposée $\dfrac{M}{N}$; et qu'elles en diffèrent d'autant moins
que leur distance à la dernière ou à la proposée est
plus petite.

Je dis maintenant que leurs termes sont les plus simples.

Soient x, z, des nombres entiers, et $\frac{x}{z}$ une fraction plus simple, et plus grande ou plus petite que $\frac{B}{\beta}$. Désignant par $\sim$ la différence entre deux grandeurs dont on ne connoît pas la plus forte, on aura $\frac{x}{z} \sim \frac{B}{\beta} = \frac{x\beta \sim zB}{z\beta}$: mais cette différence ne sauroit être $< \frac{1}{z\beta}$; donc, si l'on suppose $z < \alpha$, on aura $\frac{x}{z} \sim \frac{B}{\beta} > \frac{1}{\alpha\beta}$, c'est-à-dire, $\frac{x}{z} \sim \frac{B}{\beta} > \frac{A}{\alpha} \sim \frac{B}{\beta}$ [dém.]. Si l'on suppose z non $< \alpha$, et $x < A$, on aura $zA > x\alpha$, et par conséquent $\frac{zA - x\alpha}{z\alpha} = \frac{x}{z} \sim \frac{A}{\alpha}$. Donc, soit que l'on suppose $z < \alpha$, ou $x < A$, il est impossible que $\frac{x}{z}$ soit égale à $\frac{A}{\alpha}$, ou à $\frac{M}{N}$. Donc le rapport $\frac{A}{\alpha}$ est réduit à ses moindres termes. Soit $\frac{x}{z}$ différente de $\frac{C}{\gamma}$, et $z < \gamma$: on aura $\frac{x}{z} \sim \frac{C}{\gamma} > \frac{B}{\beta} \sim \frac{C}{\gamma}$: donc $\frac{x}{z} \sim \frac{M}{N} > \frac{B}{\beta} \sim \frac{M}{N}$; car l'une des fractions $\frac{B}{\beta}$, $\frac{C}{\gamma}$, ne peut être plus grande que $\frac{M}{N}$, sans que l'autre soit plus petite que $\frac{M}{N}$. Pour saisir plus aisément cette vérité, on pourra désigner $\frac{M}{N}$ par la droite VT; $\frac{B}{\beta}$ par VS; $\frac{C}{\gamma}$ par VR, et $\frac{x}{z} \sim \frac{C}{\gamma}$ par RQ [figure suivante].

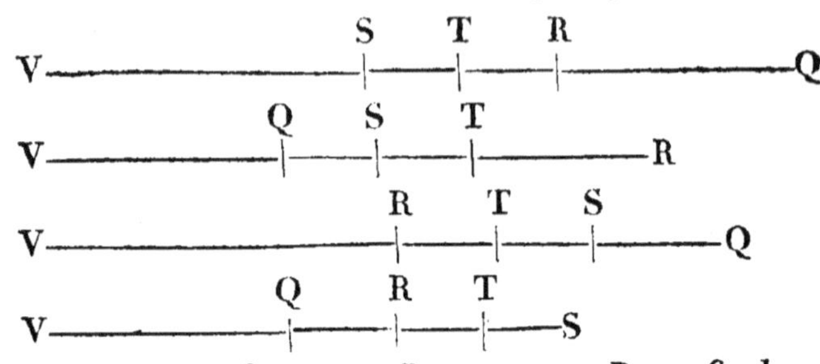

Soit z non < 6, et $x < B$: on aura $zB > x6$; donc $\dfrac{zB - x6}{z6} = \dfrac{x}{z} \backsim \dfrac{B}{6}$: mais $zB - x6 = (B - x) z + xz - x6$, et xz n'est pas $< x6$, ni $(B - x) z < z$; donc $zB - x6$ ne sera pas $< z$, ni $\dfrac{x}{z} \backsim \dfrac{B}{6} < \dfrac{z}{z6}$, ou $< \dfrac{1}{6}$. Donc $\dfrac{x}{z} \backsim \dfrac{1}{6\gamma} > \dfrac{B}{6} \backsim \dfrac{C}{\gamma}$, et par conséquent $\dfrac{x}{z} \backsim \dfrac{M}{N} > \dfrac{B}{6} \backsim \dfrac{M}{N}$; donc, toutes les fois que x sera $< B$, ou $z < 6$, la différence entre $\dfrac{x}{z}$ et $\dfrac{M}{N}$, sera plus grande que la différence entre $\dfrac{B}{6}$ et $\dfrac{M}{N}$. Donc $\dfrac{B}{6}$ est réduit à la plus simple expression. On démontreroit de même que $\dfrac{C}{\gamma}$ est dans le même cas, et ainsi des autres.

Soient 19514 et 4752 les nombres donnés. En se conformant à ce qui vient d'être dit, on trouvera $\dfrac{19514}{4752} = 4\dfrac{506}{4752}$; $\dfrac{4752}{506} = 9\dfrac{198}{506}$; $\dfrac{506}{198} = 2\dfrac{110}{198}$; $\dfrac{198}{110} = 1\dfrac{88}{110}$; $\dfrac{110}{88} = 1\dfrac{22}{88}$; $\dfrac{88}{22} = 4$. Mettant 4, 9, 2, 1, 1, 4, à la place de a, b, c, d, e, f, on aura $\dfrac{4}{1}$, première valeur approchée de $\dfrac{19514}{4752}$; $\dfrac{4\times 9+1}{9}=\dfrac{37}{9}$, seconde valeur plus approchée ; $\dfrac{37\times 2+4}{9\times 2+1}=\dfrac{78}{19}$, troisième valeur plus approchée ; $\dfrac{78\times 1+37}{19\times 1+9}=\dfrac{115}{28}$, plus approchée ; $\dfrac{115\times 1+78}{28\times 1+19}=\dfrac{193}{47}$, plus approchée ; $\dfrac{193\times 4+115}{47\times 4+28}=\dfrac{887}{216}$, valeur exacte.

Voici les divisions qui ont donné les nombres co-respondants à a, b, c, d, etc. :

$$
\begin{array}{ccccc}
 & 4 & & & \\
4752\,\lfloor\,19514 & 9 & & & \\
\quad 00506\,\lfloor\,4752 & 2 & & & \\
\qquad 0198\,\lfloor\,506 & 1 & & & \\
\qquad\quad 101\,\lfloor\,198 & 1 & & & \\
\qquad\qquad 088\,\lfloor\,110 & 4 & & & \\
\qquad\qquad\quad 022\,\lfloor\,88 & & & &
\end{array}
$$

XX. Trouver la racine carrée d'un nombre donné.

Les nombres 1, 4, 9, 16, 25, 36, 49, 64, 81, 100, 10000, 1000000, etc., sont les carrés de 1, 2, 3, 4, 5, 6, 7, 8, 9, 10, 100, 1000, etc.

Supposons d'abord que le nombre donné soit > 1 et < 100 ; par exemple, 76,59582. Puisque ce nombre est > 64 et < 81, la racine en sera > 8 et < 9 ; donc le premier chiffre à gauche de la racine ne peut être que 8. Désignant par x le second chiffre, on aura $(8+x)\,(8+x)$ $=8\times 8+2\times 8\times x+xx$. Or, cette somme ne doit pas surpasser le nombre proposé ; donc 76,59582 — 64 ne sera pas $< 2 \times 8 \times x + xx$; d'où $x < \dfrac{12,59582}{2 \times 8} = [\,0,7$ etc.], et par conséquent x doit être ou $= 0,7$, ou $< 0,7$. Supposant $x = 0,7$, on aura $2 \times 8 \times x + xx = 16 \times 0,7 + 0,7 \times 0,7$: or, cette somme, retranchée de $12,59582$, donne le reste $0,70582$: donc $x = 0,7$. En voici la vérification, en effectuant à la fois la multiplication et la soustraction :

$$\begin{array}{r} 16 \\ \hline 8,7 \\ \hline 76,59582 \\ 12,70 \\ \hline 00 \end{array}$$

Pour trouver le troisième chiffre de la racine, désignons-le par y : on aura $(8,7+y)\,(8,7+y) = 8,7 \times 8,7 + 2 \times 8,7 \times y + yy = 8 \times 8 + 2 \times 8 \times 0,7 + 0,7 \times 0,7 + 2 \times 8,7 \times y + yy$; donc $76,59582 - 8 \times 8 + 2 \times 8 \times 0,7 + 0,7 \times 0,7$ $[= 0,70582]$ doit être $> 2 \times 8,7 \times y$, et par conséquent $y < \dfrac{0,70582}{2 \times 8,7}$ $[0,04$ etc.]. On aura donc $y = 0,04$, ou $y < 0,04$. Posant $y = 0,04$, voici la forme du calcul pour vérifier le troisième chiffre de la racine :

$$\begin{array}{r} 7 \\ 16,4 \\ \hline 8,74 \\ \hline 76,59582 \\ 12,7082 \\ \hline 00\ \ 00 \end{array}$$

Continuant d'opérer de même, on parviendra à une racine exacte, si le nombre proposé en est susceptible, sinon, jusqu'au rang décimal convenu d'avance. On trouvera, par exemple, que la racine approchée de 76,59582 est 8,740702, à un millionnième près. En voici le calcul jusqu'au quatrième chiffre significatif :

$$
\begin{array}{c}
7 \\
16,480 \\
\hline
8,7404 \\
\hline
76,59582000 \\
12,70822784 \\
00\ 0012
\end{array}
$$

Vérification du cinquième chiffre.

$$
\begin{array}{c}
7 \\
16,4808 \\
\hline
8,74047 \\
\hline
76,595820000 \\
12,7082278491 \\
00\ 00120417 \\
00
\end{array}
$$

Vérification du sixième.

$$
\begin{array}{c}
7 \quad\ \ 9 \\
16,480840 \\
\hline
8,7404702 \\
\hline
76,5958200000000 \\
12,70822784911196 \\
00\ 0012041729 \\
000068
\end{array}
$$

Si le nombre proposé étoit > 100, ou < 1, on commenceroit par le rendre < 100, et > 1, en le divisant soit par le carré de 10, ou de 100, ou de 1000, etc., soit par le carré de 0,1, ou de 0,01, ou de 0,001, etc. La racine carrée du quotient, multipliée par la racine carrée du diviseur, donnera la racine du nombre proposé. Soit, par exemple, 565729,61 le nombre proposé; on aura $\frac{565729,61}{100 \times 100} = 56,572961$, dont la racine carrée est 6,051, et par conséquent $100 \times 6,051$ [$= 605,1$] sera la racine de 565729,61; car $100 \times 6,051 \times 100 \times 6,051 = 100 \times 100 \times 6,051 \times 6,051 = 10000 \times 56,572961 = 565729,61$. Soit 0,010609 le nombre proposé; on aura $\frac{0,010609}{0,1 \times 0,1} = 1,0609$: or, la racine de 1,0609 est 1,03; donc $0,1 \times 1,03$ [$= 0,103$] sera la racine du nombre proposé 0,010609.

XXI. Trouver la racine cubique d'un nombre donné.

Les nombres 1, 8, 27, 64, 125, 216, 343, 512, 729, 1000, 1000000, etc., sont les cubes de 1, 2, 3, 4, 5, 6, 7, 8, 9, 10, 100, etc.

Soit proposé un nombre < 1000, et $>$ que 1, par exemple, 8,755. Ce nombre étant > 8 et < 27, la racine cubique en sera > 2 et < 3 : donc le premier chiffre à gauche de la racine en question ne peut être que 2. Soit x le second : le nombre proposé ne sera pas $< (2+x)(2+x)(2+x)$ [$= 8 + 3 \times 2 \times 2 \times x + 3 \times 2 \times xx + xxx$]; donc $8,755 - 8 > 3 \times 2 \times 2 \times x$, ou $\frac{0,755}{3 \times 2 \times 2} > x$: mais $\frac{0,755}{12}$ n'est pas $< 0,06$; il est donc possible que x soit $= 0,06$: il faudra donc que la somme $3 \times 2 \times 2 \times 0,06 + 3 \times 2 \times 0,06 \times 0,06 + 0,06 \times 0,06 \times 0,06$ ne soit pas $> 0,755$: mais $x = 0,06$ satisfait à cette condition; donc $x = 0,06$; ce qui, en effectuant les opérations indiquées, donne le reste 0,0131184. Avec ce reste, et moyennant la première partie 2,06, on trouvera le troisième chiffre de la racine, dont la valeur doit être $< \dfrac{0,013184}{5 \times 2,06 \times 2,06}$. Procédant toujours de même, on obtiendra la racine cubique exacte, si le nombre proposé en est susceptible ; autrement il faudra s'arrêter au rang dont on sera convenu d'avance. Dans l'exemple actuel, le nombre 2,06105 etc., sera la racine approchée du nombre proposé, à moins d'un centième millième près. En voici le calcul jusqu'au second chiffre significatif :

$$
\begin{array}{r}
12 \\
\hline
6,0 \\
2,06 \\
\hline
8,755 \\
0
\end{array}
$$

$6 = 2 \times 5$; $12 = 6 \times 2$; $\dfrac{0,755}{12}$ donne 0,06 etc., second chiffre de la racine.

Vérification du second chiffre.

$$
\begin{array}{r}
12,5636 \\
\hline
6,0 \\
2,06 \\
\hline
8,755000 \\
0,013184
\end{array}
$$

$12,5636 = 12 + 0,06 \times 0,06 + 6 \times 0,06 = 12 + 5 \times 2 \times 0,06 + 0,06 \times 0,06$; $0,013184 = 0,755 - 12,5636 \times 0,06$

$= 0,755 - (5 \times 2 \times 2 \times 0,06 + 5 \times 2 \times 0,06 \times 0,06 +$
$0,06 \times 0,06 \times 0,06)$.

Pour trouver le troisième ,

$$7508$$
$$12,5656$$
$$\overline{6,0}$$
$$2,061$$
$$\overline{8,755000}$$
$$0,015184$$

$12,7508 = 12,5656 + 0,06 \times 0,06 + 0,06 \times 0,06 + 6 \times 0,06$
$= 5 \times 2 \times 2 + 5 \times 2 \times 0,06 + 0,06 \times 0,06 + 0,06 + 0,06 +$
$0,06 \times 0,06 + 5 \times 2 \times 0,06 = 5 \times 2 \times 2 + 6 \times 2 \times 0,06 +$
$5 \times 0,06 \times 0,06 = 5 (2 + 0,06) (2 + 0,6) = 5 \times 2,06 \times 2,06;$

donc $\dfrac{0,015194}{12,7508} = 0,001$ etc., donnera le troisième chif-

fre de la racine.

Vérification.

$$69$$
$$7508$$
$$12,565681$$
$$\overline{6,18}$$
$$2,061$$
$$\overline{8,755000}$$
$$0,015184000$$
$$00447019$$

$6,18 = 2,06 \times 5; \ 12,756981 = 12,7508 + 0,001 \times 0,001$
$+ 6,18 \times 0,001 = 5 \times 2,06 \times 2,06 + 5 \times 2,06 \times 0,001 +$
$0,001 \times 0,001;$ et $0,000447019 = 0,015184 - 12,756981$
$\times 0,001 = 0,01518 - (5 \times 2,06 \times 2,06 \times 0,001 + 5 \times 2,06$
$\times 0,001 \times 0,001 + 0,001 \times 0,001 \times 0,001)$.

Pour le quatrième ,

$$31$$
$$469$$
$$730863$$
$$12,363681$$
$$\overline{6,18}$$
$$2,06103$$
$$\overline{8,755000}$$
$$0,013184000$$
$$00447019$$

$12,743163 = 12,736981 + 0,001 \times 0,001 + 0,001 \times 0,001$

$+ 6,18 \times 0,001 = 3 \times 2,061 \times 2,061$; donc $\dfrac{0,000447019}{12,743163}$

$= 0,00003$ etc. , donnera le quatrième.

Vérification.

$$3$$
$$31$$
$$46948$$
$$730863$$
$$12,363681490g$$
$$\overline{6,1830}$$
$$2,06103$$
$$\overline{8,755000}$$
$$0,013184000$$
$$00447019000000$$
$$0647185452 73$$

$6,1830 = 2,0610 \times 3$; $12,7433484909 = 12,743163 +$

$0,00003 \times 0,00003 + 6,185 \times 0,00003$; et

$0,00006471854527 3 = 0,000447019 -$

$12,7433484909 \times 0,00003$.

Si le nombre donné étoit > 1000, ou < 1, on commenceroit par le rendre < 1000 et > 1, en le divisant, soit par le cube de 10 , ou de 100, ou de 1000, etc., soit par le cube de 0,1 , ou de 0,01 , ou de 0,001 , etc. La racine du quotient, multipliée par la racine du diviseur, donnera la racine cubique du nombre proposé.

XXII. Lorsque deux nombres et deux grandeurs quelconques sont en proportion, le produit des extrêmes est égal au produit des moyens; et si le produit des extrêmes est égal à celui des moyens, les deux extrêmes et les deux moyens seront en proportion.

Soient C, D, deux nombres quelconques, et A : B :: C : D.

On aura $\dfrac{A}{B} = \dfrac{C}{D}$; $\dfrac{A}{B} \times \dfrac{D}{C} = \dfrac{C}{D} \times \dfrac{D}{C}$, et par consé-

quent $\dfrac{AD}{BC} = \dfrac{CD}{CD} = 1$; donc $AD = BC$.

Soit $AD = BC$: on aura $\dfrac{AD}{BD} = \dfrac{BC}{BD}$, et par conséquent

$\dfrac{A}{B} = \dfrac{C}{D}$; donc A : B :: C : D.

XXIII. Dans toute série de grandeurs homogènes, la première est à la dernière en raison composée des rapports entre la première et la seconde, entre la seconde et la troisième, entre la troisième et la quatrième, et ainsi de suite.

Soit A, B, C, la série : on aura $A = \dfrac{A}{B} B$, et $B = \dfrac{B}{C} C$;

donc $A = \dfrac{A}{B} \times \dfrac{B}{C} C$, et par conséquent $\dfrac{A}{C} = \dfrac{A}{B} \times \dfrac{B}{C}$.

Soit A, B, C, D, la série. Puisque $A = \dfrac{A}{B} \times \dfrac{B}{C} C$ [dém.],

et $C = \dfrac{C}{D} D$, on aura $A = \dfrac{A}{B} \times \dfrac{B}{C} \times \dfrac{C}{D} \times D$, et par con-

séquent $\dfrac{A}{D} = \dfrac{A}{B} \times \dfrac{B}{C} \times \dfrac{C}{D}$, et ainsi de suite.

LIVRE V.

DÉFINITIONS.

I. La hauteur d'un triangle est la perpendiculaire baissée du sommet de l'un de ses angles sur le côté opposé, ou sur le prolongement de ce côté, que l'on appelle *base* du triangle. La hauteur d'un parallélogramme est la perpendiculaire baissée de l'un de ses côtés sur le côté opposé, ou sur son prolongement; et ce côté se nomme *base* du parallélogramme.

II. Deux polygones sont *semblables*, lorsque tous les angles de l'un sont égaux à ceux de l'autre chacun à chacun, pourvu que les côtés de chacun des angles de l'un soient proportionnels à ceux de l'angle qui lui est égal dans l'autre; et pour indiquer que deux de ces côtés ne sont pas tous deux extrêmes, ni tous deux moyens dans une même proportion, on les appelle *homologues*.

PROPOSITIONS.

I. Si deux triangles ou deux parallélogrammes ont un angle égal, ou bien deux angles faisant ensemble deux angles droits, les triangles ou les parallélogrammes seront en raison composée des rapports qu'il y aura entre les côtés de ces deux angles.

Supposons que dans les triangles ABC, ADE, on ait l'angle BAC=DAE : je dis que le triangle ABC sera au triangle ADE, comme le produit $\frac{AB}{AD} \times \frac{AC}{AE}$ est à 1.

Placez les deux triangles de façon que les angles BAC, DAE, aient un même sommet A, et les côtés AB, AD, en ligne doite ; les autres côtés AC, AE, seront aussi en ligne droite [1. 7]. Si l'on prend sur BD, prolongée à volonté, DF=AD, FG=DF, ainsi de suite, on aura AG multiple quelconque d'AD. Prenons de même AH multiple quelconque de BA, mais à condition que AH ne soit pas = AG ; menons CI égale et parallèle à DA ou à DF, et joignons CH, CG, CF, CD, DI, IF : les quadrilatères ACID, CDFI, seront des parallélogrammes égaux, parce que chacun d'eux est le double du triangle CDI [1. 15. corol.] : mais on a aussi le parallélogramme ACID double du triangle ACD, et le parallélogramme CDFI double du triangle CDF [1. 15. corol.] ; donc triangle ACD=CDF. On trouvera de même le triangle CDF=CFG, ainsi de suite ; donc la droite AG et le triangle ACG seront équimultiples de la droite AD et du triangle ACD. On trouvera de la même manière, que la droite AH et le triangle ACH sont équimultiples d'AB et d'ABC : mais AH > AG lorsque ACH > ACG, et AH < AG lorsque ACH < ACG ; donc le triangle ABC est à ACD, comme la droite AB est à AD [5. 6]. On démontrera d'une manière semblable, que le triangle ACD est à ADE, comme la droite AC est à AE ; donc le produit $\frac{AB}{AD} \times \frac{AC}{AE}$ sera le rapport du triangle ABC au triangle ADE [4. 23].

Supposez maintenant que les angles BAC, LMN, des triangles BAC, LMN, fassent ensemble deux angles droits: prolongez MN du côté de M en faisant $MO = MN$, et tirez OL. Les angles LMN, LMO, pris ensemble, feront deux angles droits [1. 6. corol.]: mais les angles BAC, LMN, font aussi deux angles droits [sup.], d'où l'angle $LMO = BAC$; donc $\dfrac{\text{triangle ABC}}{\text{triangle LMO}} = \dfrac{AB}{MO} \times \dfrac{CA}{LM}$ [dém.]: or, comme l'on a trouvé $ACD = CDF$, on peut démontrer de même le triangle $LMO = LMN$, et on a aussi $MN = MO$ [const.]; donc $\dfrac{\text{triangle ABC}}{\text{triangle LMN}} = \dfrac{AB}{MN} \times \dfrac{AC}{LM}$.

Soient maintenant les parallélogrammes PQRX, STVZ, dont les angles PQR, STV, sont égaux, ou égaux à deux droits. Menant les diagonales PR, SV, on aura $\dfrac{\text{triangle PQR}}{\text{triangle STV}} = \dfrac{PQ}{ST} \times \dfrac{QR}{TV}$ [dém.]: mais chacun des parallélogrammes PQRX, STVZ, est le double de chacun des triangles PQR, STV; donc $\dfrac{\text{paral. PQRX}}{\text{paral. STVZ}} = \dfrac{PQ}{ST} \times \dfrac{QR}{TV}$ [3. 5. corol. et 4. 5].

Corol. Si les côtés de ces angles sont réciproquement proportionnels, c'est-à-dire, si un côté de l'un est à un côté de l'autre, comme le second côté de celui-ci est au second côté de celui-là, les deux triangles et les deux parallélogrammes seront égaux; et si les triangles ou les parallélogrammes sont égaux, les côtés des angles égaux, ou égaux à deux droits, seront réciproquement proportionnels.

Car, puisque $\dfrac{PQ}{ST} \times \dfrac{QR}{TV}$ est le quotient de $\dfrac{PQ}{ST}$ divisé

par $\dfrac{TV}{QR}$, si l'on suppose PQ:ST::TV:QR, on aura $\dfrac{PQ}{ST} =$

$\dfrac{TV}{QR}$, et par conséquent $\dfrac{PQ}{ST} \times \dfrac{QR}{TV} = 1$: mais $\dfrac{\text{triangle PQR}}{\text{triangle STV}}$

$= \dfrac{PQ}{ST} \times \dfrac{QR}{TV} [= 1]$; donc triangle PQR $=$ STV [4. 8].

Si l'on suppose le triangle PQR $=$ STV, on aura $\dfrac{PQ}{ST}$

$\times \dfrac{QR}{TV} = 1$ [4. 5], et par conséquent $\dfrac{PQ}{ST} = \dfrac{TV}{QR}$ [4. 8];

donc PQ:ST::TV:QR.

II. D'un point donné hors d'une droite donnée de position, mais infinie, baisser une perpendiculaire sur cette droite.

Soit BC la droite, et A le point donné. Par un point quelconque B de BC, élevez la perpendiculaire BD. Si cette droite rencontre le point A, ce sera la perpendiculaire demandée; s'il arrive le contraire, comme on le suppose ici, joignez AB et faites l'angle BAC $=$ l'angle ABD. La droite AC, qui doit rencontrer BC, par exemple en C, sera parallèle à BD [1.8]; donc l'angle ACE $=$ CBD [1. 9]: mais CBD est un angle droit [const.]; donc ACE le sera aussi, et par conséquent la droite AC doit être perpendiculaire sur BC.

III. Deux triangles, ou deux parallélogrammes quelconques, sont en raison composée de celles de leurs bases et de leurs hauteurs.

Soient AB, CD, les bases des triangles ABE, CDE: l'un des deux angles ABE, BAE, sera moindre qu'un angle droit [1. 12]. Supposons donc que BAE soit un angle aigu : du point E menons EG perpendiculaire à AB, ou au prolongement d'AB ; et depuis le point G, sur le prolongement d'AB, prenons $GH = AB$, et tirons EH : on aura $\dfrac{\text{triangle ABE}}{\text{triangle AEH}} = \dfrac{AB}{AH} \times \dfrac{AE}{AE} \,[5.\,1] = \dfrac{AB}{AH}\,[4.\,6]$: mais on a aussi $\dfrac{\text{triangle EGH}}{\text{triangle AEH}} = \dfrac{GH}{AH}$; donc triangle ABE $=$ EGH. Menons FI perpendiculaire sur CD ou sur son prolongement, et depuis le point I, sur le prolongement de CD, prenons $IL = CD$, et tirons FL ; on aura, comme ci-dessus, le triangle CDF $=$ FIL. Or, les angles EGH et FIL étant droits [const.], on a $\dfrac{\text{triangle EGH}}{\text{triangle FIL}} = \dfrac{GH}{IL} \times \dfrac{EG}{FI}$; donc $\dfrac{\text{triangle ABE}}{\text{triangle CDF}} = \dfrac{GH}{IL} \times \dfrac{EG}{FI}$: mais $GH = AB$, et $IL = CD$ [const.] ; donc $\dfrac{ABE}{CDF} = \dfrac{AB}{CD} \times \dfrac{EG}{FI}$; d'où il suit que les triangles ABE, CDF, sont en raison composée de celles de leurs bases AB, CD, et de leurs hauteurs EG, FI [const. et 5. déf. 1].

On peut donc conclure, en raisonnant comme nous l'avons fait dans la démonstration de la prop. I de ce livre, que les parallélogrammes sont aussi en raison composée de leurs bases et de celles de leurs hauteurs.

Corol. 1. Si les bases et les hauteurs sont réciproquement proportionnelles, les triangles et les parallélogrammes seront égaux ; et s'ils sont égaux, les bases et les hauteurs seront réciproquement proportionnelles.

2. Si les bases sont égales, les triangles et les parallélogrammes seront entre eux comme leurs hauteurs ; et si les hauteurs sont égales, ils seront comme leurs bases.

IV. Lorsque deux triangles, ou deux parallélogrammes, sont en raison composée des rapports qui existent entre deux côtés de l'un et deux côtés de l'autre, les deux angles compris par ces côtés seront égaux, ou vaudront ensemble deux angles droits.

Soit $\dfrac{\text{triangle ABC}}{\text{triangle DEF}} = \dfrac{\text{AB}}{\text{DE}} \times \dfrac{\text{BC}}{\text{EF}}$: je dis que les angles ABC, DEF, seront égaux, ou feront ensemble deux angles droits; car, supposant ABC, DEF, différents entre eux, par exemple, l'angle ABC $<$ DEF, on pourra faire l'angle CBG $=$ DEF, et BG $=$ AB. Menant donc CG, AG, et baissant des points A, G, sur BC, prolongée à volonté, les perpendiculaires AH, GI, on aura AH parallèle à GI [1. 8. corol.], et $\dfrac{\text{triangle CBG}}{\text{triangle DEF}} = \dfrac{\text{BG}}{\text{DE}} \times \dfrac{\text{BC}}{\text{EF}}$ [5. 1] : mais on a AB $=$ BG [const.]; donc $\dfrac{\text{triangle CBG}}{\text{triangle DFE}} = \dfrac{\text{AB}}{\text{DE}}$ $\times \dfrac{\text{BC}}{\text{EF}}$; et puisque $\dfrac{\text{triangle ABC}}{\text{triangle DEF}} = \dfrac{\text{AB}}{\text{DE}} \times \dfrac{\text{BC}}{\text{EF}}$ [sup.], on aura triangle ABC $=$ CBG. Prenant donc BC pour base de ces deux triangles, les perpendiculaires AH, GI, en seront les hauteurs [5. déf. 1], et par conséquent égales [5. 3. corol.] : mais elles sont parallèles [dém.]; donc AG parallèle à HI [1. 16] ou à BC. Les deux angles AGB, CBG, feront donc ensemble deux angles droits [1.9] : mais BG $=$ AB [const.] donne l'angle BAG $=$ AGB [1. 4]; donc BAG $+$ CBG vaudront aussi deux angles droits. Mais de ce que AG est parallèle à BC [dém.], on déduit l'angle ABC $=$ BAG [1.9]; donc ABC $+$ CBG feront aussi deux angles droits; et puisque l'angle DEF $=$ CBG [const.], on aura de même ABC $+$ DEF égaux à deux droits.

V. **Deux triangles équiangles sont semblables.**

Soient dans les triangles ABC et DEF l'angle $ABC =$ DEF, et l'angle $ACB = DFE$; on aura $\dfrac{\text{triangle ABC}}{\text{triangle DEF}} =$ $\dfrac{AB}{DE} \times \dfrac{BC}{EF}$ et $\dfrac{\text{triangle ABC}}{\text{triangle DEF}} = \dfrac{AC}{DF} \times \dfrac{BC}{EF}$; d'où $\dfrac{AB}{DE} \times$ $\dfrac{BC}{EF} = \dfrac{AC}{DF} \times \dfrac{BC}{EF}$; ou bien, en divisant par $\dfrac{BC}{EF}$, $\dfrac{AB}{DE} =$ $\dfrac{AC}{DF}$; ce qui donne AB : DE :: AC : DF. On trouvera de même AC : DF :: BC : EF, et BC : EF :: AB : DE.

Corol. De là on conclura facilement que deux triangles équiangles, placés sur des côtés homologues égaux, sont équilatères aussi.

VI. Deux triangles sont semblables, lorsque leurs côtés sont proportionnels.

Soit dans les triangles ABC et DEF, AB : AC :: DE : DF, et AC : BC :: DF : EF. Si l'on fait les angles $ACG = DFE$, et $CAG = EDF$, on aura les triangles ACG, DEF, équiangles [1. 12], et AG : AC :: DE : DF; mais AB : AC :: DE : DF [sup.]; donc AG : AC :: AB : AC, et par conséquent $AG = AB$ [3. 3. corol.]. On trouvera de même $CG = BC$; et puisque $AG = AB$, et AC commun, si l'angle CAG n'étoit pas $= BAC$, on n'auroit pas non plus $CG = BC$ [1. 14]; donc l'angle $CAG = BAC$: mais $EDF = CAG$ [const.]; donc l'angle $BAC = EDF$. On trouvera de même l'angle $ACB = DFE$, et par conséquent l'angle $ABC = DEF$ [1. 12]; donc les triangles ABC, DEF, sont semblables [5. déf. 2].

Corol. 1. Les triangles équilatères sont équiangles.

2. Deux triangles sont semblables, lorsqu'ils ont deux angles égaux chacun à chacun.

VII. Les triangles qui ont un angle égal compris entre des côtés proportionnels sont semblables.

Soient dans les triangles ABC, DEF, l'angle BAC = EDF, et les côtés proportionnels AB:AC::DE:DF. Faisant l'angle CAG = BAC [= EDF], et l'angle ACG = DFE, on aura AG:AC::DE:DF [5. 6. corol.] : mais AB:AC::DE:DF [sup.]; donc AG:AC::AB:AC, et par conséquent AG = AB : mais l'angle BAC = CAG [const.], et le côté AC commun, donnent l'angle ACB = ACG [1. 5], et on a aussi DFE = ACG [const.]; donc l'angle ACB = DFE, et par conséquent les triangles ABC, DEF, sont semblables [5. 6. corol.].

VIII. Si deux triangles ont un angle égal, et si les côtés du second angle de l'un sont proportionnels aux côtés du second angle de l'autre, je dis que le troisième angle de l'un des triangles sera égal au troisième angle de l'autre ; ou que, si ces deux angles ne sont pas égaux, ils feront ensemble deux angles droits.

Soit dans les triangles ABC, DEF, l'angle ABC = DEF, et AB : DE :: AC : DF. On aura $\dfrac{\text{triangle ABC}}{\text{triangle DEF}} =$ $\dfrac{AB}{DE} \times \dfrac{BC}{EF}$ [5. 1]; et puisque $\dfrac{AB}{DE} = \dfrac{AC}{DF}$ [sup.]; donc $\dfrac{\text{triangle ABC}}{\text{triangle DEF}} = \dfrac{AC}{DF} \times \dfrac{BC}{EF}$; d'où il suit que les angles ACB, DFE, sont égaux entre eux, ou égaux à deux droits [5. 4].

IX. Si les côtés d'un angle rectiligne rencontrent la circonférence d'un cercle en quatre points, je dis que les segments de ces côtés, interceptés entre le sommet de l'angle et les quatre points de la circonférence, seront réciproquement proportionnels.

Soit ABC un angle rectiligne dont les côtés rencontrent la circonférence ACDE aux points A, C, D, E. Menant les droites AD, CE, on formera les triangles BAD, BCE, dont l'angle DAE = DCE [2. 4. corol.], et l'angle ABD = CBE, et par conséquent BA:BD::BC:BE [5. 6. corol.].

X. Si l'un des côtés d'un angle rectiligne rencontre la circonférence d'un cercle en deux points, tandis que l'autre ne la rencontre qu'en un seul; et si ce second côté est moyen proportionnel entre les segments du premier, interceptés entre la circonférence et le sommet de l'angle, je dis que le second côté sera tangent au cercle; et que s'il est tangent au cercle, il sera moyen proportionnel entre les deux segments du premier.

Soit ADB l'angle dont les côtés rencontrent la circonférence dans les trois points A, B, C, et supposons DA:DB::DB:DC. Tirant les droites AB, BC, on aura les deux triangles semblables DAB, DBC [5. 7], qui donnent l'angle CBD = BAC; donc le côté DB touchera le cercle en B [2. 6]. Supposons maintenant que BD touche le cercle en B; on aura l'angle BAC = CBD [2. 6]: mais l'angle BDC est commun; donc DA:DB::DB:DC [5. 6. corol.].

XI. Trouver une quatrième proportionnelle à trois droites données.

Soient B, C, A, ces droites. Sur les côtés d'un angle quelconque HDE moindre que deux angles droits, on prendra DE = A, DF = B, et DG = C; menant FG et ensuite EH parallèle à FG, on aura l'angle DFG = DHE, et l'angle DGF = DEH [1. 9], et par conséquent DH:DE::DF:DG [5. 6. corol.], c'est-à-dire, DH:A::B:C.

XII. Trouver une moyenne proportionnelle entre deux droites données, et inégales.

Soient A, B, ces deux lignes.

Sur une droite quelconque CD coupez CE = A, et ED = B; divisez CD également en F, et du centre F avec le rayon CF décrivez le cercle CGH; par le point E menez la corde EG perpendiculaire sur CD : EG sera moyenne proportionnelle entre A et B.

Prolongez GE jusqu'au point H de la circonférence. Le diamètre CD coupe GH perpendiculairement en E [const.]; donc EG = EH [2. 2]: mais on a CE:EG :: EH:ED [5. 9]; donc CE:EG::EG:ED.

XIII. Avec un côté et l'angle adjacent donnés, construire un triangle qui soit égal à un polygone proposé.

Soient donnés le polygone DEFGHIL, le côté AB, et l'angle adjacent BAC. Menant DF et puis EM parallèle à DF; prolongeant GF jusqu'au point M de la droite EM, et tirant DM, on aura les triangles DEF, DFM, ayant la même base DF, et étant placés entre les mêmes parallèles DF, EM; d'où il est facile de conclure qu'ils doivent avoir des hauteurs égales, et être par conséquent égaux [5. 2. corol.]; donc le polygone DEFGHIL proposé sera égal au polygone DMGHIL, qui a un côté de moins. On trouvera, de la même manière, un autre polygone ayant un côté de moins, et égal au proposé; et continuant à opérer de même, on parviendra à un triangle DLN égal au polygone DEFGHIL. Supposons d'abord que l'angle BAC donné diffère de chacun des angles DLN, LDN : faisant l'angle LDO = BAC, menant NO parallèle à DL, et tirant LO, on aura le triangle DLO = DLN = DEFGHIL. Sur AC coupez AP qui soit à DO comme DL est à AB, et tirez BP; vous aurez le triangle ABP = DLO = DEFGHIL.

Si quelqu'un des angles DLN, LDN, étoit égal à BAC, la construction du triangle DLO seroit superflue.

XIV. Construire un polygone semblable à un polygone proposé, et qui soit à un autre polygone proposé dans le rapport de deux droites données.

Il s'agit de construire un polygone semblable à ABCDE, et qui soit au polygone F comme la droite G est à la droite H. Sur le côté AB, et avec l'angle ABC, faites le triangle ABI = ABCDE; prolongez AB vers L, et sur le côté BI avec l'angle IBL faites le triangle BIL = F; trouvez la droite M:BL::G:H, et NO moyenne proportionnelle entre AB et M. Menez les droites AC, AD, et construisez le triangle NOP avec l'angle NOP = ABC, et l'angle ONP = BAC; l'angle NPO sera = ACB. Faites le triangle NPQ avec l'angle NPQ = ACD, et l'angle PNQ = CAD; vous aurez l'angle OPQ = BCD, et l'angle NQP = ADC. Construisez le triangle NQR avec l'angle NQR = ADE, et l'angle QNR = DAE; l'angle PQR sera = CDE, l'angle NRQ = AED, et l'angle ONR = BAE; donc les polygones NOPQR, ABCDE, seront équiangles entre eux. Il suit de cette construction, que le triangle NOP est semblable à ABC, le triangle NPQ semblable à ACD, et le triangle NQR semblable à ADE, et que par conséquent NO:OP::AB:BC: mais on a aussi OP:PN::BC:AC, et NP:PQ::AC:CD; donc OP:PQ::BC:CD [5. 10]. On trouvera, de la même manière, PQ:QR::CD:DE : mais on a aussi QR:RN:: DE:EA; donc NO:NR::AB:AE [5. 10]. On aura donc

NOPQR semblable à ABCDE. Puisque les angles ONP, BAC, sont égaux, on aura $\dfrac{\text{triangle NOP}}{\text{triangle ABC}} = \dfrac{NP}{AC} \times \dfrac{NO}{AB}$ [5. 1] : mais les triangles semblables donnent NP:AC:: NO:AB; donc $\dfrac{\text{triangle NOP}}{\text{triangle ABC}} = \dfrac{NP}{AC} \times \dfrac{NP}{AC}$. On trouvera de même $\dfrac{\text{triangle NPQ}}{\text{triangle ACD}} = \dfrac{NP}{AC} \times \dfrac{NP}{AC}$; donc le triangle NOP sera au triangle ABC comme le triangle NPQ est à ACD. On prouvera de la même manière que le triangle NPQ est au triangle ACD comme le triangle NQR est à ADE ; donc le polygone NOPQR est à ABCDE comme le triangle NOP est à ABC [3. 5] : mais on a $\dfrac{\text{triangle NOP}}{\text{triangle ABC}}$ $= \dfrac{NP}{AC} \times \dfrac{NP}{AC}$ [dém.], et NP : AC :: NO:AB [dém.] ; donc $\dfrac{\text{triangle NOP}}{\text{triangle ABC}} = \dfrac{NO}{AB} \times \dfrac{NO}{AB}$, et par conséquent $\dfrac{\text{polygone NOPQR}}{\text{polygone ABCDE}} = \dfrac{NO}{AB} \times \dfrac{NO}{AB}$; et puisque $\dfrac{M}{AB} = \dfrac{M}{NO} \times \dfrac{NO}{AB}$ [4. 25], et M:NO::NO:AB [const.], on aura $\dfrac{M}{AB} = \dfrac{NO}{AB} \times \dfrac{NO}{AB}$; donc NOPQR:ABCDE::M:AB ; mais il est $\dfrac{\text{polygone ABCD}}{\text{polygone F}} = \dfrac{\text{triangle ABI}}{\text{triangle BIL}}$ [const.] $= \dfrac{AB}{BL}$ [5. 3. corol.], et par conséquent ABCD:F::AB :BL ; donc NOPQR : F :: M : BL [3. 10] : mais on a M:BL::G:H [const.] ; donc NOPQR, semblable à ABCDE, est à F comme G est à H.

Corol. 1. Les polygones semblables et construits sur des côtés homologues sont en raison doublée de ces mêmes côtés.

2. Et comme les carrés de ces côtés seroient aussi des rectilignes semblables, construits sur des côtés homologues, et par conséquent en raison doublée de ces côtés, il s'ensuit que les rectilignes semblables sont entre eux comme les carrés de leurs côtés homologues.

XV. Si les côtés d'un triangle rectangle, c'est-à-dire, d'un triangle qui a un angle droit, sont des côtés homologues de trois polygones semblables, je dis que le polygone construit sur le côté opposé à l'angle droit sera égal à la somme des deux autres polygones.

Soit ABC un triangle rectangle en A, et supposons AB, AC, BC, côtés homologues des polygones semblables D, E, F. L'angle BAC étant droit, on aura l'angle ACB $<$ BAC [1. 12]; on pourra donc faire l'angle BAG $=$ ACB. Les triangles ABG, ABC, ayant l'angle ABG commun, et l'angle BAG $=$ ACB [const.], seront semblables [5. 6. corol.], et par conséquent l'angle AGB sera droit, ainsi que l'angle AGC. Les triangles ABC, AGC, ayant le même angle ACG, et l'angle BAC $=$ AGC, seront aussi semblables; on aura donc $\dfrac{\text{triangle } ABG}{\text{triangle } ABC}$

$= \dfrac{AB}{BC} \times \dfrac{AB}{BC}$ [5. 14. corol.]: mais $\dfrac{E}{D} = \dfrac{AB}{BC} \times \dfrac{AB}{BC}$ [5. 14. corol.]; donc E sera à D comme le triangle ABG au triangle ABC. On aura de même F à D comme le triangle ACG au triangle ABC: donc E + F : D :: ABG + ACG : ABC [3. 11]: mais ABG + ACG $=$ ABC; donc E + F $=$ D.

LIVRE VI.

DÉFINITIONS.

I. Une droite est *perpendiculaire* à un plan, lorsqu'elle le rencontre perpendiculairement à toutes les droites menées dans le plan, et par le point commun au plan et à la ligne droite.

II. Les plans qui ne sauroient se rencontrer, quelque prolongés qu'on les suppose, s'appellent *parallèles*.

III. Le *polyèdre* est un corps qui n'est terminé que par des polygones.

IV. Si deux de ces polygones sont semblables et parallèles, tandis que tous les autres sont des parallélogrammes, le polyèdre se nomme *prisme;* les deux polygones semblables en sont les bases, et la perpendiculaire tirée de l'une des bases sur l'autre, s'appelle *hauteur* du prisme.

V. Le prisme prend le nom de *parallélipipède*, lorsque les bases sont aussi des parallélogrammes.

VI. On le nomme *parallélipipède rectangle*, lorsqu'il est terminé par des parallélogrammes rectangles.

VII. Et *cube*, lorsque les rectangles sont des carrés.

PROPOSITIONS.

I. Les côtés d'un angle rectiligne quelconque sont tous deux dans un même plan.

Car ABC étant un angle rectiligne quelconque, on

pourra placer à la fois sur le même plan, le sommet B, un point quelconque du côté AB, et un autre de BC, et par conséquent les droites AB, CB, se trouveront toutes deux sur le même plan [1. déf. 5].

II. Toute droite qui tombe à angles droits sur le point d'intersection de deux droites qui s'y croisent, est perpendiculaire au plan de ces deux droites.

Soient ABC, ABD, des angles droits : AB sera hors du plan de CBD; car autrement il y auroit des angles droits différents entre eux, ce qui est impossible. Sur CB et BD prolongées à volonté, prenez les parties égales BC, BD, BE, BF; par le point B dans le plan CBD tirez une droite quelconque GH, et ensuite CD, EF. Ces droites seront situées dans le même plan CBD [1. déf. 5], et rencontreront GH, ou son prolongement dans deux points G, H. D'un point quelconque A de la droite AB tirez AC, AD, AE, AF, AG, AH : on aura dans les triangles BCD, BEF, les côtés BC = BF, BD = BE [const.], et l'angle CBD = EBF [1. 7]; donc CD = EF, et l'angle BCG = BFH [1. 5]. Or, les triangles BCG, BFH, ont l'angle CBG = FBH, et l'angle BCG = BFH [dém.]; donc ils sont équiangles [1. 12]: mais le côté BC est égal à son homologue BF [const.]; donc CG = FH, et BG = BH [5. 5. corol.]. On a aussi dans les triangles BAC et BAF les côtés BC = BF [const.], BA commun, et l'angle ABC = ABF [sup.]; donc AC = AF [1. 5]. On trouveroit de même AD = AE : mais CD = EF [dém.] donne l'angle ACG = AFH [5. 6. corol.], et on a encore AC = AF et CG = FH [dém.]; donc AG = AH [1. 5] : mais on a aussi BG = BH [dém.], et BA commun; donc l'angle ABG = ABH [5. 6. corol.], d'où il s'ensuit que ces deux angles sont droits [1. 6. corol.]; donc AB rencontre perpendiculairement le plan CBD; car elle y fait des angles droits avec une droite quelconque GBH menée par le point commun B [6. déf. 1].

Corol. Deux droites, qui ne sont pas en ligne droite, ne sauroient être perpendiculaires à une troisième dans un plan.

III. Trois droites perpendiculaires à une quatrième dans un point, sont nécessairement situées dans un plan.

Soient ABC, ABD, ABE, des angles droits : AB doit être hors du plan DBE [6. 2. corol.]. Supposons, s'il est possible, que BC soit aussi hors de ce plan. Si du centre B avec un rayon quelconque on décrit un cercle dans le plan CBA, la circonférence de ce cercle rencontrera le plan BDE dans un point quelconque F. Menez BF qui devra se trouver dans le plan ABFC et dans celui de BDE [1. déf. 5]. Puisque ABD et ABE sont des angles droits, AB sera perpendiculaire au plan BDE [6. 2], et par conséquent ABF sera un angle droit [6. déf. 1]; c'est-à-dire, que AB fera des angles droits dans un même plan avec BC [sup.], et avec BF [dém.] : mais cela est impossible, parce que BC et BF ne sont pas en ligne droite [6. 2. corol.]; donc BC est dans le plan DBE.

IV. Si une droite est perpendiculaire à un plan, toute droite parallèle à celle-ci sera perpendiculaire au même plan.

Soient B, D, les deux points où les parallèles AB, CD, rencontrent un plan quelconque, et supposons AB perpendiculaire à ce plan : je dis que CD le sera aussi. Tirez BD, qui devra se trouver dans ce même plan, et menez-y DE perpendiculaire à BD, et égale à BA; joignez AD, AE, BE. Puisque AB est perpendiculaire au plan BDE [sup.], les angles ABD, ABE, seront droits [6. déf. 1]: mais BDE est droit aussi [const.]; donc BDE = ABD. Et puisqu'on a le côté BA = DE [const.] et BD commun; donc AD = BE [1. 5]. Or, AD = BE, DE = AB, et AE commun, donnent l'angle ADE = ABE [5. 6. corol.], et on a ABE droit [dém.]; donc ADE sera aussi un angle droit: mais les droites AD, BD, sont dans le plan des parallèles AB, CD, parce qu'elles y ont deux points communs [1. déf. 5]; donc la droite DE étant perpendiculaire à BD et à AD [const. et dém.], sera perpendiculaire au plan des parallèles AB, CD [6. 2], et par conséquent CDE sera un angle droit [6. déf. 1]: mais AB, CD, sont deux droites parallèles [sup.], et ABD est un angle droit [dém.]; donc BDC sera aussi un angle droit [1. 9], et par conséquent CD sera aussi perpendiculaire sur le plan BDE [6. 2].

V. Les côtés d'un angle rectiligne moindre que deux angles droits ne sauroient être perpendiculaires à un même plan.

Soient B, C, deux points communs à un plan quelconque et aux côtés AB, AC, de l'angle rectiligne BAC plus petit que deux droits. La ligne droite qui joindra les points B, C, doit se trouver dans le même plan [1. déf. 5]. Soit BC cette droite. L'un des angles ABC et ACD ne sera point droit [1. 12]; donc les côtés AB, AC, ne seront pas tous deux perpendiculaires au même plan.

Soient EDF plus petit que deux angles droits, et le sommet D le seul point où les côtés ED, DF, rencontrent un plan quelconque. Du centre D avec un rayon quelconque décrivez un cercle dans le plan de l'angle

EDF : ce cercle rencontrera le plan en un point G. Tirez DG ; quelqu'un des angles GDE, GDF, ne sera point droit, et par conséquent les côtés DE, DF, ne seront pas tous deux perpendiculaires au même plan.

Corol. Ils ne le seront pas non plus à une même droite.

VI. Les droites perpendiculaires à un même plan sont parallèles entre elles.

Soient AB, CD, deux perpendiculaires à un même plan, et B, D, les points où elles le rencontrent. Que l'on répète ici la construction qui a servi à la démonstration de la prop. IV de ce liv. VI, et on trouvera de suite que ADE est droit : mais les deux angles CDE, BDE, sont droits [sup. et const.] ; donc BD, AD et CD, sont dans le même plan [6. 3]. Or, AB doit s'y trouver aussi, parce que cette droite le rencontre dans deux points [1. déf. 5] ; donc AB, BD et CD, seront sur le même plan : mais les angles ABD, BDC, sont droits, parce que AB et CD sont perpendiculaires au plan de BDE [6. déf. 1 et sup.] ; donc AB, CD, sont parallèles entre elles [1. 8].

VII. D'un point donné conduire une perpendiculaire sur un plan donné.

Que le point A soit d'abord situé hors de ce plan. Menez-y une droite quelconque BC, et sur cette droite baissez du point A la perpendiculaire AC ; au point C, et sur le plan donné, levez CD perpendiculaire à BC ; la droite BC sera perpendiculaire au plan ACD. Maintenant si du point A on conduit AD perpendiculaire sur CD, je dis que AD sera perpendiculaire au plan donné BCD ; car, menant DE parallèle à BC, la droite DE sera aussi perpendiculaire au plan ACD [6. 4], et par conséquent l'angle EDA sera droit [6. déf. 1] : mais ADC est droit [const.] ; donc AD est perpendiculaire au plan donné BCD [6. 2].

La construction précédente seroit superflue, si la droite AC tomboit d'abord perpendiculairement sur le plan donné.

Supposons maintenant que le point F soit situé sur le plan donné. D'un point quelconque G, pris hors de ce plan, baissez GH perpendiculaire sur le même plan. Si GH ne passe pas par le point F, menez FI parallèle à GH : la droite FI sera la perpendiculaire demandée.

VIII. Deux parallèles à une même droite sont parallèles entre elles.

Soient AB et CD parallèles à EF. D'un point quelconque F de la droite EF, élevez FG perpendiculaire au plan ABFE, et FH perpendiculaire au plan EFG : les angles EFG, EFH, seront droits [6. déf. 1], et par conséquent EF sera perpendiculaire au plan GFH [6. 1]; donc AB, CD, seront perpendiculaires au plan GFH [6. 4], et en conséquence parallèles entre elles [6. 6].

Corol. Lorsqu'une droite est située et prolongée à volonté dans le plan de deux droites parallèles, si elle en coupe la première, elle coupera aussi la seconde ; car autrement elle seroit parallèle à celle-ci [1. déf. 11], et par conséquent parallèle à la première [6. 8], tout en la rencontrant [sup.] ; ce qui seroit absurde [1. déf. 11].

IX. Les plans perpendiculaires à une même droite sont parallèles entre eux.

Soient A, B, les deux points où la droite AB rencontre perpendiculairement deux plans quelconques : je dis que ces deux plans sont parallèles ; car autrement ils pourront se rencontrer, par exemple en C : on pourra donc joindre AC dans l'un, et BC dans l'autre plan [1. déf. 5], et par conséquent les angles ABC et BAC d'un même triangle ABC seront droits [6. déf. 1]: mais cela est impossible [1. 12]; donc les deux plans ne sauroient se rencontrer, et par conséquent sont parallèles.

X. Si deux plans sont parallèles, la même droite qui est perpendiculaire à l'un sera perpendiculaire à l'autre.

Que la droite AB rencontre perpendiculairement en B un plan quelconque, et en A un second plan parallèle au premier : je dis que la droite AB rencontrera perpendiculairement aussi le second plan ; car, sans cela, on pourra mener sur celui-ci une droite AC qui fasse avec AB l'angle CAB plus petit qu'un angle droit [6. déf. 1]. Cela posé, du centre B avec un rayon quelconque décrivez un cercle dans le plan de BAC, dont la circonférence rencontrera, par exemple en D, le premier plan. Si l'on tire BD, l'angle ABD sera droit [sup. et 6. déf. 1]: mais BAC est aigu; donc les deux droites AC, BD, pourront se rencontrer, par exemple en C, et par conséquent les deux plans s'y rencontreront aussi [1. déf. 5]: mais cela est impossible, puisqu'ils sont parallèles entre eux par supposition [6. déf. 2]; donc AB est perpendiculaire à l'un et à l'autre plan.

Corol. 1. Si deux droites sont parallèles, toute droite perpendiculaire à l'une sera perpendiculaire à l'autre.

2. Les deux côtés d'un angle plus petit que deux droits ne sauroient être perpendiculaires à deux plans parallèles entre eux.

3. Ils ne le seront pas non plus à deux droites parallèles.

XI. Les angles qui ont les côtés parallèles, et l'ouverture placée dans le même sens, sont égaux et situés dans le même plan, ou dans des plans parallèles entre eux.

Soient AB parallèle à CD, et AE parallèle à CF. On prendra AB=CD et AE=CF, mais à condition que les trois points E, B, D, ne soient pas en ligne droite, lorsque les deux angles seront dans le même plan; on tirera BE, DF, AC, BD, FE. Puisque AB et CD, AE et CF, sont égales et parallèles [const. et sup.], on aura BD et AC, AC et EF, égales et parallèles [1. 16]; donc BD et EF seront égales et parallèles [6. 7], et par conséquent BE=DF [1. 16]; donc l'angle BAE=DCF [5. 6. corol.].

Soient les deux angles HGM, LIN, placés dans différents plans, et supposons le côté GH parallèle à IL, et GM parallèle à IN. Si l'on mène GO perpendiculaire au plan LIN en O, et OP parallèle à IL, la droite OP sera parallèle à GH [6. 8]: mais l'angle GOP est droit, parce que GO est perpendiculaire au plan où se trouve située la droite OP; donc OGH sera aussi un angle droit [1. 9]. On prouvera de même que l'angle OGM est droit; donc GO sera aussi perpendiculaire au plan HGM [6. 2], et par conséquent les plans HGM et LIN seront parallèles entre eux [6. 9].

Corol. Deux triangles sont semblables, lorsqu'ils ont les trois côtés parallèles chacun à chacun; ou aussi, lorsque deux côtés de l'un sont parallèles et proportionnels à deux côtés de l'autre, pourvu que leurs ouvertures soient placées dans le même sens.

XII. Deux droites parallèles interceptées entre des plans parallèles sont égales.

Soient AB, CD, deux droites parallèles interceptées entre deux plans parallèles qu'elles rencontrent aux points A, C, et aux points B, D. Menez AC dans l'un, et BD dans l'autre plan [1. déf. 5]. Les deux droites AC, DB, seront dans un même plan, c'est-à-dire, dans le plan des parallèles AB, CD [1. déf. 5]: mais elles ne sauroient se rencontrer [6. déf. 2]; donc AC, BD, sont parallèles [1. déf. 5], et par conséquent égales, parce que ABCD est un parallélogramme [1. 15].

XIII. Tant de droites qu'on voudra, rencontrées par des plans parallèles, sont coupées proportionnellement.

Supposons que trois plans parallèles rencontrent deux droites AB, CD, aux points A, E, B, C, F, D : celui du milieu coupera dans quelque point G la droite BC, qui joindra les points B, C. Tirons CA, EG; ces deux droites seront dans le plan ABC : mais à quelque distance qu'on les prolonge, elles ne sauroient se rencontrer comme situées dans des plans parallèles; donc CA et EG étant parallèles [1. déf. 19], on aura l'angle BAC$=$BEG, et l'angle BCA$=$BGE [1. 9]; donc AB: BE::BC:BG [5. 6. corol.], et par conséquent AE:BE:: CG:BG [3. 4]. On trouvera de même DF:CF::BG:CG, et CF:DF::CG:BG; donc AE:BE::CF:DF.

XIV. Compléter un prisme sur une base donnée, et avec un côté donné.

Soit ABCDEF la base, et AG le côté. Par les sommets B, C, D, E, F, menez BH, CI, DL, EM, FN, égales et parallèles à AG, et joignez GH, HI, IL, LM, MN, NG. Les figures ABHG, BCIH, CDLI, DEML, EFNM,

FAGN, étant des parallélogrammes [1. 16], il reste
à démontrer que le polygone GHIMN est semblable
et parallèle à ABCDEF [6. déf. 4]. Tirez AC , AD,
AE, GI, GL, GM. Les droites AG, CI, étant égales et
parallèles [const.], GI et AC seront aussi égales et parallèles [1. 16] : mais GH est parallèle à AB [dém.];
donc les plans HGI et ABCDEF sont parallèles [6. 11].
On démontrera de même que le plan IGL est parallèle
au même plan ABCDEF ; donc la droite qui du point G
tombe perpendiculairement sur ABCDEF, sera perpendiculaire aux plans HGI et IGL [6. 10], et aux droites
GH, GI, GL [6. déf. 1] ; donc toutes ces droites sont
dans un même plan [6. 3]. On démontrera de même
que GM est sur le plan HGL, et GN sur le plan HGM ;
donc GHILMN est un polygone parallèle à ABCDEF
[6. 10]. De ce que GH est parallèle à AB, et HI parallèle à BC [dém.], il s'ensuit que l'angle GHI sera =
ABC [6. 11]. On démontrera de même que les angles
ILM = CDE, HIL = BCD, LMN = DEF, MNG = EFA,
NGH = FAB : mais on a GH = AB, et HI = BC [dém.];
donc GH : AB :: HI : BC, et pareillement HI : BC :: IL : CD ;
IL : CD :: LM : DE ; LM : DE :: MN : EF ; MN : EF :: NG : FA,
et NG : FA :: GH : AB ; donc les polygones GHILMN et
ABCDEF sont semblables [5. déf. 3].

XV. Les deux bases d'un prisme quelconque sont
égales entre elles.

Cette proposition est facile à démontrer.

XVI. Les prismes sont en raison composée des rapports de leurs bases et de ceux de leurs hauteurs.

Soient ABCD et EFGHIL deux prismes triangulaires.
Achevez les parallélogrammes FM et LN, et tirez la

droite MN. On démontrera sans peine que LFGMNHL est un parallélipipède. Sur la droite HE prolongée à volonté prenez OP = EH; et prolongeant de même LF, IG, NM, menez OQ, PR, perpendiculaires sur LR; QS, RT, perpendiculaires sur IT; SV, TX, perpendiculaires sur NX, et joignez OS, OV, PT, PX. Le corps OQSVXPRT sera un parallélipipède, dont les côtés OP, QR, ST, VX, rencontrent perpendiculairement les bases QV, RX; ce qui est facile à démontrer. Cela posé, transportez le corps HILOQS dans le lieu que EFGRPT occupe, mais de telle manière que les points O, Q, S, tombent sur les points P, R, T [ce qui est permis, QX étant un parallélipipède, et par conséquent OQ = PR, QS = RT, et l'angle OQS = PRT]. On doit donc conclure que la droite HO perpendiculaire au plan OQS, [dém.], et EP perpendiculaire au plan PRT [dém.], ne font qu'une seule et même droite [6. 5]: mais on a HE = OP, et par conséquent HO = EP; donc le point H tombera sur le point E. On démontrera de même que I tombe sur G, et L sur F. Or, en raisonnant comme dans la démonstration de la prop. III du liv. I, on voit que les faces du corps HILOQS doivent coïncider avec celles du lieu occupé par EFGRPT; donc HILOQS = EFGRPT. On démontrera de même, en ajustant le triangle PRT sur le triangle PXT, que le prisme OSR = OSX. Et puisque HILOQS est = EFGRPT, si l'on en retranche la partie commune OSF, on aura le prisme EGL = OSR; et, en raisonnant de même, le prisme EGN = OSX: mais le prisme OSR est = OSX [dém.]; donc le prisme EGL = EGN, et par conséquent le parallélipipède LM sera le double du prisme EGL: on aura aussi la base FM du parallélipipède, double de la base EFG du prisme; et le parallélipipède LM $=$ QX. Prolongeant les droites GF, IL, NH, ME, et construisant de même le parallélipipède ZY $=$ LM, de sorte que les faces Zα, ϐY, soient perpendiculaires aux prolongements de ces droites, on démontrera facilement que les bases FM, ϐγ, sont égales. Prolongeant les côtés Zγ, ϐδ, εY, ζα, et construisant de même le parallélipipède ηθ $=$ ZY, dont les faces ηι, θκ, soient perpendiculaires aux prolongements de ces côtés, on aura ZY double du prisme EGL, et la base ηλ $=$ ϐγ, et par conséquent ηλ double de la base EFG du prisme EGL. On démontrera avec la même facilité, que le parallélipipède ηθ est rectangle. La hauteur du parallélipipède ηθ, et celle du prisme EGL, sont perpendiculaires au plan Eϐλ., et par conséquent parallèles [6. 6] : mais elles se trouvent interceptées entre des plans parallèles Eϐλ., Nεθ ; donc elles sont égales. Construisez de même le parallélipipède rectangle κμ double du prisme BCD, ayant la même hauteur, et une base νξ double de la base ABC, et placez-le de manière que les bases ηλ, νξ, soient dans un même plan ; que les sommets des angles ηκλ, νκξ, tombent sur le même point κ, et que les côtés ηκ, κν, soient en ligne droite : les côtés κλ, κξ, seront aussi en ligne droite [1. 7], aussi bien que les côtés οκ, κπ [6. 5], par cela même qu'ils tombent perpendiculairement sur le plan Eϐλ. [6. 2]. Prolongeant les droites Zν, ζπ, εθ, ϐλ., coupez un nombre quelconque de parties νϛ, ϛσ, égales à κν ; prenez κπ multiple quelconque de ηκ plus grand ou plus petit que κσ, et achevez les parallélipipèdes ηθ, θν, νυ, υσ, κρ. On démontrera facilement que les parallélipipèdes θν, νυ, υσ, sont égaux, et que par conséquent le parallélipidé θσ est aussi multiple de θν, que la droite χσ l'est de χν; et que le parallélipipède τθ est aussi multiple de ηθ, que la droite τχ l'est de ηχ : mais le parallélipipède τθ ne sauroit être plus grand ni plus petit que le parallélipipède θσ, que lorsque la droite τχ sera plus grande ou plus petite que la droite χσ; donc le parallélipipède ηθ est au parallélipipède θν, comme la droite ηχ est à la droite χν. On démontrera de même que le parallélipipède χφ est à χμ comme la droite χπ est à χο : mais les bases ηλ, λν, sont entre elles comme les droites ηχ, χν [5. 2. corol.]; donc les parallélipipèdes ηθ, θν, seront entre eux comme leurs bases ηλ, νλ. On démontrera de même que les parallélipipèdes θν, χφ, sont entre eux comme les bases λν, νξ, et par conséquent que les parallélipipèdes ηθ, χφ, sont aussi entre eux comme les bases ηλ, νξ [3. 10] : mais les parallélipipèdes χφ, χμ, sont entre eux comme χπ et χο [dém.]; donc le rapport du parallélipipède ηθ à χμ sera composé du rapport de ηλ à νξ, et de celui de χπ à χο [4. 23]. Or, le parallélipipède ηθ est le double du prisme EGL [dém.]; le parallélipipède χμ, double du prisme BCD [const.]; la base ηλ, double de la base EGF [dém.]; la base νξ, double de la base ABC [const.]; et la droite χπ, hauteur du parallélipipède ηθ [const. et 6. déf. 3], est égale à la hauteur du prisme EGL [dém.]; et on a de même χο égale à la hauteur du prisme BCD; donc le prisme EGL est au prisme BCD en raison composée des rapports de leurs bases EGF, ABF, et de leurs hauteurs χπ, χο [3. 5. corol.].

Soient les prismes ABCDEFGHIL et MNOPQRSTV XZY. Joignez AC, AD, FH, FI, MO, VZ: on démontrera que ABCFGH, ACDFHI, ADEFIL et MNOVXZ, sont des prismes triangulaires. Désignant par α la perpendiculaire baissée du point A sur le plan de la base FGHIL, et par ϵ, la perpendiculaire baissée du point M sur le plan de la base STVXZY, on aura

$$\frac{\text{prisme BCF}}{\text{prisme MNZ}} = \frac{\text{base FGH}}{\text{base VXZ}} \times \frac{\alpha}{\epsilon} \ [\text{dém. et 4. déf. 7}];$$

$$\frac{\text{prisme CDF}}{\text{prisme MNZ}} = \frac{\text{base FIH}}{\text{base VXZ}} \times \frac{\alpha}{\epsilon};$$

$$\frac{\text{prisme DEF}}{\text{prisme MNZ}} = \frac{\text{base FIL}}{\text{base VXZ}} \times \frac{\alpha}{\epsilon};$$

donc

$$\frac{\text{prisme BCF} + \text{prisme CDF} + \text{prisme DEF}}{\text{prisme MNZ}} =$$

$$\frac{\text{base FGH}}{\text{base VXZ}} \times \frac{\alpha}{\epsilon} + \frac{\text{base FIH}}{\text{base VXZ}} \times \frac{\alpha}{\epsilon} + \frac{\text{base FIL}}{\text{base VXZ}} \times \frac{\alpha}{\epsilon} =$$

$$\left(\frac{\text{base FGH}}{\text{base VXZ}} + \frac{\text{base FHI}}{\text{base VXZ}} + \frac{\text{base FIL}}{\text{base VXZ}} \right) \frac{\alpha}{\epsilon} =$$

$$\frac{\text{base FGH} + \text{base FHI} + \text{base FIL}}{\text{base VXZ}} \times \frac{\alpha}{\epsilon},$$

c'est-à-dire,

$$\frac{\text{prisme ABCDEFGHIL}}{\text{prisme MNZ}} = \frac{\text{base FGHIL}}{\text{base VXZ}} \times \frac{\alpha}{\epsilon};$$

donc

$$\text{prisme ABCDEFGHIL} = \frac{\text{base FGHIL}}{\text{base VXZ}} \times \frac{\alpha}{\epsilon} \times \text{prisme MNZ}.$$

On trouvera de même le prisme MNOPQRSTVXZY

$$= \frac{\text{base STVXZY}}{\text{base VXZ}} \times \frac{\epsilon}{\epsilon} \times \text{prisme MNZ} :$$

donc

$$\frac{\text{prisme ABCDEFGHIL}}{\text{prisme MNOPQRSTVXZY}} = \frac{\dfrac{\text{base FGHIL}}{\text{base VXZ}} \times \dfrac{\alpha}{\epsilon} \times \text{prisme MNZ}}{\dfrac{\text{base STVXZY}}{\text{base VXZ}} \times \dfrac{\epsilon}{\epsilon} \times \text{prisme MNZ}}$$

$$= \frac{\dfrac{\text{base FGHIL}}{\text{base VXZ}} \times \dfrac{\alpha}{\epsilon}}{\dfrac{\text{base STVXZY}}{\text{base VXZ}}} = \frac{\text{base FGHIL}}{\text{base VXZ}} \times \frac{\text{base VXZ}}{\text{base STVXZY}}$$

$$\times \frac{\alpha}{\epsilon} = \frac{\text{base FGHIL}}{\text{base STVXZY}} \times \frac{\alpha}{\epsilon}.$$

Corol. 1. Les prismes qui ont des bases égales sont entre eux comme leurs hauteurs; et ceux qui ont des hauteurs égales sont entre eux comme leurs bases.

2. Les prismes qui ont des bases et des hauteurs réciproquement proportionnelles sont égaux; et s'ils sont égaux, ils auront des bases et des hauteurs réciproquement proportionnelles.

LIVRE VII.

DÉFINITIONS.

I. Lorsque tous les angles d'un polygone ont leurs sommets à la circonférence d'un cercle, on dit que le polygone est *inscrit* au cercle, et que le cercle est *circonscrit* au polygone.

II. Le polygone est circonscrit au cercle, et le cercle inscrit au polygone, lorsque tous les côtés de l'un touchent la circonférence de l'autre.

PROPOSITIONS.

I. Partager un arc donné en deux parties égales.
Soit ABC l'arc donné.

Investigation. Désignant par B le milieu de l'arc ABC, et par D celui de la corde AC, si l'on tire les cordes AB, BC, et la droite BD, on aura AB=BC [2. 8. corol.], l'angle BAC=BCA [1. 4], l'angle ADB=BDC [1. 3], et BD perpendiculaire à AC [1. 6. corol.].

Composition. Tirez la corde AC, et par le milieu d'AC menez la perpendiculaire BD. L'arc AEB sera = CFB; car, tirant les cordes AB, BC, on aura dans les triangles ABD, BCD, le côté AD=DC [const.], BD commun, et l'angle $ADB = BDC$ [const.], et par con-séquent le côté $AB = BC$ [1. 5]; donc l'arc $AEB = BFC$ [2. 8. corol.].

Corol. Il sera donc facile de partager un angle donné en deux parties égales.

II. Sur une corde donnée tràcer un arc *capable* d'un angle donné, c'est-à-dire, un arc où l'on puisse inscrire un arc donné.

Soient AB la corde, et C l'angle donné.

Investigation. Si l'angle C valoit deux droits, le pro-blême seroit insoluble; s'il ne valoit qu'un droit, l'arc demandé seroit un demi-cercle [2. 4. corol.].

Supposons C plus grand ou plus petit qu'un angle droit, et désignons par ABD l'arc demandé. Si l'on fait l'angle $BAE = C$, le côté AE touchera en A l'arc ADB [2. 6]. Soit AF perpendiculaire à AE. Le centre du cercle respectif ne peut être situé que sur la droite AF; et si l'on divise AB également en G par la perpendicu-laire GF, il devra se trouver aussi sur la droite GF.

Composition. Si l'angle C est droit, divisez AB éga-lement en H; et du centre H avec le rayon HA, décri-vez le demi-cercle ADB. L'angle inscrit à cet arc sera droit [2. 4. corol.], et par conséquent $= C$.

Si C n'est pas un angle droit, faites $BAE = C$, et élevez AF perpendiculaire à AE: l'angle BAF sera aigu. Élevez encore GF perpendiculaire sur le milieu d'AB: les droites AF, GF, pourront se rencontrer en F [1. ax.]. Joignez BF. Dans les triangles AFG, BFG, on aura $AG = BG$ [const.], GF commun, et l'angle $AGF = BGF$ [const.]; donc $AF = BF$ [1. 5]. Soit DI un cercle décrit du centre F avec le rayon AF. Ce cercle devra passer par le point B, et toucher en A la droite AE [2. 6. corol.]; donc tout angle inscrit dans l'arc ADB sera = BAE [2. 6], et par conséquent = C [const.].

III. D'un point donné mener une tangente à un cercle donné.

Soient BC le cercle, et A le point donné.

Investigation. Si le point donné est dans l'intérieur du cercle, la question est impossible; s'il est à la circonférence, la tangente et le rayon y feront un angle droit.

Supposons A hors du cercle, et désignons par AB la tangente demandée. Tirant le rayon BF, on aura ABF un angle droit [2. 6. corol.].

Composition. Si le point A est à la circonférence, on tirera le rayon AE; et menant AD perpendiculaire à AE, la droite AD sera la tangente requise [2. 6. corol.].

Si le point A est hors du cercle BC, trouvez-en le centre F. Joignez AF; et prenant AF pour diamètre, décrivez le demi-cercle ABF, qui coupera la circonférence BC dans un point B. La droite AB sera la tangente demandée; car tirant BF, l'angle ABF sera droit [const. et 2. 4. corol.], et par conséquent AB touchera le cercle [2. 6. corol.].

Corol. 1. D'un point donné hors d'un cercle quelconque, on peut mener deux tangentes à la circonférence de ce cercle.

2. Et ces tangentes seront égales; car, menant les tangentes GH, GI, aux points H, I, du cercle III, et tirant les rayons IL, LH, on aura les angles droits GHL, GIL [2. 6. corol.], et les angles aigus HGL, LGI [1. 12]; donc l'angle GHL = GIL, LH = LI,

GL:LH::GL:LI, et par conséquent GH:GL::GI:GL
[5. 8]; d'où l'on tire GH=GI [5. 5. corol.].

IV. Sur une circonférence proposée couper un arc
susceptible d'un angle donné.

Soit A l'angle, et BCD le cercle.

Composition. Par un point quelconque B de la circonférence donnée, menez la tangente BE [7. 5], et faites
l'angle EBC=A. Tout angle inscrit à l'arc BDC sera
=EBC [2. 6], et par conséquent=A [const.]; donc
BDC est l'arc demandé.

V. Dans un cercle donné inscrire un triangle semblable à un triangle donné.

Soient ABC le cercle, et DEF le triangle.

Composition. Coupez les arcs ABC et ACB, où l'on
puisse inscrire l'angle ABC=DEF, et l'angle BCA=
DFE; tirez les droites AB, BC, CA : le triangle ABC
sera semblable au triangle DEF [5. 5].

VI. Circonscrire à un cercle donné un triangle semblable à un triangle donné.

Soient ABC le cercle, et DEF le triangle.

Investigation. Supposons que les côtés GH, HI, IG,
du triangle GHI, touchent la circonférence ABC aux
points A, B, C, et que l'angle GHI soit=DEF, et GIH
=DFE. Trouvez le centre L du cercle ABC, et tirez les
rayons AL, BL; les angles HAL, HBL, seront droits
[2. 6. corol.]: mais les angles du quadrilatère AHBL
valent ensemble quatre angles droits, comme il est facile de s'en convaincre en partageant le quadrilatère
en deux triangles [1. 12]; donc les deux angles AHB,
ALB, font ensemble deux angles droits. Prolongez EF
vers M. Les angles DEF, DEM, valent deux droits, et

par conséquent ils seront égaux aux angles AHB, ALB,
pris ensemble: mais AHB=DEF [sup.]; donc l'angle
ALB=DEM.

Composition. Prolongeant EF des deux côtés, et
ayant trouvé le centre L du cercle donné ABC, tirez un
rayon quelconque LA, et faites les angles ALB=DEM,
et BLC=DFN. Par les points A, B, C, menez les tangentes GH, HI, IG, [7.5], qui se rencontreront en
H, G, I [6. 10. corol.], parce qu'étant perpendiculaires à LA, LB et LC [2. 6. corol.], chacun des angles ALB, BLC, doit être plus petit que deux angles
droits : cela posé, je dis que GHI sera le triangle demandé.

Car les angles de tout quadrilatère font ensemble
quatre droits [dém.]: mais HAL, HBL, n'en valent
que deux [const.]; donc AHB, ALB, feront deux
angles droits: et puisque DEF, DEM, font la même
somme; donc les angles AHB+ALB=DEF+DEM:
or ALB=DEM [const.]; donc l'angle AHB=DEF.
On trouvera de même l'angle BIC=DFE; donc le triangle GHI sera semblable au triangle DEF.

Corol. De la même manière qu'on a trouvé dans l'investigation précédente, la somme des angles d'un quadrilatère égale à quatre droits, on démontrera aussi
que la somme de tous les angles d'un polygone quelconque vaut autant de fois deux droits qu'il a de côtés
moins deux.

VII. Inscrire un cercle à un triangle donné.

Soit ABC le triangle.

Investigation. Supposons que le cercle DEF touche
en D, E, F, les côtés AB, BC, CA, du triangle donné;

et après avoir trouvé le centre G, tirons BG et les rayons DG, EG. Les angles BDG, BEG, seront droits [2. 6. corol], et par conséquent égaux : mais DG est $=$ EG, et DB $=$ BE [7. 5. corol.]; donc l'angle DBG $=$ EBG [1. 5].

Composition. On partagera chacun des angles ABC, BCA, en parties égales, par les droites BG, CG [7. 1. corol.]; du point G, où elles doivent se rencontrer [1. ax.], on menera sur AB la perpendiculaire GD. Le cercle DEF, décrit du centre G avec le rayon GD, satisfera à la question.

Car menant GE, GF, perpendiculaires à BC et à AC, on aura les triangles semblables BDG, BEG [5. 5. corol.], et par conséquent DG:BG::EG:BG; d'où DG $=$ EG. On trouvera de même FG $=$ EG ; donc le cercle décrit du centre G avec le rayon GD, doit passer par les points E, F: mais les angles ADG, BEG, CFG, sont droits [const.]; donc le cercle DEF sera tangent aux points D, E, F, des côtés AB, BC, CA, du triangle proposé.

VIII. Circonscrire un cercle à un triangle donné.
Soit ABC le triangle.

Investigation. Le centre du cercle demandé doit être un point commun aux trois perpendiculaires qui partageront en parties égales tous les côtés du triangle ABC.

Composition. Par le milieu d'AB et d'AC menez les perpendiculaires DF, EF, qui devront se rencontrer, par exemple en F [6. 10. corol.]; tirez FA. Le point F sera le centre, et FA le rayon du cercle demandé.

Car menant BF, CF, on aura dans les triangles

ADF, BDF, AD$=$BD [const.], DF commun, et l'angle ADF $=$ BDF [const.]; donc AF$=$BF. On trouvera de même AF$=$CF ; donc le cercle ABC, décrit du centre F avec le rayon AF, doit passer par les sommets B, C.

Corol. 1. Il sera donc facile de faire passer la circonférence d'un cercle par trois points donnés, pourvu qu'ils ne soient pas en ligne droite.

2. Et achever un cercle, lorsqu'une partie en sera donnée.

IX. Inscrire un triangle équilatéral à un cercle donné.

Soit ABC le cercle.

Investigation. Supposons ABC un triangle équilatéral, D le centre du cercle, F le milieu de AB, et DE un rayon. Tirant DB, AD, AE, on démontrera aisément que l'angle ADE est la moitié d'ADB: mais ACB est la moitié d'ADB [2. 4]; donc ADE $=$ ACB : et puisque DE:DA::CB:CA, on aura l'angle AED $=$ ABC [5. 5]. Or, l'angle ABC $=$ ACB, parce que AB $=$ AC [sup.], et par conséquent l'angle AED $=$ ADE; on aura donc dans les triangles ADF, AEF, l'angle AEF $=$ ADF, et l'angle AFE $=$ AFD [const.], ce qui donne EF : FA :: DF : FA [5. 5. corol.]; donc EF $=$ DF.

Composition. Ayant trouvé le centre D du cercle donné, et le milieu F d'un rayon quelconque DE, on menera par le point F la corde BA perpendiculaire à DE. La corde BA sera le côté du triangle en question.

Du centre A avec le rayon AB décrivez un cercle qui coupera la circonférence donnée, par exemple en C.

Menez BC, BD, DA, AE. Les angles AEF, ADF, étant égaux, comme il est facile de s'en convaincre, on aura AE = AD [1. 13. corol.] = DE, et par conséquent ADE sera un triangle équilatéral et équiangle [1. 4]; d'où il suit que ADF vaut le tiers de deux angles droits [1. 12]. Dans les triangles ADF, FDB, on a AF = FB [2. 2], DF commun, et l'angle DFA = DFB [const.]; donc l'angle ADF = BDF [1. 5], et par conséquent l'angle ACB = ADF [2. 4]. Ainsi, puisque ADF est le tiers de deux droits [dém.], l'angle ACB le sera aussi : mais le côté AC étant = AB [const.], on a l'angle ABC = ACB [1. 4]; donc ABC vaut le tiers de deux droits, et par conséquent l'angle BAC en vaudra autant; d'où on doit conclure que le triangle ABC est équiangle et équilatéral [1. 13. corol.].

Corol. 1. Toute corde de cercle qui, en rencontrant perpendiculairement un rayon, le partage en deux parties égales, est égale au côté du triangle équilatéral inscrit à ce cercle.

2. Le rayon d'un cercle est donc égal au côté de l'hexagone équilatéral, que l'on peut inscrire à ce cercle.

X. Construire sur une droite donnée un pentagone équiangle et équilatéral.

Soit AB la droite donnée.

Investigation. Désignant par ABCDE le pentagone demandé, et menant AC, BE, on formera les triangles ABE, BCA, dont les côtés AE = BC [sup.], AB commun, et les angles BAE = ABC [sup.]; donc l'angle AEB = BCA, et ABF = FAB [1. 5]: mais AB = BC [sup.]; donc BCA = FAB [1. 4], et par conséquent BCA = ABF. Ainsi les triangles ABC, ABF, seront sem-

blables [5. 5. corol.], et l'angle AFB = ABC : or CDE
= ABC [sup.]; donc AFB = CDE : mais CFE = AFB
[1. 7]; donc CDE = CFE : et comme AED = BCD
[sup.], et AEB = BCA [dém.], DEF sera = DCF.
D'où il suit que les angles CDE, DCF, pris ensemble,
valent la moitié de tous les angles du quadrilatère
CDEF, c'est-à-dire, deux droits [7. 6. corol.]; donc CD
est parallèle à EF [1. 8. corol.]. On trouvera de même
DE parallèle à CF, et par conséquent CF = DE [1. 15]:
mais AB = DE [sup.]; donc CF = AB. Les triangles
ABC, ABF, étant semblables [dém.], donnent AC:
BA::BA:AF; mais AB = CF [dém.]; donc AC > AB,
et par conséquent AB > AF [5. 2]. Prolongeant AB et
prenant AG = AC, on aura BG = AF. Prenez GH = AB,
et divisez AB en deux parties égales en I ; du centre I
avec le rayon IB décrivez le cercle BL ; du centre G
avec le rayon GH décrivez un cercle qui coupe en L le
cercle BL ; tirez GL [= GH = AB]; donc GL sera
moyenne proportionnelle entre AG et BG, et par conséquent tangente en L [5. 8]. Tirez le rayon IL ; l'angle GLI sera droit [2. 6. corol.].

Composition. On menera par le point B la droite BM
égale et perpendiculaire à AB; et du point I, milieu
d'AB, on tirera IM. L'angle IBM étant droit, IB sera <
IM. Soit prolongée IB jusqu'à ce que IG = IM. La droite
AB sera > BG. Pour le démontrer, on décrira du cen-
tre I avec le rayon IB le cercle BLA, qui rencontrera
IM dans quelque point L ; IL sera = IB. Menant donc
GL, on aura dans les triangles GIL, BIM, le côté IG
= IM, et IL = IB [const.], et l'angle GIL commun ;
donc GL = BM, et l'angle GLI = IBM : mais IBM est

droit [const.]; donc GLI le sera aussi, et par conséquent GL touche le cercle au point L [2. 6. corol.]; donc AG:GL::GL:BG [5.8]: mais GL=BM [dém.], et AB=BM [const.]; donc AB=GL, et AG:AB::AB: BG : et puisque AG>AB, on aura aussi AB>BG [3. 2]. Du centre A avec le rayon AG, et du centre B avec le rayon AB, décrivez deux cercles, qui se croiseront, par exemple en C. Tirez BC, AC; prenez CF=AB, et prolongez BF jusqu'à ce que EF=FC; tirez AE, et achevez le parallélogramme CDEF : je dis que ABCDE sera le pentagone demandé.

Car AC étant=AG, et CF=AB [const.], on aura AF=BG: mais AG:AB::AB:BG [dém.]; donc AC: AB::AB:AF; d'où il s'ensuit que les triangles ABC, BAF, ayant l'angle FAB commun, compris entre les côtés proportionnels AC, AB et AB, AF, seront semblables [5. 5]; donc AFB=ABC, et ABF=ACB [5. 5]: mais AB=BC [const.], et l'angle ACB=BAF [1. 4]; donc l'angle ABF=BAF, et par conséquent BF=AF [1. 13. corol.]: mais FE=FC [const.]; donc BE= AC. Ainsi les triangles ABE, ABC, ont le côté BE= AC, AB commun, et l'angle ABE=BAC [dém.]: donc AE=BC, et l'angle BAE=ABC [1. 3]. Dans le parallélogramme DCFE, on a EF=FC [const.], et CD=DE [1. 16]; et puisque CF=AB [const.], chacun des côtés CD, DE, doit être égal à AB: mais BC= AB [dém.]; donc ABCDE est un pentagone équilatéral. On va voir maintenant qu'il est équiangle; car BE étant parallèle à CD [const.], on aura l'angle DCF=CFB [1.9]: mais CF=CB [const.], et l'angle CBF=CFB [1.4]; donc l'angle DCF=CBF : mais BCF=ABF [dém.]; donc BCD$=$ABC. On trouvera de même AED$=$ BAE: mais l'angle BAE$=$ABC [dém.]; donc les angles ABC, BCD, BAE, AED, seront égaux: et puisque dans le parallélogramme CDEF [const.], l'angle CDE$=$ CFE [dém.]$=$AFB [1. 7]$=$ABC [dém.]$=$BCD$=$ BAE$=$AED$=$CDE [dém.]; donc le pentagone est équiangle.

Corol. 1. L'angle ABC vaut la cinquième partie de six angles droits [7. 6. corol.], c'est-à-dire, trois cinquièmes de deux droits; donc les deux angles BAC, BCA, feront ensemble deux cinquièmes de deux droits [1. 12]: mais ils sont égaux [dém.]; donc chacun d'eux vaudra le cinquième de deux droits, et par conséquent l'angle CBF sera les deux cinquièmes de deux droits, c'est-à-dire, le cinquième de quatre droits. On saura donc construire deux angles dont l'un soit égal à la dixième, et l'autre à la cinquième partie de quatre droits.

2. Il sera donc facile d'inscrire un pentagone équilatéral dans un cercle donné.

XI. Circonscrire un pentagone équilatéral à un cercle donné.

Soit ABC le cercle.

Investigation. Soit DEFGH un pentagone équilatéral, dont les côtés touchent le cercle ABC aux points A, I, B, L, C. On aura DA$=$DC [7. 3. corol.], DE $=$DH [sup.], et AE$=$CH; EI$=$EA, HL$=$HC et EI $=$HL; EF$=$HG et IF$=$LG; FB$=$FI, GB$=$GL et BF$=$BG. On trouvera de même que les points I, A, C, L, partagent en deux parties égales les côtés FE, ED, DH, HG. Trouvez le centre M, et tirez MI, MF,

MB, MG, ML, MC, MA. Dans les triangles BFM, MFI, on aura FB = EI [dém.], IM = BM [1. déf. 6], FM commun, et par conséquent l'angle BMF = FMI [5. 4]; donc BMI sera le double de l'angle BMF. On trouvera de même BML double de BMG: mais les triangles BFM, BMG, ont BF = BG [dém.], BM commun, et l'angle MBF = MBG, parce que chacun de ces angles est droit [sup. et 2. 6. corol.]; donc l'angle BMF = BMG [1. 3. corol.], et par conséquent l'angle BML = BMI. On trouvera de même BML = LMC, LMC = CMA, CMA = AMI; d'où il suit que chacun de ces angles vaudra la cinquième partie de quatre angles droits.

Composition. Trouvez le centre M du cercle ABC, et construisant l'angle AMI égal à la cinquième partie de quatre droits [7. 10. corol.], faites IMB = AMI = BML = LMC: l'angle BML sera aussi la cinquième partie de quatre droits. Menez des tangentes aux points A, I, B, L, C, du cercle ABC [7. 3]: ces tangentes doivent se rencontrer [6. 10. corol.], et former le pentagone équilatéral AIBLC.

Car tirant MF, MG, on démontrera, comme ci-dessus, que l'angle BMI est le double de BMF, et BML le double de BMG: mais l'angle BML = BMI [const.]; donc BMF = BMG. Or, l'angle MBF = MBG, parce qu'ils sont droits [const. et 2. 6. corol.], et les deux triangles BFM, BFG, ont le côté commun BM; donc BF : BM :: BG : BM [5. 3], et par conséquent BF = BG. On trouvera de même IR = IF: mais BF = IF [const. et 7. 3. corol.]; donc EF = FG, et ainsi de suite.

Autre composition. Ayant trouvé le centre M du

cercle ABC faites l'angle BMF égal à la dixième partie de quatre droits; par le point B menez BF perpendiculaire à MB, qui rencontrera MF en M. Du centre M avec le rayon MF décrivez un autre cercle : la droite BF sera la moitié du côté d'un pentagone équilatéral inscrit à ce cercle, et dont les côtés seront autant de tangentes du cercle ABC.

Corol. Dans tout rectiligne équilatéral circonscrit à un cercle, et dont le nombre de côtés est impair, chaque côté est divisé également au point de contact.

XII. Tout rectiligne équilatéral, inscrit ou circonscrit à un cercle, est équiangle.

La démonstration en est facile.

XIII. Un angle plus petit que deux droits étant donné, tirer par son sommet une ligne droite de telle manière que, de quelque point que l'on en mène deux autres en ligne droite jusqu'aux côtés de l'angle proposé, ces deux autres soient toujours proportionnelles aux segments qu'elles coupent sur les côtés de l'angle proposé.

Soit ABC cet angle.

Investigation. Désignons par BD la droite requise, et soit tirée la droite AC ou AD, qui rencontre BA, BC, BD, aux points A, C, D. On aura $\dfrac{\text{triangle ABD}}{\text{triangle BCD}} = \dfrac{\text{AD}}{\text{CD}}$

[5. 3. corol.] $= \dfrac{\text{AB}}{\text{BC}}$ [sup.] $= \dfrac{\text{AB}}{\text{BC}} \times \dfrac{\text{BD}}{\text{BD}}$ [4. 6]; d'où il suit que les deux angles ABD, CBD, sont égaux, ou qu'ils valent ensemble deux angles droits [5. 4].

Composition. Partagez l'angle ABC en deux parties égales par la droite BD ; ou bien prolongez l'un des côtés AB, et partagez en deux parties égales par la droite BD l'angle EBC, compris entre le côté BC et le prolongement de l'autre: je dis que BD sera la droite demandée.

Car menant DA, DC, en ligne droite, et observant que dans le second cas les deux angles ABD et DBC font ensemble deux angles droits, parce que EBD $=$ DBC, on aura $\dfrac{\text{triangle ABD}}{\text{triangle CBD}} = \dfrac{AB}{BC} \times \dfrac{BD}{BD}$ [5. 1] $= \dfrac{AB}{BC}$ [4. 6]: mais $\dfrac{\text{triangle ABD}}{\text{triangle CBD}} = \dfrac{AD}{CD}$ [5. 3. corol.]; donc $\dfrac{AB}{BC} = \dfrac{AD}{CD}$, et par conséquent AD:CD::AB:BC.

LIVRE VIII.

AVERTISSEMENT I.

Les géomètres modernes, pour abréger certaines opérations de calcul, et en faciliter quelques expressions, substituent ce qui suit, à la place des avertissements I et II, et de la définition III du liv. III.

SUPPOSITION I.

Le nom d'une grandeur sans aucun signe, ou précédé du signe $+$, marque qu'elle doit être réunie à quelque autre grandeur du même genre.

DÉFINITION I.

Toute grandeur dont le nom est précédé du signe $+$, ou dont le nom n'est précédé d'aucun signe, s'appelle *addictive*, ou bien *positive* ou *affirmative*.

SUPPOSITION II.

On sous-entend, au contraire, qu'une grandeur doit être retranchée d'une autre du même genre, lorsque son nom est précédé du signe $—$.

DÉFINITION II.

Toute grandeur dont le nom est précédé du signe —, s'appelle *soustractive*, *défective* ou *négative*.

DÉFINITION III.

Deux grandeurs sont *contraires*, lorsqu'une d'entre elles est positive, et l'autre négative.

SUPPOSITION III.

La somme de deux grandeurs inégales et contraires est égale à la partie qui en seroit la différence, si elles n'étoient point contraires ; et cette partie est toujours contraire à la plus petite des deux grandeurs. On désigne la somme de deux grandeurs égales et contraires, par le mot *zéro*, ou par le chiffre o, que l'on traite souvent comme si c'étoit le nom de quelque chose.

SUPPOSITION IV.

L'excès d'une grandeur sur une autre du même genre est égal à la partie, qui étant réunie à celle-ci, reproduiroit l'autre.

Corol. Soustraire une grandeur négative, c'est l'ajouter après l'avoir rendue positive. Par exemple, $A - (-B)$ revient à $A + B$; car $A + B + (-B)$, reproduit A.

SUPPOSITION V.

Les grandeurs proportionnelles, selon la définition III du liv. III, seront toujours proportionnelles,

excepté dans le seul cas où un antécédent et son conséquent, étant contraires entre eux, les autres ne le seroient pas.

Corol. 1. Le produit de deux facteurs contraires est
négatif, et celui de deux facteurs non contraires est positif.

2. Le quotient est négatif ou positif, selon que le
dividende et le diviseur sont contraires ou non contraires.

3. La racine carrée d'un nombre négatif est impossible.

AVERTISSEMENT II.

Quand on désigne par le signe =, ou par des mots,
que deux grandeurs sont égales, sans déclarer qu'elles
sont contraires, on sous-entend toujours qu'elles ne le
sont pas.

*Règle pratique de la multiplication, lorsque les fac-
teurs sont des sommes indiquées.*

Pour trouver, par exemple, le produit de $aa + 2ac$
$- bc$ par $a - b$, on multipliera chaque terme du multiplicateur par chacun des termes du multiplicande,
en écrivant les produits respectifs, d'après le tableau
suivant :

$$aa + 2ac - bc$$
$$a - b$$
$$\overline{}$$
$$aaa + 2aac - abc$$
$$- aab - 2abc + bbc$$
$$\overline{}$$
$$aaa + aac - b^? - ? abc + bbc$$

On dira, par exemple, aa par a donne aaa, que

l'on écrit de suite; $+\,2ac$ par a donne $+\,2aac$, que l'on écrira de même; $-\,bc$ par a donne $-\,abc$, [8. sup. 5 cor.] que l'on écrira encore, et ainsi de suite; aa par $-\,b$ donne $-\,aab$; $+\,2ac$ par $-\,b$ donne $-\,2abc$; $-\,bc$ par $-\,b$ donne $+\,bbc$; et en réunissant les différents produits, on aura pour le produit total $aaa + aa\,(2c-b) - 3abc + bbc = (a-b)\,(aa+2ac-bc)$.

Autre exemple.

$$
\begin{array}{l}
yy + 2ay \qquad -\tfrac{1}{2}aa \\
yy - 2ay \qquad +\ aa \\
\hline
yyyy + 2ayyy - \tfrac{1}{2}aayy \\
\qquad\ -2ayyy - 4aayy +\ aaay \\
\qquad\qquad\ +\ aayy + 2aaay - \tfrac{1}{2}aaaa \\
\hline
yyyy +\ \ 0 \qquad -\tfrac{3}{2}aayy + 3aaay - \tfrac{1}{2}aaaa
\end{array}
$$

Règle pratique de la division, lorsqu'un même nombre se trouve répété comme facteur dans quelques termes du dividende et du diviseur.

On ordonnera d'abord le dividende et le diviseur, en prenant pour premiers termes ceux où un même nombre se trouvera répété le plus de fois comme facteur; pour les seconds on écrira ceux où le même facteur se trouve répété autant de fois que dans les premiers termes, moins une fois. Si ces seconds termes manquent, on mettra o à leur place. Les troisièmes seront ceux où le même facteur entre autant de fois que dans les premiers, moins deux fois : à leur défaut on écrira $+\,o$ pour troisièmes termes, ainsi de suite. Cela posé, on procédera à la division, en se réglant sur le tableau ci-joint, et en se conformant à la méthode suivie dans la proposition XVI du liv. IV.

Soit $3aaay + yyyy - \frac{1}{2}aayy - \frac{1}{2}aaaa$ le dividende, et $aa + yy - 2ay$ le diviseur. Ordonnant par rapport à y, comme on le voit ici :

$$yy + 2ay \quad -\tfrac{1}{2}aa$$

$$yy - 2ay \quad + aa$$

$$yyyy + \quad 0 \quad -\tfrac{1}{2}aayy + 3aaay - \tfrac{1}{2}aaaa$$
$$0 \quad + 2ayyy - \tfrac{9}{2}aayy + \quad aaay \quad\quad 0$$
$$0 \quad -\tfrac{1}{2}aayy \quad\quad 0$$
$$0$$

On dira : $\dfrac{yyyy}{yy}$ donne yy : je pose donc $+yy$ à la place destinée au quotient : $yy \times yy$ donne $yyyy$; ce produit retranché de $yyyy$ ne donne rien : je pose donc 0 au-dessous de $yyyy$: $yy \times -2ay$ donne $-2ayyy$; ce produit retranché de 0, reste $+2ayyy$, que j'écris au-dessous de 0 : $yy \times aa$ donne $aayy$, et ce produit retranché de $-\frac{1}{2}aayy$, reste $-\frac{3}{2}aayy$ que je pose :

$+\dfrac{2ayyy}{yy}$ donne $2ay$ pour second terme du quotient : $2ay \times yy$ donne $2ayyy$; ce produit retranché de $2ayyy$, reste rien : je pose donc 0 au-dessous de $2ayyy$: $+2ay \times -2ay$ donne $-4aayy$; ce produit retranché de $-\frac{9}{2}aayy$, reste $-\frac{1}{2}aayy$, que je pose au-dessous de $-\frac{9}{2}aayy$: $+2ay \times aa$ donne $+2aaay$; ce produit retranché de $3aaay$, reste $aaay$, que je pose au-dessous de $3aaay$: $\dfrac{-\frac{1}{2}aayy}{yy}$ donne $-\frac{1}{2}aa$ pour troisième terme du quotient : $-\frac{1}{2}aa \times yy$ donne $-\frac{1}{2}aayy$; ce produit retranché de $-\frac{1}{2}aayy$, reste o : $-\frac{1}{2}aa \times -2ay$ donne $+aaay$; j'écris donc o au-dessous du terme $aaay$ du dividende : $-\frac{1}{2}aa \times aa$ donne $-\frac{1}{2}aaaa$; je pose o au-dessous de $-\frac{1}{2}aaaa$. On aura donc

$$\frac{yyyy - \frac{1}{2}aayy + 3aaay - \frac{1}{2}aaaa}{yy - 2ay + aa} = yy + 2ay - \frac{1}{2}aa.$$

Voici la même division, en ordonnant par rapport à a :

$$
\begin{array}{l}
-\frac{1}{2}aa + 2ay + yy \\
\hline
aa - 2ay + yy \\
\hline
-\frac{1}{2}aaaa + 3aaay - \frac{1}{2}aayy + \quad o \quad + yyyy \\
\quad o \quad + 2aaay - 3aayy - 2ayy \qquad o \\
\qquad o \quad + aayy \qquad o \\
\qquad\qquad o
\end{array}
$$

AXIOME.

On sait par expérience que ces pratiques sont aussi sûres que les principes dont elles dérivent.

LIVRE IX.

DÉFINITION I.

TOUTE série dont on peut augmenter le nombre de termes autant qu'on veut, soit parce que la loi de continuation en est donnée d'avance, soit parce que les premiers termes composent toujours de la même manière ceux qu'ils précèdent, s'appelle *série convergente*, pourvu qu'en se bornant à un nombre donné de premiers termes, on puisse négliger les autres sans erreur considérable. En pareils cas, après avoir écrit assez de termes pour en indiquer la loi de continuation, on désigne la somme de ceux qu'on néglige, par un etc. mis à la suite des premiers termes.

PROPOSITION I.

Toute série en proportion continue, dont le premier terme surpasse le second, est convergente.

A, B, étant deux grandeurs homogènes, on pourra désigner toute série en proportion continue, par l'expression

$$\text{sion } A + B + B \times \frac{B}{A} + B \times \frac{B}{A} \times \frac{B}{A} + B \times \frac{B}{A} \times \frac{B}{A} \times \frac{B}{A}$$

+ etc. Cela posé, je dis que cette série est convergente, si l'on suppose $A > B$.

Soit, en effet, $A > B$, et $\dfrac{B}{A} = c$: on aura $A + B + B \times$
$\dfrac{B}{A} + $ etc. $= A\,(1 + c + cc + ccc + $ etc. $)$, et chaque terme
de la série $1 + c + cc + ccc + $ etc. , sera le réciproque de
celui qui lui correspond dans la série $1 + \dfrac{1}{c} + \dfrac{1}{cc} + \dfrac{1}{ccc}$
$+$ etc. Or, dans l'une comme dans l'autre, chaque terme
est égal au premier, plus le second moins le premier,
plus le troisième moins le second, plus le quatrième
moins le troisième, et ainsi de suite jusqu'au terme qui
le précède; et dans la seconde série, les différences
$\dfrac{1}{c} - 1$, $\dfrac{1}{cc} - \dfrac{1}{c}$, $\dfrac{1}{ccc} - \dfrac{1}{cc}$, etc., vont toujours en augmentant; donc la somme de ces différences peut devenir
plus grande qu'aucun nombre donné [5. ax.]. Soit O
une grandeur moindre que A, et que l'on puisse négliger sans erreur considérable. Il sera donc permis de
supposer dans la série $1 + \dfrac{1}{c} + \dfrac{1}{cc} + $ etc. , un terme
$d > \dfrac{A}{O - cO}$, c'est-à-dire, $dO - cdO > A$; d'où $\dfrac{O}{A} >$
$\dfrac{1}{d - cd}$: mais la valeur de $\dfrac{1}{d - cd}$ ne sauroit être plus
petite que $\dfrac{1}{d} + \dfrac{c}{d} + \dfrac{cc}{d} + $ etc. , ce que l'on pourra vérifier en multipliant $\dfrac{1}{d - cd}$ et $\dfrac{1}{d} + \dfrac{c}{d} + \dfrac{cc}{d} + $ etc.
par $d - cd$; donc $\dfrac{O}{A} > \dfrac{1}{d} + \dfrac{c}{d} + \dfrac{cc}{d} + $ etc. ; et par conséquent $O > A \left(\dfrac{1}{d} + \dfrac{c}{d} + \right.$ etc. $\left. \right)$. Il est donc clair que cette

dernière série peut être négligée sans erreur considérable : mais elle n'est que la continuation de la série A (1

$+c+cc+$ etc.), depuis le terme $\dfrac{A}{d}$ [const.] ; donc A $+$

$B+B\times\dfrac{B}{A}+$ etc. $[=A(1+c+cc+$ etc.$)]$, doit être une série convergente.

Corol. 1. Quel que soit le nombre a, la série $1+a+$

$$\dfrac{aa}{2}+\dfrac{aaa}{2\times3}+\dfrac{aaaa}{2\times3\times4}+\dfrac{aaaaa}{2\times3\times4\times5}+\text{etc.}, \text{ sera tou-}$$

jours convergente.

Soient c un terme quelconque de cette série, et b le nombre de ceux qui le précèdent, b étant un nombre entier plus grand que a. La continuation de la série proposée, depuis le terme c, sera $c+\dfrac{ac}{b+1}+\dfrac{aac}{(b+1)(b+2)}$

$+\dfrac{aaac}{(b+1)(b+2)(b+3)}+$ etc. : mais chaque terme de celle-ci n'est pas plus grand que le terme qui lui correspond dans la série $c+\dfrac{ac}{b+1}+\dfrac{aac}{(b+1)(b+1)}+$

$\dfrac{aaac}{(b+1)(b+1)(b+1)}+$ etc. , et celle-ci est convergente

[9. 1] ; donc $c+\dfrac{ac}{b+1}+\dfrac{aac}{(b+1)(b+2)}+$

$\dfrac{aaac}{(b+1)(b+2)(b+3)}+$ etc., et par conséquent $1+a+$

$\dfrac{aa}{2}+\dfrac{aaa}{2\times3}+\dfrac{aaaa}{2\times3\times4}+$ etc. , sont convergentes.

2. La série $a+\frac{1}{3}aaa+\frac{1}{5}aaaaa+$ etc., est convergente toutes les fois que $a<1$.

DÉFINITION II.

a, b, étant deux nombres quelconques, et c le nombre qui rend $1 + c + \dfrac{cc}{2} + \dfrac{ccc}{2 \times 3} + \dfrac{cccc}{2 \times 3 \times 4} + $ etc. $= a$,

on désignera la série $1 + bc + \dfrac{bbcc}{2} + \dfrac{bbbccc}{2 \times 3} + \dfrac{bbbbcccc}{2 \times 3 \times 4} +$ etc. par a^b, et le nombre a^b s'appellera *puissance d'a* indiquée par l'exposant b, ou bien *racine d'a* indiquée par l'exposant $\dfrac{1}{b}$. Dans ce second cas, on écrit quelquefois $\overset{b}{\sqrt{}}\, a$ à la place d'$a^{\frac{1}{b}}$, et $\overset{b}{\sqrt{}}\, a$ s'appelle racine d'a, première ou seconde, etc., selon que le nombre b est 1 ou 2 ou etc. : on dit de même qu'a^b est la première puissance d'a, ou la seconde, etc., selon que b est égal à 1 ou 2 ou etc. Au lieu d'a^1, et $\overset{2}{\sqrt{}}\, a$, on écrit toujours a et $\sqrt{}\, a$.

PROPOSITIONS.

II. Soit a un nombre quelconque positif, et $b = 2$
$$\left(\frac{a-1}{a+1} + \frac{1}{3} \frac{a-1}{a+1} \times \frac{a-1}{a+1} \times \frac{a-1}{a+1} + \frac{1}{5} \frac{a-1}{a+1} \times \right.$$
$$\left. \frac{a-1}{a+1} \times \frac{a-1}{a+1} \times \frac{a-1}{a+1} \times \frac{a-1}{a+1} + \text{etc.} \right) : \text{je dis que}$$
$$a = 1 + b + \frac{bb}{2} + \frac{bbb}{2 \times 3} + \frac{bbbb}{2 \times 3 \times 4} + \text{etc.}$$

Car mettant c à la place de $\dfrac{a-1}{a+1}$, on aura $b = 2c +$

$\frac{2}{3}ccc + \frac{2}{5}ccccc + $ etc., et $ac + c = a - 1$: d'où l'on tire

$c + 1 = a - ac = a(1 - c)$ et $a = \dfrac{1 + c}{1 - c}$: mais $\dfrac{1 + c}{1 - c} =$

$1 + 2c + 2cc + 2ccc + 2cccc + $ etc., ce que l'on prouve en multipliant le diviseur $1 - c$ par le quotient $1 + 2c + 2cc + 2ccc + $ etc. ; donc $a = 1 + 2c + 2cc + 2ccc +$ etc. : mais en substituant $2c + \frac{2}{3}ccc + \frac{2}{5}ccccc + $ etc., à la place de b dans la série $1 + b + \dfrac{bb}{2} + \dfrac{bbb}{2 \times 3} + \dfrac{bbbb}{2 \times 3 \times 4} + $ etc., on trouve la même expression $1 + 2c + 2cc + 2ccc + $ etc. ; donc b est le nombre qui rend $a = 1 + b + \dfrac{bb}{2} + \dfrac{bbb}{2 \times 3} + \dfrac{bbbb}{2 \times 3 \times 4} + $ etc.

III. Soient a, b, deux nombres quelconques positifs,

$$c = \frac{a - 1}{a + 1} + \frac{1}{3} \frac{a - 1}{a + 1} \times \frac{a - 1}{a + 1} \times \frac{a - 1}{a + 1} + \frac{1}{5} \frac{a - 1}{a + 1} \times$$

$$\frac{a - 1}{a + 1} \times \frac{a - 1}{a + 1} \times \frac{a - 1}{a + 1} \times \frac{a - 1}{a + 1} + \text{etc.}, \text{ et } d = \frac{b - 1}{b + 1} +$$

$$\frac{1}{3} \frac{b - 1}{b + 2} \times \frac{b - 1}{b + 1} \times \frac{b - 1}{b + 1} + \frac{1}{5} \frac{b - 1}{b + 1} \times \frac{b - 1}{b + 1} \times \frac{b - 1}{b + 1} \times$$

$$\frac{b - 1}{b + 1} \times \frac{b - 1}{b + 1} + \text{etc.} : \text{je dis que } a^{\frac{d}{c}} = b, \text{ c'est-à-dire,}$$

que b est une puissance d'a, indiquée par l'exposant $\dfrac{d}{c}$.

Car $a = 1 + 2c + \dfrac{4cc}{2} + \dfrac{8ccc}{2 \times 3} + \dfrac{16cccc}{2 \times 3 \times 4} + $ etc., et

$b = 1 + 2d + \dfrac{4dd}{2} + \dfrac{8ddd}{2 \times 3} + \dfrac{16ddddd}{2 \times 3 \times 4} + $ etc. $[9. 2]$,

donnent $a^{\frac{d}{c}} = 1 + \dfrac{2cd}{c} + \dfrac{4cc\,\frac{dd}{cc}}{2} + \dfrac{8ccc\,\frac{ddd}{ccc}}{2 \times 3} + $

$$\frac{16cccc\,\dfrac{dddd}{cccc}}{2\times3\times4} + \text{etc.} \; [9.\ \text{déf.}\ 2] = 1 + 2d + \frac{4dd}{2} +$$

$$\frac{8ddd}{2\times3} + \frac{16dddd}{2\times3\times4} + \text{etc.} = b.$$

IV. Toutes les fois qu'un produit et ses facteurs sont des puissances d'un même nombre, l'exposant du produit est égal à la somme des exposants de ses facteurs.

Soit a un nombre positif, b, c, deux nombres quelconques, et $d = 2\left(\dfrac{a-1}{a+1} + \dfrac{1}{3}\,\dfrac{a-1}{a+1}\times\dfrac{a-1}{a+1}\times\dfrac{a-1}{a+1}\right.$

$\left. + \text{etc.}\right)$: on aura $a = 1 + d + \dfrac{dd}{2} + \dfrac{ddd}{2\times3} + \dfrac{dddd}{2\times3\times4} +$

etc. $[9.\ 2]$, et par conséquent $a^b a^c = (1 + bd + \frac{1}{2}bbdd$
$+ \frac{1}{6}bbb\,ddd + \frac{1}{24}bbbb\,dddd + \frac{1}{120}bbbbb\,ddddd + \text{etc.})$
$(1 + cd + \frac{1}{2}cc\,dd + \frac{1}{6}ccc\,ddd + \frac{1}{24}cccc\,dddd + \frac{1}{120}ccccc$
$ddddd + \text{etc.})$: mais cette expression, en exécutant la multiplication, revient à celle-ci :

$$1 + bd + \tfrac{1}{2}bbdd + \tfrac{1}{6}bbbddd + \tfrac{1}{24}bbbbdddd + \tfrac{1}{120}bbbbbddddd + \text{etc.}$$
$$+ cd + bcdd + \tfrac{1}{2}bbcddd + \tfrac{1}{6}bbbcdddd + \tfrac{1}{24}bbbbcddddd + \text{etc.}$$
$$+ \tfrac{1}{2}ccdd + \tfrac{1}{2}bccddd + \tfrac{1}{4}bbccdddd + \tfrac{1}{12}bbbccddddd + \text{etc.}$$
$$+ \tfrac{1}{6}cccddd + \tfrac{1}{6}bcccdddd + \tfrac{1}{12}bbcccddddd + \text{etc.}$$
$$+ \tfrac{1}{24}ccccdddd + \tfrac{1}{24}bccccddddd + \text{etc.}$$
$$+ \tfrac{1}{120}cccccddddd + \text{etc.}$$
$$+ \text{etc.}$$

et l'expression $1 + (b+c)d + \frac{1}{2}(b+c)(b+c)dd + \frac{1}{6}(b+c)(b+c)(b+c)ddd + \frac{1}{24}(b+c)(b+c)(b+c)(b+c)dddd + \frac{1}{120}(b+c)(b+c)(b+c)(b+c)(b+c)ddddd + \text{etc.} = a^{b+c}$ $[9.\ \text{déf.}\ 2]$, donne le même résultat, en exécutant les multiplications indiquées ; donc $a^b a^c = a^{b+c}$.

Corol. 1. $a^{2b} = a^b a^b$; $a^{3b} = a^b a^b a^b$; ainsi de suite.

2. $a^{\frac{b}{2}} a^{\frac{b}{2}} = a^b$; donc $a^{\frac{b}{2}}$ est la racine carrée de a^b : $a^{\frac{b}{3}} a^{\frac{b}{3}} a^{\frac{b}{3}} = a^b$; donc $a^{\frac{b}{3}}$ est la racine cubique de a^b ; ainsi de suite.

3. $a^{b-c} = \dfrac{a^b}{a^c}$: car $a^{b-c} a^c = a^{b+c-c}$ [9. 4] $= a^b = \dfrac{a^b}{a^c} a^c$.

4. $a^0 \left[= a^{b-b} = \dfrac{a^b}{a^b} \right] = 1$.

5. $a^{-b} \left[= a^{0-b} = \dfrac{a^0}{a^b} \right] = \dfrac{1}{a^b}$.

Schol. Dans des expressions telles que a^b on ne regarde souvent le nombre b que comme un indice de multiplications, divisions et extractions de racines, qu'il faut faire selon les corollaires précédents, pour obtenir le nombre a^b ; et alors on est dans l'usage de supposer aussi a négatif.

V. a, b, c, étant des nombres quelconques, je dis que $(a^b)^c = a^{bc}$.

Que l'on trouve un nombre d qui rende $1 + d + \dfrac{d^2}{2} + \frac{1}{6}d^3 + \frac{1}{24}d^4 +$ etc. $= a$ [9. 2], et on aura $a^b = 1 + bd + \frac{1}{2}bbdd + \frac{1}{6}bbbddd +$ etc. ; d'où il s'ensuit que l'expression $(a^b)^c$ est égale à la série $1 + cbd + \frac{1}{2}c^2(bd)^2 + \frac{1}{6}c^3(bd)^3 +$ etc. $= 1 + bcd + \frac{1}{2}bcbcdd + \frac{1}{6}bcbcbcddd +$ etc., c'est-à-dire $= a^{bc}$ [9. déf. 2].

Corol. 1. $(a^b)^c = (a^c)^b$.

2. $a^{\frac{b}{c}} \left[= a^{b\frac{1}{c}} = (a^b)^{\frac{1}{c}} \right] = \sqrt[c]{(a^b)} = (\sqrt[c]{a})^b$.

VI. Soient a, b, c, trois nombres quelconques : je dis qu'$a^c b^c = (ab)^c$.

Car désignant par d le nombre qui rend $a^d = b$ [9. 3], on aura $a^c b^c = a^c (a^d)^c = a^c a^{cd} = a^{c+cd}$ [9. 4] $= a^{c(1+d)} = (a^{1+d})^c = (aa^d)^c = (ab)^c$.

VII. Désignant par A le terme précédent, on aura

$$(1+Q)^n = 1 + nQ + \frac{n-1}{2} AQ + \frac{n-2}{3} AQ + \frac{n-3}{4} AQ$$

$+$ etc. , pourvu que l'on ait $Q < 1$, lorsque n ne sera pas un nombre entier et positif.

Soit $m = 2 \left(\dfrac{Q}{2+Q} + \dfrac{1}{3} \left(\dfrac{Q}{2+Q} \right)^3 + \dfrac{1}{5} \left(\dfrac{Q}{2+Q} \right)^5 + \text{etc.} \right)$,

et par conséquent $1 + Q = 1 + m + \frac{1}{2} m^2 + \frac{1}{6} m^3 + \frac{1}{24} m^4$

$+$ etc. [9. 2] : on aura $(1+Q)^n = 1 + mn + \frac{1}{2} (mn)^2 +$

$\frac{1}{6} (mn)^3 + \frac{1}{24} (mn)^4 +$ etc. [9. déf. 2] : mais $\dfrac{Q}{2+Q}$ donne

$\frac{1}{2} Q - \frac{1}{4} Q^2 + \frac{1}{8} Q^3 - \frac{1}{16} Q^4 + \frac{1}{32} Q^5 -$ etc. , et par conséquent $m = Q - \frac{1}{2} Q^2 + \frac{1}{4} Q^3 - \frac{1}{8} Q^4 + \frac{1}{16} Q^5 -$ etc.

$\qquad\qquad + \frac{1}{12} Q^3 - \frac{1}{8} Q^4 + \frac{1}{8} Q^5 -$ etc.

$\qquad\qquad\qquad\qquad + \frac{1}{80} Q^5 -$ etc. ,

c'est-à-dire, $m = Q - \frac{1}{2} Q^2 + \frac{1}{3} Q^3 - \frac{1}{4} Q^4 + \frac{1}{5} Q^5 -$ etc. ; donc cette valeur de m sera convergente toutes les fois que $Q < 1$ [9. 1]. Substituant donc cette valeur de m dans l'expression $(1+Q)^n = 1 + mn + \frac{1}{2} m^2 n^2 + \frac{1}{6} m^3 n^2$

$+ \frac{1}{24} m^4 n^4 + \frac{1}{120} m^3 n^5 +$ etc. , on trouvera $(1+Q)^n =$

$1 + nQ - \frac{1}{2} n Q^2 + \frac{1}{3} n Q^3 - \frac{1}{4} n Q^4 + \frac{1}{5} n Q^5 -$ etc.

$\qquad + \frac{1}{2} n^2 Q^2 - \frac{1}{2} n^2 Q^3 + \frac{11}{24} n^2 Q^4 - \frac{5}{12} n^2 Q^5 +$ etc.

$\qquad\qquad + \frac{1}{6} n^3 Q^3 - \frac{1}{4} n^3 Q^4 + \frac{7}{24} n^3 Q^5 -$ etc.

$\qquad\qquad\qquad + \frac{1}{24} n^4 Q^4 - \frac{1}{12} n^4 Q^5 +$ etc.

$\qquad\qquad\qquad\qquad + \frac{1}{120} n^5 Q^5 -$ etc.

$= 1 + nQ + \left(\frac{1}{2} n^2 - \frac{1}{2} n \right) Q^2 + \left(\frac{1}{6} n^3 - \frac{1}{2} n^2 + \frac{1}{3} n \right) Q^3 +$

$$\left(\tfrac{1}{24} n^4 - \tfrac{1}{4} n^3 + \tfrac{11}{24} n^2 - \tfrac{1}{4} n \right) Q^4 + \left(\tfrac{1}{120} n^5 - \tfrac{1}{12} n^4 + \tfrac{7}{24} n^3 \right.$$

$$\left. - \tfrac{5}{12} n^2 + \tfrac{1}{5} n \right) Q^5 + \text{etc.} = 1 + nQ + n\,\frac{n-1}{2}\,Q^2 + n\,\frac{n-1}{2}$$

$$\times \frac{n-2}{3}\,Q^3 + n\,\frac{n-1}{2} \times \frac{n-2}{3} \times \frac{n-3}{4}\,Q^4 + n\,\frac{n-1}{2} \times$$

$$\frac{n-2}{3} \times \frac{n-3}{4} \times \frac{n-4}{5}\,Q^5 + \text{etc.}, \text{ ce que l'on prouve en}$$

effectuant les multiplications indiquées ; donc $(1+Q)^n$

$$= 1 + nQ + \frac{n-1}{2}\,AQ + \frac{n-2}{3}\,AQ + \frac{n-3}{4}\,AQ + \frac{n-4}{5}$$

$AQ + $ etc. , lorsque $Q < 1$.

Substituant 2, 3, 4, etc. , au lieu de n dans la formule $(1+Q)^n = 1 + nQ + \dfrac{n-1}{2}\,AQ + $ etc. , on trouvera successivement $(1+Q)^2 = 1 + 2Q + Q^2$; $(1+Q)^3 = 1 + 3Q + 3Q^2 + Q^3$; $(1+Q)^4 = 1 + 4Q + 6Q^2 + 4Q^3 + Q^4$; $(1+Q)^5 = 1 + 5Q + 10Q^2 + 10Q^3 + 5Q^4 + Q^5$; $(1+Q)^6 = 1 + 6Q + 15Q^2 + 20Q^3 + 15Q^4 + 6Q^5 + Q^6$; $(1+Q)^7 = 1 + 7Q + 21Q^2 + 35Q^3 + 35Q^4 + 21Q^5 + 7Q^6 + Q^7$; etc. : mais on obtient les mêmes résultats en multipliant $1+Q$ par $1+Q$; $(1+Q)^2$ par $1+Q$; $(1+Q)^3$ par $1+Q$, ainsi de suite ; donc la formule a également lieu quel que soit Q, pourvu que n soit un nombre entier et positif.

Corol. Soient a, b, n, des nombre quelconques : on aura $(a+b)^n = \left[a^n \left(1 + \dfrac{b}{a} \right)^n \right] = a^n \left(1 + n\,\dfrac{b}{a} + \dfrac{n-1}{2}\,A\,\dfrac{b}{a} \right.$

$$\left. + \frac{n-2}{3}\,A\,\frac{b}{a} + \text{etc.} \right) = a^n + na^{n-1}b + n\,\frac{n-1}{2}\,a^{n-2}b^2$$

$$+ n\,\frac{n-1}{2} \times \frac{n-2}{3}\,a^{n-3}b^3 + \text{etc.} ; \text{ mais à condition qu'}a$$

soit $> b$, lorsque n ne sera pas un nombre entier et positif.

VIII. a étant un nombre positif, je dis que $2\left(\dfrac{a-1}{a+1}\right.$
$+\dfrac{1}{3}\left(\dfrac{a-1}{a+1}\right)^3+\dfrac{1}{5}\left(\dfrac{a-1}{a+1}\right)^5+\text{etc.}\left.\right)=\dfrac{a-1}{a}+\dfrac{1}{2}$
$\left(\dfrac{a-1}{a}\right)^2+\dfrac{1}{3}\left(\dfrac{a-1}{a}\right)^3+\dfrac{1}{4}\left(\dfrac{a-1}{a}\right)^4+\dfrac{1}{5}\left(\dfrac{a-1}{a}\right)^5$
$+\text{etc.}$

Posant $c=\dfrac{a-1}{a+1}$ et $d=\dfrac{a-1}{a}$, il s'agit de démontrer que
$2c+\dfrac{2}{3}c^3+\dfrac{2}{5}c^5+\text{etc.}=d+\dfrac{1}{2}d^2+\dfrac{1}{3}d^3+\dfrac{1}{4}d^4+\text{etc.}$ Les suppositions $c=\dfrac{a-1}{a+1}$ et $d=\dfrac{a-1}{a}$ donnent $a=\dfrac{1+c}{1-c}=$
$\dfrac{1}{1-d}$, et par conséquent $d=\dfrac{2c}{1+c}=2c-2c^2+2c^3-$
$2c^4+2c^5-\text{etc.}$; ce que l'on peut vérifier en multipliant
le quotient $2c-2c^2+2c^3-\text{etc.}$ par le diviseur $1+c$.
Substituant donc ce quotient au lieu de d dans l'ex-
pression $d+\dfrac{1}{2}d^2+\dfrac{1}{3}d^3+\dfrac{1}{4}d^4+\dfrac{1}{5}d^5+\text{etc.}$, on trouve $2c+$
$\dfrac{2}{3}c^3+\dfrac{2}{5}c^5+\text{etc.}$; donc $2c+\text{etc.}=d+\dfrac{1}{2}d^2+\dfrac{1}{3}d^3+\dfrac{1}{4}d^4$
$+\dfrac{1}{5}d^5+\text{etc.}$, c'est-à-dire, $2\left(\dfrac{a-1}{a+1}+\dfrac{2}{3}\left(\dfrac{a-1}{a+1}\right)^3+\right.$
$\dfrac{2}{5}\left(\dfrac{a-1}{a+1}\right)^5+\text{etc.}\left.\right)=\dfrac{a-1}{a}+\dfrac{1}{2}\left(\dfrac{a-1}{a}\right)^2+\dfrac{1}{3}\left(\dfrac{a-1}{a}\right)^3$
$+\dfrac{1}{4}\left(\dfrac{a-1}{a}\right)^4+\dfrac{1}{5}\left(\dfrac{a-1}{a}\right)^5+\text{etc.}$

IX. Désignant par A le terme précédent, on aura
$(1+Q)^n=1+\dfrac{nQ}{1+Q}+\dfrac{(n+1)AQ}{2(1+Q)}+\dfrac{(n+2)AQ}{3(1+Q)}+$
$\dfrac{(n+3)AQ}{4(1+Q)}+\text{etc.}$, pourvu que l'on ait $Q<\dfrac{1}{2}$, lorsque Q
est négatif, ou lorsque n n'est pas un nombre entier et
négatif.

Faisant $m = \dfrac{Q}{1+Q} + \dfrac{1}{2}\left(\dfrac{Q}{1+Q}\right)^2 + \dfrac{1}{3}\left(\dfrac{Q}{1+Q}\right)^3 +$ etc.,

on aura $1+Q = 1 + m + \frac{1}{2}m^2 + \frac{1}{6}m^3 + \frac{1}{24}m^4 + \frac{1}{120}m^5 +$ etc. [9. 7. 2]. Donc $(1+Q)^n = 1 + mn + \frac{1}{2}m^2n^2 + \frac{1}{6}m^3n^3 + \frac{1}{24}m^4n^4 + \frac{1}{120}m^5n^5 +$ etc. Mettant c au lieu de $\dfrac{Q}{1+Q}$, il vient $m = c + \frac{1}{2}c^3 + \frac{1}{3}c^2 + \frac{1}{4}c^4 +$ etc. ; substituant cette valeur de m dans l'équation précédente, on a

$$(1+Q)^n = 1 + nc + \tfrac{1}{2}nc^2 + \tfrac{1}{3}nc^3 + \tfrac{1}{4}nc^4 + \tfrac{1}{5}nc^5 + \text{etc.}$$
$$+ \tfrac{1}{2}n^2c^2 + \tfrac{1}{2}n^2c^3 + \tfrac{11}{24}n^2c^4 + \tfrac{5}{12}n^2c^5 + \text{etc.}$$
$$+ \tfrac{1}{6}n^3c^3 + \tfrac{3}{12}n^3c^3 + \tfrac{21}{72}n^3c^5 + \text{etc.}$$
$$+ \tfrac{1}{24}n^4c^4 + \tfrac{2}{24}n^4c^5 + \text{etc.}$$
$$+ \tfrac{1}{12}n^5c^5 + \text{etc.}$$

c'est-à-dire, $(1+Q)^n = 1 + nc + \left(\tfrac{1}{2}n^2 + \tfrac{1}{2}n\right)c^2 + \left(\tfrac{1}{6}n^3 + \tfrac{1}{2}n^2 + \tfrac{1}{3}n\right)c^3 + \left(\tfrac{1}{24}n^4 + \tfrac{3}{12}n^3 + \tfrac{11}{24}n^2 + \tfrac{1}{4}n\right)c^4 + \tfrac{1}{120}\left(n^5 + \tfrac{2}{24}n^4 + \tfrac{21}{72}n^3 + \tfrac{5}{12}n^2 + \tfrac{1}{5}n\right)c^5 +$ etc. $= 1 + nc + \dfrac{(n+1)n}{2}c^2$

$$+ n\,\frac{n+1}{2}\times\frac{n+2}{3}c^3 + n\,\frac{n+1}{2}\times\frac{n+2}{3}\times\frac{n+3}{4}c^4 + \text{etc.}$$

$$= 1 + \frac{nQ}{1+Q} + \frac{(n+1)\Lambda Q}{2(1+Q)} + \frac{(n+2)\Lambda Q}{3(1+Q)} + \frac{(n+3)\Lambda Q}{4(1+Q)}$$

$+$ etc., pourvu que l'on ait $Q < \dfrac{1}{2}$, lorsque Q sera négatif; autrement les séries, soit du théorème, soit de la démonstration, ne seroient point convergentes.

On prouvera, à peu près comme dans la proposition VII, que la formule dont il s'agit ici peut avoir lieu, quelle que soit la valeur de Q, pourvu que n soit un nombre entier et négatif.

DÉFINITIONS.

III. Considérant tous les nombres comme des puissances d'un même nombre, on appelle celui-ci *base de logarithmes*, et l'exposant de chaque puissance en est le logarithme.

Corol. Le logarithme de la base sera toujours $= 1$ [9. déf. 2].

IV. Lorsqu'on suppose la base $= 1 + 1 + \dfrac{1}{2} + \dfrac{1}{2 \times 3}$

$+ \dfrac{1}{2 \times 3 \times 4} + \dfrac{1}{2 \times 3 \times 4 \times 5} +$ etc., les logarithmes s'appellent *hyperboliques* ou *naturels*.

AVERTISSEMENT.

la veut dire logarithme de *a*.

PROPOSITION X.

$la^n = nla$.

Car supposant b la base, on a $a = b^{la}$ [9. déf. 3], et $a^n = b^{nla}$ [9. 5] ; donc $la^n = nla$ [9. déf. 3].

Corol. 1. $l1 \; [= la^0 \; [9. \; 4. \text{ corol.}\,] = 0\,la\,] = 0$.

2. $l(ac) \; [= l(b^{la}b^{lc}) = lb^{la+lc} = (la + lc)lb = (la + lc) \times 1 \; [9. \text{ déf. } 3. \text{ corol.}\,]\,] = la + lc$.

3. $l\dfrac{a}{c} \; [= l(ac^{-1}) \; [9. \; 4. \text{ corol.}\,]\,] = la - lc$.

LIVRE X.

DÉFINITIONS.

I. Tout nombre entier qui n'est multiple d'aucun multiple de l'unité, s'appelle *nombre premier*.

II. Les *racines* d'un trinome x^2+ax+b, sont les nombres $\alpha, \mathfrak{b}$, qui rendent $(x-\alpha)(x-\mathfrak{b})=x^2+ax+b$; les racines du quatrinome x^3+ax^2+bx+c, sont les nombres $\alpha, \mathfrak{b}, \gamma$, qui rendent $(x-\alpha)(x-\mathfrak{b})(x-\gamma)$ $=x^3+ax^2+bx+c$; les racines du polynome $x^4+ax^3+bx^2+cx+d$, sont les nombres $\alpha, \mathfrak{b}, \gamma, \delta$, qui rendent $(x-\alpha)(x-\mathfrak{b})(x-\gamma)(x-\delta)=x^4+ax^3+bx^2+cx+d$; ainsi de suite. Les lettres a, b, c, d, etc., désignent ici des nombres quelconques positifs ou négatifs, ou des zéros; et on appelle *nombre principal* celui dont on retranche les racines, pour former les facteurs des polynomes.

PROPOSITIONS.

I. Chaque racine substituée à la place du nombre principal, réduit nécessairement à zéro le polynome respectif; et tout nombre qui, étant substitué à la place du nombre principal, réduit à zéro un polynome proposé, en est nécessairement une racine.

II. Lorsque le nombre principal et ses coefficients sont des nombres entiers ou des zéros, et que le dernier terme et l'une des racines sont aussi des nombres entiers, je dis que si l'excès du nombre principal sur cette racine n'est pas égal au polynome proposé, il en sera toujours un sous-multiple.

Soient $x^4 + ax^3 + bx^2 + cx + d$ le polynome, α la racine, et $(x^3 + px^2 + qx + r)(x - \alpha) = x^4 + ax^3 + bx^2 + cx + d$, c'est-à-dire, $x^4 + (p - \alpha)x^3 + (q - \alpha p)x^2 + (r - \alpha q)x - \alpha r = x^4 + ax^3 + bx^2 + cx + d$. On aura $p - \alpha = a$, $q - \alpha p = b$, et $r - \alpha q = c$: mais a, b, c, x, sont des nombres entiers ou des zéros [sup.] ; donc p, q, r, et par conséquent $x^3 + px^2 + qx + r$, seront des nombres entiers, tant que x sera o ou nombre entier ; d'où il suit que $x^4 + ax^3 + bx^2 + cx + d$ doit être $= x - \alpha$, ou multiple de $x - \alpha$; et ainsi des autres cas semblables.

III. Un nombre entier étant proposé, trouver tous les diviseurs entiers dont il est susceptible.

Soit 120 le nombre proposé. Ce nombre divisé par 2 donne 60 ; écrivez 2 : 60 divisé par 2 donne 30 ; écrivez 2 : 30 divisé par 2 donne 15 ; écrivez 2 : et puisque $\dfrac{15}{2}$ n'est qu'un nombre fractionnaire, essayez 3, c'est-à-dire, le plus petit nombre premier au-dessus de 2 : 15 divisé par 3 donne 5 ; écrivez 3 : et puisque le quotient 5 est aussi nombre premier, écrivez 5, et vous aurez $2 \times 2 \times 2 \times 3 \times 5 = 120$, dont les sous-multiples entiers sont 2 ; 3 ; 5 ; 2×2 ; 2×3 ; 2×5 ; 3×5 ; $2 \times 2 \times 2$; $2 \times 2 \times 3$; $2 \times 2 \times 5$; $2 \times 3 \times 5$; $2 \times 2 \times 2 \times 3$; $2 \times 2 \times 2 \times 5$; et $2 \times 2 \times 3 \times 5$.

Soit 2145 le nombre proposé. $\dfrac{2145}{2}$ étant un nombre fractionnaire, essayez 3 ; $\dfrac{2145}{3} = 715$; écrivez 3 : $\dfrac{715}{3}$ n'est pas entier ; essayez 5 : $\dfrac{715}{5} = 143$; écrivez 5 : $\dfrac{143}{5}$

n'est pas entier; essayez $7 : \dfrac{145}{7}$ est encore une fraction;

essayez $11 : \dfrac{145}{11} = 13$; écrivez 11 et 13, nombres premiers, et vous aurez $5 \times 5 \times 11 \times 13 = 2145$, dont les sous-multiples entiers sont 5; 5; 11; 13; 5×5; 5×11; 5×13; 5×11; 5×13; 11×13; $5 \times 5 \times 11$; $5 \times 5 \times 13$; $5 \times 11 \times 13$.

IV. Le dernier terme et les coefficients du nombre principal étant des nombres entiers, trouver les racines entières d'un polynome proposé, tel que ceux de la définition II de ce liv. X.

Écrivez sous une même colonne les chiffres 1, 0, — 1, et à côté d'eux les trois valeurs du polynome qui en résulteront, en substituant successivement 1, 0, — 1, à la place du nombre principal : à côté de chacune de ces valeurs, écrivez sur la même ligne tous les sous-multiples entiers dont ils seront susceptibles. Si parmi ces sous-multiples il s'en trouve trois, le premier dans la ligne supérieure, le second dans la moyenne, et le troisième dans la dernière, différents entre eux d'une unité, de telle sorte que le premier soit plus grand ou plus petit que le second, en même temps que le second est plus grand ou plus petit que le troisième, toujours d'une unité, on pourra essayer si le second ne seroit pas une racine du polynome, en le prenant positivement s'il est plus grand que le premier, et négativement s'il est plus petit.

Soit $x^4 - 9x^3 + 23x^2 - 20x + 15$ le polynome. On aura, en pratiquant cette règle,

$$\begin{array}{r|l}
1 & 10.\ 1.\ 2.\ 5. \\
0 & 15.\ 1.\ 3.\ 5. \\
-1 & 68.\ 1.\ 2.\ 4.\ 17.\ 34.
\end{array}$$

Et puisque à côté de 1, 0, — 1, on trouve les nombres 2, 3, 4, qui vont en augmentant d'une unité, on pourra essayer si 3 ne seroit pas une racine. En effet, le 3 substitué à la place de x dans le polynome $x^4 - 9x^3 + 23x^2 - 20x + 15$, ou dans l'équivalent $(((x-9)x+23)x-20)x+15)$, le réduit à rien ; donc 3 en est une racine.

Soit pour second exemple $x^3 + 2x^2 - 33x + 14$ le polynome. On aura, suivant la même règle,

$$
\begin{array}{r|l}
1 & -16.\ 1.\ 2.\ 4.\ 8. \\
0 & 14.\ 1.\ 2.\ 7. \\
-1 & 48.\ 1.\ 2.\ 3.\ 4.\ 6.\ 8.\ 12.\ 24.
\end{array}
$$

Et puisque vis-à-vis de 1, 0, — 1, on trouve les deux suites 1, 2, 3, et 8, 7, 6, essayez si 2 et —7 ne seroient pas les racines demandées. Mettant 2 à la place de x dans $x^3 + 2x^2 - 33x + 14 = ((x+2)x - 33)x + 14$, il vient — 36 ; donc 2 ne sauroit être une racine [10.1]: mais substituant —7, on trouve 0 ; donc —7 est racine du polynome proposé [10. 1].

Cette méthode dérive immédiatement des propositions I et II de ce liv. X.

V. $x^2 + ax + b = (x + \frac{1}{2}a + \sqrt{(\frac{1}{4}a^2 - b)})(x + \frac{1}{2}a - \sqrt{(\frac{1}{4}a^2 - b)})$.

Scholies 1. Selon les suppositions du liv. VIII, toute racine carrée est une expression ambiguë ; car $\sqrt{9}$, par exemple, doit désigner 3, aussi bien que —3 : mais on est dans l'usage de ne prendre ces expressions que dans le sens positif.

2. Lorsque deux expressions ne diffèrent entre elles que par les signes $+$ et $-$ dont elles sont affectées, on les réduit ordinairement à une seule, moyennant le signe $\pm$. Au lieu de dire, par exemple, que

les racines de $x^2 + ax + b$ sont $-\frac{1}{2}a + \sqrt{(\frac{1}{4}a^2 - b)}$, et $-\frac{1}{2}a - \sqrt{(\frac{1}{4}a^2 - b)}$, on dira simplement qu'elles sont $-\frac{1}{2}a \pm \sqrt{(\frac{1}{4}a^2 - b)}$.

3. Dès que l'on suppose $\frac{1}{4}a^2 - b$ nombre négatif, l'expression $\sqrt{(\frac{1}{4}a^2 - b)}$ devient absurde [8. sup. 5. corol.]; cependant les géomètres modernes, lorsqu'ils rencontrent de semblables expressions, ne laissent pas que de continuer le calcul, et l'expérience leur a prouvé que les calculs de cette espèce n'en sont pas moins sûrs, pourvu que l'on observe certaines précautions. La première consiste à faire toujours $(\sqrt{-m})(\sqrt{-n}) = -\sqrt{mn}$; d'autres, à assujettir l'interprétation de ces expressions métaphoriques des modernes calculs, aux conditions des problèmes et à la droite raison.

4. Ces expressions absurdes, et autres pareilles, servent toujours à indiquer l'incompatibilité des conditions qui y donnent lieu. Quand on demande, par exemple, les racines de $x^2 - 6x + 11$, la réponse $5 \pm \sqrt{-2}$, d'après la proposition précédente, ne veut dire autre chose sinon que le trinome $x^2 - 6x + 11$ n'est point susceptible de racines; ce que l'on indique aussi en disant que les racines $5 \pm \sqrt{-2}$ en sont imaginaires.

AVERTISSEMENT.

Dans une même expression, si $\pm$ signifie $+$, $\underline{\pm}$ signifiera $+$; et si $\pm$ signifie $-$, $\underline{\pm}$ signifiera $-$. J'en dis autant de $\mp$ et $\underline{\mp}$; de $\pm'$ et $\underline{\pm}'$, et de $\mp'$ et $\underline{\mp}'$. Il est bon d'observer que $\pm$ et $\pm'$ désignent le contraire de $\mp$ et de $\mp'$: mais les significations de $\pm$ et de $\mp$ sont indépendantes de celles de $\pm'$ et $\mp'$; je dis la même chose de $\pm'$ et $\mp'$ à l'égard de $\pm$ et $\mp$.

PROPOSITIONS.

VI. Les racines de $x^3 + bx + c$ sont $\sqrt[3]{(-\frac{1}{2}c \pm}$

$\sqrt{(\frac{1}{4}c^2 + \frac{1}{27}b^3))} - \dfrac{\frac{1}{3}b}{\sqrt[3]{(-\frac{1}{2}c \pm \sqrt{(\frac{1}{4}c^2 + \frac{1}{27}b^3))}}}$,

et $\dfrac{-1 \pm \sqrt{-3}}{2} \sqrt[3]{(-\frac{1}{2}c \pm \sqrt{(\frac{1}{4}c^2 + \frac{1}{27}b^3))}} -$

$\dfrac{\frac{1}{3}b}{\dfrac{-1 \pm \sqrt{-3}}{2} \sqrt[3]{(-\frac{1}{2}c \pm \sqrt{(\frac{1}{4}c^2 + \frac{1}{27}b^3))}}}$, et ces raci-

nes, malgré l'ambiguité des signes, ne sont que trois;

car $\dfrac{\frac{1}{3}b}{\sqrt[3]{(-\frac{1}{2}c \pm \sqrt{(\frac{1}{4}c^2 + \frac{1}{27}b^3))}}}$ étant égal à

$-\sqrt[3]{(-\frac{1}{2}c \mp \sqrt{(\frac{1}{4}c^2 + \frac{1}{27}b^3))}}$ [ce que l'on peut vérifier en multipliant le quotient par le diviseur], on a

$\sqrt[3]{(-\frac{1}{2}c \pm \sqrt{(\frac{1}{4}c^2 + \frac{1}{27}b^3))}} - \dfrac{\frac{1}{3}b}{\sqrt{(-\frac{1}{2}c \pm \sqrt{(\frac{1}{4}c^2 + \frac{1}{27}b^3))}}}$

$= \sqrt[3]{(-\frac{1}{2}c \pm \sqrt{(\frac{1}{4}c^2 + \frac{1}{27}b^3))}} + \sqrt[3]{(-\frac{1}{2}c \mp \sqrt{(\frac{1}{4}c^2}$

$+ \frac{1}{27}b^3))}$, qui n'admet qu'une seule valeur.

Corol. On pourra donc désigner encore les racines

de $x^3 + bx + c$ par $\sqrt[3]{(-\frac{1}{2}c + \sqrt{(\frac{1}{4}c^2 + \frac{1}{27}b^3))}} +$

$\sqrt[3]{(-\frac{1}{2}c - \sqrt{(\frac{1}{4}c^2 + \frac{1}{27}b^3))}}$, et $\dfrac{-1 \pm \sqrt{-3}}{2} \sqrt[3]{(-\frac{1}{2}c +}$

$\sqrt{(\frac{1}{4}c^2 + \frac{1}{27}b^3))} + \dfrac{-1 \mp \sqrt{-3}}{2} \sqrt[3]{(-\frac{1}{2}c - \sqrt{(\frac{1}{4}c^2 +}}$

$\frac{1}{27}b^3))$; car 1 divisé par $\dfrac{-1 \pm \sqrt{-3}}{2}$ donne $\dfrac{-1 \mp \sqrt{-3}}{2}$,

ce dont on peut se convaincre en multipliant le quotient par le diviseur.

Scholies 1. Ces dernières expressions font voir que

$x^3 + bx + c$ n'a qu'une racine, tant que c et $\sqrt{(\frac{1}{4} c^2 + \frac{1}{27} b^3)}$ ne sont pas imaginaires, et que le même trinome en aura trois, dès que c réel rendra $\sqrt{(\frac{1}{4} c^2 + \frac{1}{27} b^3)}$ imaginaire ; car réduisant en séries les radicaux cubiques [9. 6], et effectuant les opérations indiquées, on observera que l'opposition des signes anéantit tous les termes affectés d'expressions imaginaires.

2. Soit $b = 0$ et $c = -m^3$. Les racines de $x^3 - m^3$ seront m, et $\dfrac{-1 \pm \sqrt{-3}}{2} m$ [10. 6]. Supposant donc $x = m$, ou $x = \dfrac{-1 \pm \sqrt{-3}}{2} m$, on aura $x^3 - m^3 = 0$, et $x^3 = m^3$. De là vient qu'on est dans l'usage de dire que tout nombre a trois racines cubiques, l'une réelle et les autres imaginaires.

VII. Trouver les racines de $x^3 + ax^2 + bx + c$.

A la place de x mettez $z - \frac{1}{3} a$, et vous aurez $z^3 + (b - \frac{1}{3} a^2) z + \frac{2}{27} a^3 - \frac{1}{3} ab + c$. Cherchez les racines de ce polynome, en prenant z pour nombre principal, et retranchez $\frac{1}{3} a$ de chacune de ses racines ; les restes seront celles de $x^3 + ax^2 + bx + c$.

VIII. Trouver les racines de $x^4 + ax^3 + bx^2 + cx + d$.

Désignant par r le nombre qui satisfait à l'équation $r^3 - \frac{1}{2} br^2 + (\frac{1}{4} ac - d) r - \frac{1}{8} ((a^2 - 4b) d + c^2) = 0$, je dis que les racines du polynome proposé seront $- \frac{1}{4} a \pm \frac{1}{2} \sqrt{(2r + \frac{1}{4} a^2 - b)} \pm' \sqrt{((\frac{1}{4} a \mp \frac{1}{2} \sqrt{(2r + \frac{1}{4} a^2 - b)})^2 - r \pm \sqrt{(r^2 - d)})}$; car désignant cette expression par z, on aura $z + \frac{1}{4} a \mp \frac{1}{2} \sqrt{(2r + \frac{1}{4} a^2 - b)} = \pm' \sqrt{((\frac{1}{4} a \mp \frac{1}{2} \sqrt{(2r + \frac{1}{4} a^2 - b)})^2 - r \pm \sqrt{(r^2 - d)})}$; $z^2 + (\frac{1}{2} a \mp \sqrt{(2r + \frac{1}{4} a^2 - b)}) z + (\frac{1}{4} a \mp \frac{1}{2} \sqrt{(2r + \frac{1}{4} a^2 - b)})^2 = (\frac{1}{4} a \mp \frac{1}{2} \sqrt{(2r + \frac{1}{4} a^2 - b)})^2 - r \pm \sqrt{(r^2 - d)}$; $z^2 + (\frac{1}{2} a \mp \sqrt{(2r}$

$+ \frac{1}{4} a^2 - b)) z = -r \pm \sqrt{(r^2 - d)}$; $z^2 + \frac{1}{2} az + r = \pm z$
$\sqrt{(2r + \frac{1}{4} a^2 - b)} \pm \sqrt{(r^2 - d)}$; $(z^2 + \frac{1}{2} az + r)^2 = z^4 +$
$az^3 + (\frac{1}{4} a^2 + 2r) z^2 + arz + r^2 = (2r + \frac{1}{4} a^2 - b) z^2 + 2z$
$\sqrt{((2r + \frac{1}{4} a^2 - b)(r^2 - d))} + r^2 - d$; $z^4 + az^3 + arz$
$= -bz^2 + 2z \sqrt{((2r + \frac{1}{4} a^2 - b)(r^2 - d))} - d$: mais r^3
$- \frac{1}{2} br^2 + (\frac{1}{4} ac - d) r - \frac{1}{8}((a^2 - 4b) d + c^2) = 0$; donc
$8r^3 - 4br^2 + (2ac - 8d) r - a^2 d + 4bd - c^2 = 0$; $8r^3 -$
$4br^2 - 8dr - a^2 d + 4bd = -2acr + c^2$; $8r^3 + (a^2 - 4b)$
$r^2 - 8dr - a^2 d + 4bd = a^2 r^2 - 2acr + c^2 = (ar - c)^2$:
mais $8r^3 + (a^2 - 4b) r^2 - 8dr - a^2 d + 4bd = 4 (2r + \frac{1}{4}$
$a^2 - b) (r^2 - d)$; donc $4 (2r + \frac{1}{4} a^2 - b) (r^2 - d) =$
$(ar - c)^2$; $z^4 + az^3 + arz = -bz^2 + (ar - c) z - d$; $z^4 +$
$az^3 = -bz^2 - cz - d$; $z^4 + az^3 + bz^2 + cz + d = 0$; donc
z est racine de $x^4 + ax^3 + bx^2 + cx + d$ [10. 1].

IX. Si deux polynomes ne diffèrent qu'en ce que les
coefficients de leurs termes pairs sont affectés de signes
contraires entre eux, je dis que les racines de l'un seront égales et contraires à celles de l'autre. On entend
par termes *pairs*, les seconds, les quatrièmes, sixièmes,
huitièmes, etc.

Soient $x^4 + ax^3 + bx^2 + cx + d$, $x^4 - ax^3 + bx^2 - cx$
$+ d$ les polynomes. Désignant par α une racine quelconque du premier, on aura $\alpha^4 + a\alpha^3 + b\alpha^2 + c\alpha + d = 0$
[10. 1]. Substituant $-\alpha$ à la place de x dans le second,
on aura $\alpha^4 + a\alpha^3 + b\alpha^2 + c\alpha + d$: mais cette somme est
$= 0$ [dém.]; donc $-\alpha$ racine du second [10. 1].

Soit $x^5 + ax^4 + bx^3 + cx^2 + dx + e$ le premier, $x^5 -$
$ax^4 + bx^3 - cx^2 + dx - e$ le second, et α racine du pre-
mier. On aura $\alpha^5 + a\alpha^4 + b\alpha^3 + c\alpha^2 + d\alpha + e = 0$ [10. 1],
et $-\alpha^5 - a\alpha^4 - b\alpha^3 - c\alpha^2 - d\alpha - e = 0$: mais en substituant $-\alpha$ à la place de x dans le second, on a

aussi $- a^5 - aa^4 - ba^3 - ca^2 - da - e = o$ [dém.] ; donc $- a$ racine du second [10. 1].

X. Le polynome dont tous les termes sont positifs ne sauroit avoir des racines positives.

Désignons par $x^4 + (a - a) x^3 + (b - aa) x^2 + (c - ba)$ $x - ca [= (x - a) (x^3 + ax^2 + bx + c)]$ un polynome dont la racine a est positive.

Pour que les termes $(a - a) x^3$, $(b - aa) x^2$, $(c - ba) x$, soient positifs, il faut que a, b, c, ne soient point négatifs : mais $- ca$ ne sauroit être positif sans que c soit négatif ; donc, pour que tous les termes du polynome proposé fussent positifs, il faudroit supposer c négatif, et non négatif, ce qui est absurde ; donc, ou la racine a n'est point positive, ou tous les termes du polynome proposé ne sauroient être positifs.

XI. Un polynome quelconque étant proposé, si après avoir multiplié chacun de ses termes par l'exposant de la puissance à laquelle le nombre principal y est élevé, on divise chacun des produits par le nombre principal ; si après avoir multiplié chacun des termes du résultat, par l'exposant de la puissance à laquelle le nombre principal y est élevé, on divise les produits par le double du nombre principal ; si l'on répète une semblable multiplication sur chacun des termes du nouveau résultat, en divisant les produits par le triple du nombre principal, ainsi de suite, jusqu'à ce que l'on parvienne à un binome : je dis que la plus forte racine positive du polynome proposé ne sauroit être plus grande que le nombre positif, qui étant substitué à la place du nombre principal, donnera des valeurs positives, non seulement au polynome proposé, mais à tous ceux qui en résulteront d'après cet énoncé.

Soit, par exemple, le polynome

$$x^5 - 2x^4 - 10x^3 + 30x^2 + 65x - 120.$$

On aura, en se conformant à la supposition, le polynome

$$5x^4 - 8x^3 - 30x^2 + 60x - 65;$$

lequel donne, suivant toujours la même supposition,

$$10x^3 - 12x^2 - 30x + 30;$$

d'où l'on tire

$$10x^2 - 8x - 10;$$

d'où enfin

$$5x - 2:$$

et on observera que le nombre 2, substitué à la place de x dans ces polynomes, les rend tous positifs; et qu'en effet la plus grande racine du polynome proposé est plus petite que 2.

Soit le polynome proposé

$$x^4 + ax^3 + bx^2 + cx + d = G.$$

Faisant $x = z + e$, on aura $z^4 + (4e + a) z^3 + (6e^2 + 3ae + b) z^2 + (4e^3 + 3ae^2 + 2be + c) z + e^4 + ae^3 + be^2 + ce + d = F$.

Posons $e^4 + ae^3 + be^2 + ce + d = H$, et $z + e = x$, racine de G : il viendra $G = 0$ [10. 1], et $F = 0$; donc z racine de F [10. 1]. Or, pour que le nombre e rende positifs tous les coefficients $4e + a$; $6e^2 + 3ae + b$; $4e^3 + 3ae^2 + 2be + c$, et H, il faut que z soit négatif [10. 10]; donc, puisque $x = z + e$, si x est positif, et z négatif, il faudra que e soit $> x$: mais H ne diffère de G qu'en ce que e s'y trouve à la place de x, et les coefficients de z^3, z^2, z, dérivent du polynome G, suivant l'énoncé de la proposition; donc le nombre que l'on aura trouvé de la manière prescrite dans ledit énoncé, sera plus grand qu'aucune des racines positives du polynome proposé, pourvu qu'il en ait de positives.

Corol. Si le polynome proposé a deux racines égales, l'une d'entre elles appartiendra également au polynome que l'on trouvera en multipliant chaque terme du polynome proposé par l'exposant de la puissance à laquelle le nombre principal y est élevé, et en le divisant par le nombre principal multiplié par l'exposant de la puissance à laquelle ce même nombre est élevé dans le premier terme.

Supposons, par exemple, qu'il y ait des racines égales dans le polynome $x^4 - 3x^3 - 6x^2 + 28x - 24$: je dis que l'une de ces racines appartiendra également au polynome $\dfrac{4x^4}{4x} - \dfrac{5 \times 3x^3}{4x} - \dfrac{2 \times 6x^2}{4x} + \dfrac{1 \times 28x}{4x} - \dfrac{0 \times 24x^0}{4x}$

$$= x^3 - \tfrac{9}{4}x^2 - 3x + 7.$$

car si l'on désigne par e en particulier l'une des racines, que x représente en général, le nombre $z = x - e$ sera l'excès de l'une quelconque de ces racines sur la racine e; et si le polynome G a deux racines égales, désignées par e, le polynome F doit avoir le facteur $(z - 0)(z - 0)$: mais ce facteur ne donne que z^2, et par conséquent le dernier et l'avant-dernier terme du polynome F doivent s'anéantir, d'après la définition II de ce liv. X ; donc

$$e^4 + ae^3 + be^2 + ce + d = 0,$$
$$4e^3 + 3ae^2 + 2ae + cc = 0,$$
$$\text{et } \quad e^3 + \frac{3ae^2}{4} + \frac{2be}{4} + \frac{c}{4} = 0.$$

Substituant donc x à la place de e, c'est-à-dire, désignant par x l'une des racines égales du polynome G, on aura G $= 0$, et $x^3 + \dfrac{3ax^2}{4} + \dfrac{2bx}{4} + \dfrac{c}{4} = 0$.

XII. Trouver les racines des polynomes.

Soit $x^4 - 9x^3 + 15x^2 - 27x + 9$ le polynome dont on demande la racine : écrivez, selon la proposition XI, les polynomes

$$x^4 - 9x^3 \ + 15x^2 - 27x + 9;$$
$$4x^3 - 27x^2 + 30x \ - 27;$$
$$6x^2 - 27x \ + 15;$$
$$4x - 9:$$

ou afin de faciliter les substitutions,

$$(((x \ - \ 9)x + 15)x - 27)x + 9;$$
$$((4x - 27)x + 30)x - 27;$$
$$((2x - \ 9)x + \ 5) \times 3;$$
$$4x - 9.$$

On trouvera facilement que 8 est le plus petit nombre entier et positif, qui ne rend négatif aucun de ces polynomes ; donc le premier chiffre de la racine doit être 7. Pour trouver le chiffre immédiat, on n'aura qu'à écrire $z + 7$ à la place de x, en supposant que x représente la racine, et il viendra

$$z^4 + 19z^3 + 120z^2 + 232z - 131 = 0 = G.$$

Et puisque z positif rend positifs, non-seulement le polynome G, mais tous ceux que l'on en pourroit déduire d'après la proposition XI, il s'ensuit qu'il seroit inutile de les écrire pour chercher la valeur de z : mais tout nombre entier et positif, substitué à la place de z, rend G $[=(((z+19)z+120)z+232)z-131]$ positif ; donc $z < 1$. Or, de tous les nombres 0,1 ; 0,2 ; 0,3 ; 0,4 ; 0,5 ; il n'y a que le dernier qui, substitué à la place de z, rende G positif ; donc 0,4 sera le second chiffre de la racine, et par conséquent $x = 7,4$ etc.

Pour trouver le chiffre immédiat, on écrira $x = 7,4 + z$, et on aura

$G = z^4 + 20,6z^3 + 145,76\ z^2 + 557,576z - 17,7584$
$= 0 = (((z + 20,6)z + 145,76)z + 557,576)z - 17,7584$
dont les polynomes dérivés d'après la proposition XI,
seroient également inutiles pour chercher la valeur de
z; et vu que tout nombre positif non $< 0,1$ rend G positif, il s'ensuit que $z < 0,1$: il faudra donc essayer
successivement les nombres 0,01 ; 0,02 ; 0,05 ; 0,04 ;
0,05 ; 0,06 : mais de tous ces nombres il n'y a que le
dernier qui rende G positif; donc 0,05 sera le troisième
chiffre de la racine, et par conséquent $x = 7,45$ etc.

Suivant le même procédé, qui ne sauroit manquer que
dans le cas de racines imaginaires, on pourra pousser
l'approximation jusqu'au rang décimal qu'on voudra,
ou jusqu'à ce que l'on puisse négliger, sans erreur considérable, l'excès de la vraie racine sur l'approchée.

Soit $x^3 + 7,02x^2 + 16,06x + 16,08$ le polynome dont
on demande la racine.

Comme ce polynome n'a point de racine positive [10.
10], on cherchera celle de $x^3 - 7,02x^2 + 16,06x - 16,08$
que l'on trouvera $= 4,02$ exactement, et on conclura
que $- 4,02$ est racine du polynome proposé [10. 9].

Soient n un nombre entier et positif, et α racine du
polynome $x^n + ax^{n-1} + bx^{n-2} + $ etc. $= A$. Il suit de la
définition II de ce liv. X, que $\dfrac{A}{x - \alpha}$ sera $= x^{n-1} +$
$gx^{n-2} + hx^{n-3} + $ etc. $= B$; que si β est racine de B, il sera
$\dfrac{B}{x - \beta} = x^{n-2} + px^{n-3} + qx^{n-4} + $ etc. $= C$; que si γ est racine de C, il sera $\dfrac{C}{x - \gamma} = x^{n-3} + $ etc. , ainsi de suite; et
que α, β, γ, etc., seront racines de A.

Soit $x^3 - 3x^2 - 2x + 16 = G$ le polynome dont on demande la racine. On écrira, suivant toujours le même procédé,

$$((x - 3) x - 2)x + 16;$$
$$(3x - 6) x - 2;$$
$$3x - 3.$$

Le plus petit nombre entier et positif qui rend toutes ces expressions positives, est 3; donc 2 sera le premier chiffre de la plus grande racine positive de G, pourvu qu'il en ait de positives. Supposant donc cette racine $= x = z + 2$, on se servira de G, comme plus haut, pour trouver le chiffre immédiat, ou le premier décimal de la racine. Écrivant donc

$$((z + 3)z - 2)z + 8;$$
$$(3z + 6) z - 2;$$

on trouve le premier décimal $= 0,2$; et supposant $x = z + 2,2$ pour trouver le second, on a

$$z^3 + 3,6z^2 - 0,68z + 7,728;$$

d'où

$$((z + 3,6) z - 0,68)z + 7,728;$$
$$(3z + 7,2) z - 0,68;$$

ce qui donne ce second chiffre $= 0,08$; et supposant $x = z + 2,28$ on procéderoit à la recherche du décimal immédiat : mais ce seroit ici en pure perte; car le polynome G n'a point de racines positives. Aussi dans l'énoncé de la proposition XI, on n'avance point que tous les polynomes ont des racines positives; on affirme seulement que, par exemple, G ne sauroit avoir aucune racine positive > 3, ni $= $ à 3; $= 2$ ou < 2; $= 2,2$ ou $< 2,2$; $= 2,28$ ou $< 2,28$, ainsi de suite; et tout cela est vrai rigoureusement parlant. D'ailleurs, on auroit pu se détromper dès l'investigation du premier décimal; car l'équation $z^3 + 5z^2 - 2z + 8 = 0$, donne $z = \dfrac{-8}{z^2 + 5z - 2}$; équation absurde, lorsque $z < 1$.

Que l'on cherche donc la racine négative, et on la trouvera de suite $= -2$; et divisant alors $x^3 - 5x^2 - 2x + 16$ par $x + 2$, il viendra $x^2 - 5x + 8$, qui a les deux racines impossibles, $2\frac{1}{2} \pm \frac{1}{2}\sqrt{-7}$; d'où $x^3 - 5x^2 - 2x + 16 = (x+2)(x - 2\frac{1}{2} + \frac{1}{2}\sqrt{-7})(x - 2\frac{1}{2} - \frac{1}{2}\sqrt{-7})$.

Scholie. Désignant par $r + z$ la racine d'un polynome quelconque $A + Bx + Cx^2 + Dx^3 + $ etc., et substituant $r + z$ au lieu de x, on aura $A + Br + Cr^2 + Dr^3 + $ etc. $+ (B + 2Cr + 5Dr^2 + $ etc.$) z + $ etc. $= 0$. Soit r le nombre exprimé par les deux premiers chiffres de la racine, et convenons, par cela même, de négliger toute puissance de z au-dessus de la première: on aura
$$z = \frac{-A - Br - Cr^2 - Dr^3 - \text{etc.}}{B + 2Cr + 5Dr^2 + \text{etc}}, \text{ et par conséquent}$$
$$x = r - \frac{A + Br + Cr^2 + Dr^3 + \text{etc.}}{B + 2Cr + 5Dr^2 + \text{etc.}}, \text{ valeur approchée de}$$
x, et dont tous les chiffres seront exacts, tant que leur nombre n'excédera pas le double de ceux qui suivent le premier de la partie r. Par exemple, ayant trouvé, suivant toujours la même méthode, la partie $7,4$ de la racine de $x^4 - 9x^3 + 15x^2 - 27x + 9$, et $x = r - \dfrac{(((r-9)r+15)r-27)r+9}{((4r-27)r+50)r-27}$, on aura, en substituant $7,4$ au lieu de r, $x = 7,4 - \dfrac{-17,7584}{557,576} = 7,45$ etc. :
$r = 7,45$ donnera de même $x = 7,4514$ etc.; $r = 7,4514$, donnera $x = 7,45149856$ etc., ainsi de suite.

Moyennant cette méthode, dont l'exactitude est con-firmée par l'expérience, on peut découvrir aussi l'im-possibilité des racines. Par exemple, après avoir trouvé le nombre 2,2 partie supposée de la racine du polyno-me $x^3 - 3x^2 - 2x + 16$, on écrira 2,2 au lieu de r dans

$$x = r - \frac{16 - 2r - 3r^2 + r^3}{-2 - 6r + 3r^2} = r - \frac{((r-3)r-2)r + 16}{(3r-6)r - 2},$$

et on aura $x = 2,2 + \dfrac{7,728}{0,68}$, valeur incompatible avec les opérations même qui ont donné $x = 2,2$ etc.; car on en déduira facilement que ce qui manque à 2,2 pour égaler x doit être $< 0,1$.

XIII. Chercher un nombre x qui rende $ax^4 + bx^3 + cx^2 + dx + e = 0$.

Le nombre x qui satisfera à l'équation $x^4 + \dfrac{b}{a}x^3 + \dfrac{c}{a}x^2 + \dfrac{d}{a}x + \dfrac{e}{a} = 0$ sera le nombre demandé.

Autre solution. Posant $x = \dfrac{z}{a}$, on aura $z^4 + bz^3 + acz^2 + a^2 dz + a^3 e = 0$, et la valeur de z que l'on trouvera suivant la méthode précédente, donnera celle de x $\left[= \dfrac{z}{a} \right]$.

XIV. Chercher la plus petite racine positive d'un polynome proposé.

Soit $x^3 - 7x^2 + 7x + 15$ le polynome : supposons-le $= 0$, et substituons $\dfrac{1}{z}$ au lieu de x; il viendra $\dfrac{1}{z^3} - \dfrac{7}{z^2} + \dfrac{7}{z} + 15 = 0$, et par conséquent $1 - 7z + 7z^2 + 15z^3 = 0$: mais $z = 0,333$ etc. $\left[= \tfrac{1}{3} \right]$ est le plus grand nombre qui rend $15z^3 + 7z^2 - 7z + 1 = 0$; donc $3 \left[= \frac{1}{z} = x \right]$

sera le plus petit nombre positif qui rend $x^3 - 7x^2 + 7x$

$+ 15 = 0$; car la valeur de $x = \frac{1}{z}$ deviendra d'autant

plus petite que celle de z sera plus grande. En effet, les
racines de $x^3 - 7x^2 + 7x + 15$ sont 5, 3 et -1.

XV. Chercher les racines égales.

Supposant qu'il y en ait dans le polynome proposé
$x^3 - 5x^2 - 10x + 7$, désignons par x l'une de ces racines

égales : on aura $x^3 - 5x^2 - 10x + 7 = 0$, et $x^2 - \frac{10}{3}$

$x - \frac{10}{3} = 0$ [10. 11. corol.], c'est-à-dire, $5x^2 - 10x$

$- 10 = 0$, et par conséquent $x (5x^2 - 10x - 10) - 3$
$(x^3 - 5x^2 - 10x + 7) = 0$, c'est-à-dire, $5x^2 + 20x - 21$
$= 0$; donc $3 (5x^2 + 20x - 21)$ $5 (5x^2 - 10x - 10)$

$= 0$, ou $110x - 15 = 0$, et par conséquent $x = \frac{15}{110}$;

donc $x = \frac{15}{110}$ devroit être non-seulement une des racines

égales du polynome proposé, mais aussi de l'une quelconque des équations $5x^2 - 10x - 10 = 0$, et $5x^2 +$

$20x - 21 = 0$. Or, $\frac{15}{110}$, écrit au lieu de x, ne rend

pas $5x^2 - 10x - 10 = 0$; donc le polynome proposé ne
sauroit avoir des racines égales.

Soit $x^3 - x^2 - 8x + 12$ le polynome proposé : on aura
$x^3 - x^2 - 8x + 12 = 0$, et $5x^2 - 2x - 8 = 0$; donc x
$(5x^2 - 2x - 8) - 5 (x^3 - x^2 - 8x + 12) = 0$; $x^2 + 16x -$
$56 = 0$; d'où $5 (x^2 + 16x - 56) - 5x^2 - 2x - 8 = 0$;
$50x - 100 = 0$, et $x = 2$. Mais $x = 2$ rend $5x^2 - 2x -$

$8 = 0$; donc 2 est une des racines égales de $x^3 - 2x^2 - 8x + 12$. Or, ce polynome divisé par $(x-2)(x-2) = x^2 - 4x + 4$, donne $x + 3$; donc 2, 2 et -3 sont les racines de $x^3 - x^2 - 8x + 12$.

Soit $x^4 - 5x^3 - 6x^2 + 28x - 24$ le polynome. On aura d'abord $x(4x^3 - 9x^2 - 12x + 28) - 4(x^4 - 5x^3 - 6x^2 + 28x - 24) = 0$; d'où $5x^3 + 12x^2 - 84x + 96 = 0$; et $x^3 + 4x^2 - 28x + 32 = 0$; et par conséquent $4(x^3 + 4x^2 - 28x + 32) - (4x^3 - 9x^2 - 12x + 28) = 0$; $25x^2 - 100x + 100 = 0$; et $x^2 - 4x + 4 = 0$. On aura ensuite $(x^3 + 4x^2 - 28x + 32) - x(x^2 - 4x + 4) = 0$, et $8x^2 - 32x + 32 = 0$, c'est-à-dire, une seconde fois $x^2 - 4x + 4 = 0$, et on ne sauroit parvenir à un binome comme celui de l'exemple précédent: mais les racines de $x^2 - 4x + 4$ sont 2 et 2; donc 2, 2, 2, sont les racines du polynome proposé. Or, ce polynome divisé par $(x-2)$ $(x-2)$ $(x-2) = x^3 - 6x^2 + 12x - 8$, donne $x + 3$; donc 2, 2, 2, -3, en seront les racines.

Soit $x^4 - 10x^3 + 37x^2 - 60x + 36$ le polynome. On aura $x(4x^3 - 30x^2 + 74x - 60) - 4(x^4 - 10x^3 + 37x^2 - 60x + 36) = 0$; $x(2x^3 - 15x^2 + 37x - 30) - 2(x^4 - 10x^3 + 37x^2 - 60x + 36) = 0$; $5x^3 - 37x^2 + 90x - 72 = 0$; $2(5x^3 - 37x^2 + 90x - 72) - 5(2x^3 - 15x^2 + 37x - 30) = 0$, et $x^2 - 5x + 6 = 0$. Or, $2x(x^2 - 5x + 6) - (2x^3 - 15x^2 + 37x - 30) = 0$, donne $5x^2 - 25x + 30 = 0$, et par conséquent une seconde fois $x^2 - 5x + 6 = 0$, dont les racines sont 2 et 3; donc celles du polynome proposé seront 2, 2, 3, 3.

Soit $x^5 - 13x^4 + 67x^3 - 171x^2 + 216x - 108$ le polynome. On trouvera, suivant le même procédé, $x^3 - 8x^2 + 21x - 18 = 0$, et on ne sauroit aller plus loin;

donc toutes les racines de cette équation ne sont pas inégales ; car si elles l'étoient, le polynome proposé en auroit trois paires d'égales, ce qui seroit absurde, puisqu'il ne peut avoir que cinq racines [égales ou inégales] [10. déf. 2]. En effet, la méthode précédente donne 3 et 3 pour les racines égales de $x^3 - 8x^2 + 21x - 18$: mais à l'aide de ces deux-ci, on trouve la troisième 2 ; donc 3, 3, 3, 2, 2, sont les racines du polynome proposé.

Corol. Cette méthode offre un moyen de reconnoître s'il y a des racines communes entre deux polynomes proposés, et par conséquent de simplifier les fractions, lorsqu'elles en sont susceptibles. Soit, par exemple, $\dfrac{x^3 - ax^2 - 8a^2x + 6a^3}{x^4 - 3ax^3 - 8a^2x^2 + 18a^3x - 8a^4}$ la fraction proposée : supposant le numérateur $= 0$, et le dénominateur $= 0$, on aura $x^4 - 3ax^3 - 8a^2x^2 + 18a^3x - 8a^4 - x(x^3 - ax^2 - 8a^2x + 6a^3) = -2ax^3 + 12a^3x - 8a^4 = 0$: ce qui donne $-x^3 + 6a^2x - 4a^3 = 0$; $x^3 - ax^2 - 8a^2x + 6a^3 + (-x^3 + 6a^2x - 4a^3) = -ax^2 - 2a^2x + 2a^3 = 0$; $x^2 + 2ax - 2a^2 = 0$: $-x^3 + 6a^2x - 4a^3 + x(x^2 + 2ax - 2a^2) = 2ax^2 + 4a^2x - 4a^3 = 0$; et par conséquent une seconde fois $x^2 + 2ax - 2a^2 = 0$; ce qui prouve que les racines de $x^2 + 2ax - 2a^2$ sont communes au numérateur et au dénominateur. Divisant donc l'un et l'autre par $x^2 + 2ax - 2a^2$, on trouvera

$$\frac{x^3 - ax^2 - 8ax - 6a^3}{x^4 - 3ax^3 - 8a^2x^2 + 18a^3x - 8a^4} = \frac{x - 3a}{x^2 - 3ax + 4a^2}.$$

2. C'est encore par ce moyen qu'on *élimine* les inconnues. Les exemples suivants font voir ce que l'on entend par élimination d'inconnues.

Trouver trois nombres x, z, y, qui donnent

$$2x + z - 6y = 6;$$
$$20x - 3z - 4y = 27;$$
$$5z - x + 10y = 57:$$

on aura $10(2x + z - 6y) - (20x - 3z - 4y) = 10 \times 6 - 27$, c'est-à-dire, $13z - 56 = 33$; $2x + z - 6y + 2(-x + 5z + 10y) = 6 + 2 \times 57$, ou $11z + 14y = 120$; $13(11z + 14y) - 11(13z - 56y) = 13 \times 120 - 11 \times 33$; c'est-à-dire, $798y = 1197$, ou $y = \dfrac{1197}{798} = \dfrac{3}{2}$.

Faisant $y = \dfrac{2}{3}$ dans l'équation $11z + 14y = 120$, on trouvera $11z + 21 = 120$, et par conséquent $z = \frac{99}{11} = 9$; substituant les valeurs de z, y, dans l'équation $2x + z - 6y = 6$, on trouvera $x = 5$. Voici le tableau de ces opérations :

$$
\begin{array}{rrrr}
2x + & z - & 6y = & 6 \\
20x - & 3z - & 4y = & 27 \\
-x + & 5z + & 10y = & 57 \\
\hline
20x + & 10z - & 6oy = & 6o \\
20x - & 3z - & 4y = & 27 \\
\hline
o & 13z - & 56y = & 33 \\
\hline
2x + & z - & 6y = & 6 \\
-2x + & 10z + & 20y = & 114 \\
\hline
o & 11z + & 14y = & 120 \\
\hline
11 \times & 13z - & 616y = & 363 \\
13 \times & 11z + & 182y = & 1560 \\
\hline
o & & 798y = & 1197
\end{array}
$$

On demande deux nombres x, z, qui rendent $x^3 - x^2z - 5z = 0$, et $x^2 + xz - z^2 + 3 = 0$. On aura $x(x^2 + xz - z^3 + 3) - (x^3 - x^2z - 5z) = 2zx^2 - (z^2 - 3)x +$

$$3z = 0 \; ; \; 2z(x^2 + xz - z^2 + 3) - (2zx^2 - (z^2 - 3)x + 3z)$$
$$= (3z^2 - 3)x - 2z^3 + 3z = 0 \; ; \; (3z^2 - 3)(x^2 + xz - z^2$$
$$+ 3) - x((3z^2 - 3)x - 2z^3 + 3z) = (3z^3 - 6z)x - (3z^2$$
$$- 3)(z^2 - 3) = 0 \; ; \; (3z^2 - 3)((3z^3 - 6z)x - (3z^2 - 3)(z^2 -$$
$$3)) - (3z^3 - 6z)((3z^2 - 3)x - 2z^3 + 3z) = (3z^3 - 6z)$$
$$(2z^3 - 3z) - (3z^2 - 3)^2(z^2 - 3) = z^6 + 18z^4 - 45z^2 +$$
$$27 = 0.$$

LIVRE XI.

PROBLÊMES.

I. Quatre associés ont contribué à former la somme de 660 louis ; la part du premier est le double de celle du second ; la part du second est égale à celle du troisième, plus 3 louis ; et la part du troisième est la moitié de celle du quatrième. On demande la part de chacun ?

Désignant par u la part du premier, et par x, z, y, celles des autres, on aura $u+x+z+y=660$; $u=2x$; $x=z+3$; et $z=\frac{1}{2}y$. Substituant $\frac{1}{2}y$ à la place de z dans la troisième équation, il vient $x=\frac{1}{2}y+3$; substituant cette valeur de x dans la seconde, on trouve $u=y+6$. Ces valeurs de u, x, z, substituées dans la première, donnent $y+6+\frac{1}{2}y+3+\frac{1}{2}y+y=660$; $3y+9=660$; $y+3=220$; d'où $y=217$; $z=108,5$; $x=111,5$; $u=223$.

Autre solution. Si l'on désigne par u la part du premier, celles des autres seront, $\frac{1}{2}u-3\frac{1}{2}u$, et $u-6$; et on aura de suite

$$u+\tfrac{1}{2}u+\tfrac{1}{2}u-3+u-6=660=3u-9 ; \text{ et } u=223.$$

II. Un père est âgé de 35 ans, et le fils de 14 : on demande l'époque où l'âge du premier sera le double de celui de l'autre ?

Soit x le nombre d'années qui manquent : on aura $35+x=2\,(14+x)=28+2x$, et $x=7$. En effet, 7 ans après, le père doit avoir 42 ans, et le fils 21.

III. Un père étant âgé de 35 ans, et le fils de 14, on demande l'époque où le père sera quatre fois plus âgé que le fils ?

Soit x le nombre d'années qui manquent : on aura $35+x=4\,(14+x)=56+4x$, et $x=-7$. L'expression négative -7, marque qu'il falloit demander le nombre x comme déjà passé, au lieu de le chercher dans l'avenir.

IV. On a acheté trois objets à différents prix. Le premier prix, plus la moitié du second et du troisième, font 39 francs ; le second, plus le tiers des deux autres, font 42 ; le troisième, plus la moitié des deux autres, font 45 : on demande les trois prix ?

En les désignant par x, z, y, on aura $x+\frac{1}{2}(z+y)=39$; $z+\frac{1}{3}(x+y)=42$; $y+\frac{1}{2}(x+z)=45$; d'où l'on déduit $2x+z+y=78$; $3z+x+y=126$; $2y+x+z=90$. Opérant comme on le voit ici,

$$
\begin{aligned}
2x+z+y &= 78\\
x+3z+y &= 126\\
x+z+2y &= 90\\
\hline
05z+y &= 2\times126-78=174\\
z+5y &= 2\times90-78=102\\
\hline
0+14y &= 5\times102-174=336
\end{aligned}
$$

on trouvera $y=24$; $z+5\times24=102$, ou $z=30$; $x+30+2\times24=90$, ou $x=12$.

V. Trois canonniers ont tiré trois différents nombres

de coups de canon. Le premier et le second en ont tiré 20 de plus que le troisième ; le second et le troisième, 52 de plus que le premier ; le premier et le troisième, 28 de plus que le second. On demande les trois nombres.

Soit x le premier, et z, y, les deux autres : on aura $x+z=y+20$; $z+y=x+52$; $x+y=z+28$. Et en opérant comme il suit :

$$x + z - y = 20$$
$$-x + z + y = 52$$
$$x - z + y = 28$$

$$0 \quad 2z \quad\quad 0 = 20 + 52 = 52$$
$$z \quad\quad = 26$$

$$0 \quad 0 \quad 2y = 52 + 28 = 60$$
$$y = 50$$

$$2x \quad 0 \quad\quad 0 = 20 + 28 = 48$$

on trouvera $\qquad\qquad x = 24$.

VI. Un corps d'armée composé de quatre différentes nations, a perdu un certain nombre d'hommes. La première en a perdu 620 moins que les trois autres ; la seconde, 460 moins que les trois autres ; et la quatrième, 500 moins que les trois autres. On demande la perte de chaque nation ?

Désignant par P, H, I, A, les pertes, on aura

$$A + I + H - 620 = P$$
$$A + I + P - 460 = H$$
$$A + H + P - 580 = I$$
$$I + H + P - 500 = A$$

d'où l'on tire les équations suivantes :

$$
\begin{aligned}
A + I + H - P &= 620 \\
A + I - H + P &= 460 \\
A - I + H + P &= 580 \\
- A + I + H + P &= 500 \\
\hline
2A + 2I \quad 0 \quad 0 &= 1080 \\
- 2A + 2I \quad 0 \quad 0 &= 120 \\
\hline
0 \quad 4I \quad 0 \quad 0 &= 1200 \\
I \quad 0 \quad 0 &= 300 \\
\hline
4A \quad 0 \quad 0 \quad 0 &= 960 \\
A \quad 0 \quad 0 \quad 0 &= 240 \\
\hline
0 \quad 0 \quad 2H - 2P &= 160 \\
2H + 2P &= 880 \\
\hline
4H \quad 0 &= 1040 \\
H \quad 0 &= 260 \\
\hline
0 \quad 4P &= 720 \\
P &= 180
\end{aligned}
$$

VII. Quatre nombres sont en *proportion arithméti-que*, c'est-à-dire, que l'excès du premier sur le second, est égal à l'excès du troisième sur le quatrième, et on suppose, en outre, que le premier multiplié par le second est $= 10$; que le second multiplié par le troisième $= 18$; et que le troisième par le quatrième $= 54$. On demande les quatre nombres?

Soit u le premier, et x, z, y, les trois autres. On aura $ux = 10$; $xz = 18$, $zy = 54$; $u - x = z - y$, et par conséquent $x = \dfrac{10}{u}$; $z = \dfrac{18}{x} = \dfrac{18u}{10} = \dfrac{9u}{5}$; $y = \dfrac{54}{z} = \dfrac{54 \times 5}{9u} = \dfrac{6 \times 5}{u} = \dfrac{30}{u}$; $u - \dfrac{10}{u} = \dfrac{9u}{5} - \dfrac{30}{u}$. La dernière équation donnera $\dfrac{9u}{u} - u = \dfrac{5o}{u} - \dfrac{10}{u}$, ou $\dfrac{4u}{5} = \dfrac{20}{u}$, et par conséquent $4u^2 = 100$; $u^2 = 25$; $u = 5$. Donc $x = 2$; $z = 9$; $y = 6$.

Autre solution. u étant le premier nombre, $\dfrac{10}{u}$ sera le second; $\dfrac{18u}{10} = \dfrac{9u}{5}$, le troisième; et $\dfrac{54 \times 5}{9u} = \dfrac{5o}{u}$, le quatrième: mais $u - \dfrac{10}{u} = \dfrac{9u}{5} - \dfrac{5o}{u}$: donc $u = 5$.

VIII. Si l'on suppose le troisième multiplié par le quatrième $= 7$, et le reste comme ci-dessus, on a $\dfrac{7 \times 5}{9u} = y = \dfrac{55}{9u}$, et $u - \dfrac{10}{u} = \dfrac{9u}{5} - \dfrac{55}{9u}$: donc $\dfrac{9u}{5} - u = \dfrac{55}{9u} - \dfrac{10}{u}$, c'est-à-dire, $\dfrac{4}{5}u = \dfrac{55 - 90}{9u}$, d'où l'on tire $u = \sqrt{-\dfrac{55}{9} \times \dfrac{5}{4}}$; expression absurde, qui indique l'impossibilité de ce que l'on demande.

Corol. Lorsque quatre nombres sont en proportion arithmétique, la somme des extrêmes est égale à celle des moyens.

IX. a étant la somme de quatre nombres en proportion arithmétique *continue*, et b celle de leurs carrés, on demande les quatre nombres.

En désignant ces nombres par u, x, z, y, on aura $u + x + y + z = a$; $u^2 + x^2 + y^2 + z^2 = b$, et $u - x = x - z = z - y$. L'équation $x - z = z - y$, donne $y = 2z - x$; $u - x = x - z$ donne $z = 2x - u$, et par conséquent $a = u + x + (2x - u) + (2(2x - u) - x)$ et $b = u^2 + x^2 + (2x - u)^2 + (2(2x - u) - x)^2$,

$-2u+6x=a$, et $6u^2-16ux+14x^2=b$. Éliminant u, on aura $40x^2-20ax-3a^2+2b=0$; d'où $x=\frac{1}{4}\left(a+\sqrt{\frac{4b-a^2}{5}}\right)$. Les équations $a=-2u+6x$; $z=2x-u$, $y=2z-x$, donneront les valeurs de u, z, y.

Soit, par exemple, $a=14$, et $b=54$: on aura $x=\frac{1}{4}\left(14\pm\sqrt{\frac{216-196}{5}}\right)=\frac{1}{4}(14\pm2)=3\frac{1}{2}\pm\frac{1}{2}$. Posant $x=3\frac{1}{2}+\frac{1}{2}=4$, on aura $u\,[=3x-\frac{1}{2}a]=5$; $z=3$, et $y=2$; posant $x=3\frac{1}{2}-\frac{1}{2}=3$, on aura $u=2$, $z=4$, et $y=5$.

Autre solution. Désignant par $x+3z$, $x+z$, $x-z$, et $x-3z$ les nombres demandés, on aura $a=4x$, et $b=(x^2+6xz+9z^2)+(x^2+2xz+z^2)+(x^2-2xz+z^2)+(x^2-6xz+9z^2)=4x^2+20z^2$: $a=4x$ donne $x=\frac{1}{4}a$, $b=\frac{1}{4}a^2+20z^2$, et $z=\pm\frac{1}{4}\sqrt{\frac{4b-a^2}{5}}$. Appliquant ces formules à l'exemple ci-dessus, on trouvera $x=3\frac{1}{2}$, $z=\pm\frac{1}{2}$, et $3\frac{1}{2}\pm\frac{3}{2}$; $3\frac{1}{2}\pm\frac{1}{2}$; $3\frac{1}{2}\mp\frac{1}{2}$; $3\frac{1}{2}\mp\frac{3}{2}$, seront les nombres demandés.

X. La somme a de trois nombres en proportion continue, et la somme b de leurs carrés étant données, trouver les trois nombres.

Soit x le premier, et z le second : on aura $x+z+z^2x^{-1}=a$, et $x^2+z^2+z^4x^{-2}=b$; ou $x^2+xz-ax+z^2=0$, et $x^4+x^2z^2-bx^2+z^4=0$: éliminant x suivant ce qui a été dit prop. IX, liv. X, on parviendra à une équation qui donnera la valeur de z, et par le moyen de l'équation $x^2+xz-ax+z^2=0$, on aura la valeur de x.

Autre solution. $x+z+z^2x^{-1}=a$, donne $x+z^2x^{-1}=a-z$; $(x+z^2x^{-1})^2=(a-z)^2$; $x^2+2z^2+z^4x^{-2}=a^2$

$-2az+z^2$; donc $x^2+z^2+z^4x^{-2}=a^2-2az=b$, et par conséquent $z=\dfrac{a^2-b}{2a}$.

XI. Si au lieu de trois nombres il s'agissoit de quatre, aux mêmes conditions de la question précédente, on auroit $x+z+x^{-1}z^2+x^{-2}z^3=a$, et $x^2+z^2+x^{-2}z^4+x^{-4}z^6=b$; d'où l'on pourra tirer une équation pour la valeur de z, et alors $x^3+(z-a)x^2+xz^2+z^3=0$ donnera celle de a.

Mais cette solution seroit pénible : le moyen d'en obtenir une plus simple, ce sera d'introduire dans le calcul quelque nouvelle inconnue qui ait moins de valeurs que z; car l'équation qui fournira la valeur de cette inconnue, sera nécessairement moins élevée que celle qui auroit donné la valeur de z.

En effet, le premier terme de la proportion dont il s'agit, peut prendre la place du quatrième, et le quatrième la place du premier; d'où il s'ensuit que le second peut devenir le troisième, et le troisième le second. Ainsi tandis que pour satisfaire à cette circonstance, on doit avoir deux valeurs pour z, la somme du second et du troisième terme demeurera toujours la même. Supposons donc $z+x^{-1}z^2=s$: on aura $x+x^{-2}z^3=a-s$; donc $x=z^2(s-z)^{-1}$, et par conséquent $z^2(s-z)^{-1}+z^{-1}(s-z)^2=a-s$, et $z^3+(s-z)^3=(a-s)z(s-z)$; d'où $s^3-3s^2z+3sz^2=asz-az^2-s^2z+sz^2$, ce qui donne $z=\tfrac{1}{2}s\pm\sqrt{\left(\tfrac{1}{4}s^2-\dfrac{s^3}{a+2s}\right)}=\tfrac{1}{2}s\pm$

$\sqrt{\dfrac{as^2-2s^3}{4(a+2s)}}=\tfrac{1}{2}s\pm\tfrac{1}{2}s\sqrt{\dfrac{a-2s}{a+2s}}=\tfrac{1}{2}s\sqrt{\left(1\pm\sqrt{\dfrac{a-2s}{a+2s}}\right)}$.

Donc la valeur de s donnera celles de z, de x, et de l'autre terme moyen, qui doit être $s - \frac{1}{2} s \left(1 \pm \sqrt{\dfrac{a - 2s}{a + 2s}} \right) = \frac{1}{2} s \left(1 \mp \sqrt{\dfrac{a - 2s}{a + 2s}} \right)$.

Pour trouver s, on observera que le carré de la somme des deux nombres est égal au carré du premier, plus le carré du second, plus deux fois le produit du premier par le second : mais la somme des moyens est égale à s, et leur produit est égal à $\frac{1}{2} s \left(1 \pm \sqrt{\left(\dfrac{a - 2s}{a + 2s} \right)} \right) \frac{1}{2} s \left(1 \mp \sqrt{\dfrac{a - 2s}{a + 2s}} \right) = \frac{1}{4} s^2 \left(1 - \dfrac{a - 2s}{a + 2s} \right) = \dfrac{s^3}{a + 2s}$: donc $s^2 - \dfrac{2s^3}{a + 2s}$ sera la somme des carrés des deux moyens. Or, la somme des extrêmes est égale à $a - s$, et le produit des extrêmes est égal au produit des moyens ; donc $b = (a - s)^2 + s^2 - \dfrac{a s^3}{a + 2s}$, et par conséquent $s = -\dfrac{b}{2a} \pm \sqrt{\left(\dfrac{b^2}{4a^2} + \dfrac{a^2 - b}{2} \right)}$.

Autre solution. Soient $x z^3$, $x z$, $x z^{-1}$, $x z^{-3}$ les quatre nombres en proportion continue : on aura $x(z^3 + z + z^{-1} + z^{-3}) = a$, et $x^2(z^6 + z^2 + z^{-2} + z^{-6}) = b$; donc $x^2(z^3 + z + z^{-1} + z^{-3})^2 b = a^2 b = x^2(z^6 + z^2 + z^{-2} + z^{-6}) a^2$, et par conséquent $(z^3 + z + z^{-1} + z^{-3})^2 b = (z^6 + z^2 + z^{-2} + z^{-6}) a^2$. Mais $(z^3 + z + z^{-1} + z^{-3})^2 = z^6 + 2z^4 + 3z^2 + 4 + 3z^{-2} + 2z^{-4} + z^{-6}$; donc $(a^2 - b) z^6 - 2b z^4 + (a^2 + 3b) z^2 - 4b + (a^2 - 3b) z^{-2} - 2b z^{-4} + (a^2 - b) z^{-6} = 0$, ce qui donne $z^6 - \dfrac{2b}{a^2 - b} z^4 + \dfrac{a^2 - 3b}{a^2 - b} z^2 - \dfrac{4b}{a^2 - b} + \dfrac{a^2 - 3b}{a^2 - b} z^{-2} - \dfrac{2b}{a^2 - b} z^{-4} + z^{-6} = 0$. Posant $s = z^2 + z^{-2}$, et retranchant le polynome $z^6 - \dfrac{2b}{a^2 - b} z^4 + $ etc.

de $(z^2+z^{-2})^3$, c'est-à-dire, de $z^6+3z^2+3z^{-2}+z^{-6}$, on

aura $\dfrac{2b}{a^2-b}\, z^4-\dfrac{6b}{a^2-b}\, z^2+\dfrac{4b}{a^2-b}-\dfrac{6b}{a^2-b}\, z^{-2}+$

$\dfrac{2b}{a^2-b}\, z^{-4}=s^3$, et mettant c au lieu de $\dfrac{2b}{a^2-b}$, on

aura $cz^4-3cz^2+2c-3cz^{-2}+cz^{-4}=s^3$. Retranchant $c(z^2+z^{-2})^2$ du premier membre de cette équation, et cs^2 du second, on aura $-3cz^2-3cz^{-2}=s^3-cs^2$; ajoutant $3c(z^2+z^{-2})$ d'une part, et $3cs$ de l'autre, on aura $s^3-cs^2-3cs=0$; ce qui donnera $s=0$, ou $s=\frac{1}{2}c\pm\sqrt{(\frac{1}{4}c^2-3c)}$. Moyennant s, on aura z et x.

LIVRE XII.

AVERTISSEMENT.

Les lettres a, b, c, etc., ne désignent dans les calculs de ce liv. XII, que des nombres entiers et positifs, ou des *zéros*, selon l'occasion.

PROBLÊMES.

I. Trouver un nombre x, entier et positif, qui rende $\dfrac{28x - 2}{19}$ entier et positif.

Investigation. $\dfrac{28x - 2}{19} = x + \dfrac{9x - 2}{19}$, donne $\dfrac{9x - 2}{19} = a$, et par conséquent $x = \dfrac{19a + 2}{9} = 2a + \dfrac{a + 2}{9}$;

donc $\dfrac{a + 2}{9} = b$, et $a = 9b - 2$; d'où $x \left[= 2a + \dfrac{a + 2}{9} \right.$

$= 2(9b - 2) + \left. \dfrac{9b - 2 + 2}{9} \right] = 19b - 4$.

II. Trouver un nombre x positif qui satisfasse à la condition $\dfrac{17x - 6}{26} = a$.

Investigation. $\dfrac{17x - 6}{26} = a$, donne $x = \dfrac{26a + 6}{17} = a$

$+ \dfrac{9a + 6}{17}$; donc $\dfrac{9a + 6}{17} = b$, et par conséquent $a =$

$$\frac{17b-6}{9}=b+\frac{8b-6}{9}; \frac{8b-6}{9}=c; b=\frac{9c+6}{8}=c+$$

$$\frac{c+6}{8}; \frac{c+6}{8}=d; c=8d-6; \text{ donc } b\left[=c+\frac{c+6}{8}\right]$$

$$=9d-6; a=17d-12, \text{ et } x=26d-18.$$

III. Trouver un nombre x, entier et positif, qui donne

$$\frac{71x+10}{89}=a.$$

Investigation. $\frac{71x+10}{89}=a$, donne $x=\frac{89a-10}{71}$

$$=a+\frac{18a-10}{71}; \frac{18a-1b}{71}=b; a=\frac{71b+10}{18}=3b+$$

$$\frac{17b+10}{18}; \frac{17b+10}{18}=c; b=\frac{18c-10}{17}=c+\frac{c-10}{17};$$

$$c=17d+10; b=18d+10; a=71d+40, \text{ et } x=89d$$

$$+50.$$

IV. Trouver un nombre x, entier et positif, qui rende

$$\frac{21x-4}{27}=a.$$

Investigation. $\frac{21x-4}{27}=a$, donne $x=\frac{27a+4}{21}=$

$$a+\frac{6a+4}{21}; \frac{6a+4}{21}=b, \text{ donne } a=\frac{21b-4}{6}=3b+$$

$$\frac{3b-4}{6}; \frac{3b-4}{6}=c, \text{ donne } b=\frac{6c+4}{3}=2c+\frac{4}{3}, \text{ ce qui}$$

implique contradiction. Il n'y a donc point de nombre entier et positif qui, substitué à la place de x, rende

$$\frac{21x-4}{27} \text{ entier et positif.}$$

V. Trouver un nombre x, entier et positif, qui rende

$$\frac{2000-17x}{21} = \text{entier et positif.}$$

Investigation. $\dfrac{2000 - 17x}{21} = 95 + \dfrac{5 - 17x}{21}$, donne

$\dfrac{5 - 17x}{21} = -a$; $x = \dfrac{21a + 5}{17} = a + \dfrac{4a + 5}{17}$; $\dfrac{4a + 5}{17} = b$;

$a = \dfrac{17b - 5}{4} = 4b + \dfrac{b - 5}{4}$; $\dfrac{b - 5}{4} = c$; $b = 4c + 5$; $a =$

$17c + 20$; $x = 21c + 25$. On pourra donc prendre ici $c = 0$, ou $c = -1$.

VI. Trouver un nombre x, entier et positif, qui rende

$\dfrac{x - 8}{28}$, $\dfrac{x - 10}{19}$, $\dfrac{x - 7}{13}$ des nombres entiers et positifs.

Investigation. $\dfrac{x - 8}{28}$ donne $x = 28a + 8$, et par con-

séquent $\dfrac{x - 10}{19} = \dfrac{28a - 2}{19} = a + \dfrac{9a - 2}{19}$; donc $\dfrac{9a - 2}{19}$

$= b$, et $a = \dfrac{19b + 2}{9} = 2b + \dfrac{b + 2}{9}$; $\dfrac{b + 2}{9} = c$; $b = 9c -$

2, et $a = 19c - 4$. Donc $x = 532c - 104$ rendra $\dfrac{x - 8}{28}$

et $\dfrac{x - 10}{19}$ des nombres entiers et positifs.

On aura donc $\dfrac{x - 7}{13} = \dfrac{532c - 111}{13} = 40c + \dfrac{12c - 7}{13}$

$+ 8$; $\dfrac{12c - 7}{13} = d$; $c = \dfrac{13d + 7}{12} = d + \dfrac{d + 7}{12}$; $\dfrac{d + 7}{12} = e$;

$d = 12e - 7$; et par conséquent $c = 13e - 7$, et $x =$ $6916e - 3828$.

LIVRE XIII.

DÉFINITIONS.

I. Lorsqu'on représente une surface quelconque par le produit de la hauteur d'un parallélogramme, multipliée par sa base, on sous-entend toujours que ce parallélogramme est égal à la surface, et que l'unité à laquelle on rapporte le produit, est égale au carré de la ligne que l'on prend pour unité dans les facteurs.

II. Le parallélipipède dont les six faces sont autant de carrés, s'appelle *cube*.

III. On désigne un solide quelconque par le produit de la hauteur du parallélipipède qui lui est égal, multipliée par la base du même parallélipipède, et alors on rapporte le produit au cube de la ligne que l'on a prise pour unité dans les facteurs.

SUPPOSITION.

Toutes les fois que les circonstances le permettent, on place les grandeurs contraires à l'opposite les unes des autres, c'est-à-dire, dans des positions directement opposées entre elles.

AVERTISSEMENT.

Aq désigne le carré de la ligne A, et Ac le cube de la même ligne.

PROBLÊMES.

I. Les côtés et la base BC d'un triangle ABC étant donnés, calculer le point où la perpendiculaire baissée du sommet de l'angle opposé à BC, doit rencontrer ce même côté.

Soient AD la perpendiculaire, et a, b, c, les valeurs d'AB, BC, AC. Désignant par x le segment BD, on aura $ADq = a^2 - x^2$ [5. 15], et $ADq = c^2 - (b-x)^2$; d'où $a^2 - x^2 = c^2 - (b-x)^2$, et $a^2 = c^2 - b^2 + 2bx$, ce qui donne $x = \dfrac{a^2 + b^2 - c^2}{2b} = \tfrac{1}{2} b + \dfrac{a^2 - c^2}{2b} = \tfrac{1}{2} \left(b + \dfrac{(a+c)(a-c)}{b} \right)$.

Scholie. Lorsque l'angle ABC est obtus, on a $a^2 + b^2 < c^2$, ce qui est facile à déduire des liv. Ier. et V, et par conséquent la valeur de x négative; si ABC est aigu, on a $a^2 + b^2 > c^2$, et x positif. Et en effet, ces deux valeurs contraires de la ligne x répondent aux deux situations contraires où elle se trouve placée dans l'un et l'autre cas, ce qui est également facile à déduire du liv. Ier.

II. Trouver l'aire d'un triangle dont on donne les côtés.

Soient a, b, c, les côtés : il suit du problème précédent, qu'en prenant b pour base, on aura $a^2 - \left(\dfrac{a^2 + b^2 - c^2}{2b} \right)^2$ pour le carré de la hauteur; donc $\tfrac{1}{2} b \sqrt{\left(a^2 - \left(\dfrac{a^2 + b^2 - c^2}{2b} \right)^2 \right)}$ sera l'aire du triangle.

Corol. $\tfrac{1}{2} b \sqrt{\left(a^2 - \left(\dfrac{a^2 + b^2 - c^2}{2b} \right)^2 \right)} = \tfrac{1}{2} b \sqrt{\left(\left(a + \right.\right.}$

$$\left.\frac{a^2+b^2-c^2}{2b}\right)\left(a-\frac{a^2+b^2-c^2}{2b}\right)\right)=\tfrac{1}{2}b\sqrt{\left(\frac{a^2+2ab+b^2-c^2}{2b}\right.}$$

$$\times\frac{c^2-a^2+2ab-b^2}{2b}\right)=\tfrac{1}{2}b\sqrt{\left(\frac{(a+b)^2-c^2}{2b}\times\frac{c^2-(a-b)^2}{2b}\right)}$$

$$=\tfrac{1}{4}\sqrt{((a+b+c)(a+b-c)(a-b+c)(-a+b+c))}$$

$$=\tfrac{1}{4}\sqrt{((a+b+c)(a+b+c-2c)(a+b+c-2b)(a+b+c-2a))}.$$

III. Connoissant les côtés d'un parallélogramme et l'une des diagonales, trouver l'autre.

Soit ABCD un parallélogramme dont le côté $AB=a$, le côté $BC=b$, la diagonale $BD=c$, et la diagonale demandée $=x$. On aura, d'après le corol. précédent,

$$\tfrac{1}{4}\sqrt{((a+b+c)(a+b-c)(a-b+c)(-a+b+c))}=$$
$$\tfrac{1}{4}\sqrt{((a+\tfrac{1}{2}c+\tfrac{1}{2}x)(a+\tfrac{1}{2}c-\tfrac{1}{2}x)(a-\tfrac{1}{2}c+\tfrac{1}{2}x)(-a}$$
$$+\tfrac{1}{2}c+\tfrac{1}{2}x))+\tfrac{1}{4}\sqrt{((b+\tfrac{1}{2}c+\tfrac{1}{2}x)(b+\tfrac{1}{2}c-\tfrac{1}{2}x)(b-\tfrac{1}{2}c}$$
$$+\tfrac{1}{2}x)(-b+\tfrac{1}{2}c+\tfrac{1}{2}x)).$$

Désignant le premier membre de cette équation par $\tfrac{1}{4}\sqrt{D}$, et le second par $\tfrac{1}{4}\sqrt{Z}+\tfrac{1}{4}\sqrt{Y}$, on aura $\tfrac{1}{4}\sqrt{D}=\tfrac{1}{4}\sqrt{Z}+\tfrac{1}{4}\sqrt{Y}$; $D=Z+2\sqrt{(ZY)}+Y$; $D-Z-Y=2\sqrt{(ZY)}$; et $(D-Z-Y)^2=4(ZY)$, équation dégagée de radicaux; d'où l'on pourroit déduire la valeur de x, en substituant celles de D, Z, Y, et en effectuant les multiplications indiquées; mais le calcul en seroit long. Voici une investigation plus abrégée.

Menant AF perpendiculaire à BD, on aura $BF=\dfrac{a^2+c^2-b^2}{2c}$, et $BF=\dfrac{a^2+\tfrac{1}{4}c^2-\tfrac{1}{4}x^2}{c}$; d'où l'on tire $x=\pm\sqrt{(2a^2+2b^2-c^2)}$.

Autre investigation. $EF=\dfrac{\tfrac{1}{4}x^2+\tfrac{1}{4}c^2-a^2}{c}$, et $-EF=\dfrac{\tfrac{1}{4}x^2+\tfrac{1}{4}c^2-b^2}{c}$, donneront $\tfrac{1}{4}x^2+\tfrac{1}{4}c^2-a^2=-(\tfrac{1}{4}x^2$

$+ \frac{1}{4} c^2 - b^2$); d'où l'on tire $x = \pm \sqrt{(2a^2 + 2b^2 - c^2)}$, deux valeurs de x, quoique la diagonale représentée par x ne soit susceptible que d'une seule valeur.

IV. Inscrire un carré à un triangle donné, de sorte que la base de l'un fasse partie de celle de l'autre.

Soient ABC le triangle donné, et x la base du carré que l'on demande, représenté par DEFG. Désignant AB par a, BC par b, et CA par c, on aura $b : a : x : \mathrm{AD}$; $\mathrm{AD} = \dfrac{ax}{b}$, et $\mathrm{BE}q = \left(a - \dfrac{ax}{b}\right)^2 - x^2$. On trouvera de même $\mathrm{CF}q = \left(c - \dfrac{cx}{b}\right)^2 - x^2$. Donc $b - x = \sqrt{\left(\left(a - \dfrac{ax}{b}\right)^2 - x^2\right)} + \sqrt{\left(\left(c - \dfrac{cx}{b}\right)^2 - x^2\right)}$, équation qui pourroit donner la valeur de x; mais dont le calcul seroit long. Voici une investigation plus expéditive.

Soit $\mathrm{AH} = d$ et perpendiculaire à BC : on aura $b : x :: d : \mathrm{AI} = \dfrac{dx}{b}$; $d = \mathrm{AI} + \mathrm{IH} = \dfrac{dx}{b} + x$, et $x = \dfrac{bd}{b+d}$.

Construction. Menant $\mathrm{HL} = b$, $\mathrm{LM} = d$, et LI parallèle à AM, on aura $\mathrm{HI} = \dfrac{bd}{b+d} = x$.

V. Soit AB un arc de cercle, C le centre, BD une droite perpendiculaire au rayon AC, AED un demi-cercle, et F le centre : on demande le centre d'un cercle qui touche l'arc AB, la droite BD et l'arc AED ?

Désignant par G le centre du cercle, et supposant $\mathrm{AC} = a$, $\mathrm{AF} = b$, et $\mathrm{FH} = x$, menez CG, FG, et la droite GH, perpendiculaire à CA. On aura $\mathrm{EG} = \mathrm{DH} = b - x$, $\mathrm{CG} = a - \mathrm{EG} = a - b + x$, $\mathrm{GF} = b + \mathrm{GE} = 2b - x$, et $\mathrm{CH} = a - b - x$; et par conséquent $(a - b$

$$+x)^2 - (a-b-x)^2 = (2b-x)^2 - x^2, \text{ c'est-à-dire,}$$

$$4(a-b)x = 4b^2 - 4bx; \ ax = b^2, \text{ et } x = \frac{b^2}{a}.$$

Construction. Prolongez CA vers I jusqu'à ce que FI$=a$; élevez FL perpendiculaire à CA et$=b$; tirez IL, et menez LH perpendiculaire à IL : FH sera$=x$. Du centre C avec le rayon a—DH, et du centre F avec le rayon b+DH, décrivez deux cercles : le point G où ils se couperont sera le centre demandé.

VI. Par deux points donnés conduire un cercle qui touche une droite infinie, mais donnée de position.

Menez d'abord la droite AB qui ne soit point parallèle à CD, et prolongez AB jusqu'au point D de la droite CD. Désignant par C le point de contact entre CD et le cercle demandé, on aura CDq=AD$\times$DB, et par conséquent CD$=\pm\sqrt{(\text{AD}\times\text{DB})}$, deux valeurs de CD également utiles; car en plaçant $+\sqrt{(\text{AD}\times\text{DB})}$ d'un côté, et $-\sqrt{(\text{AD}\times\text{DB})}$ du côté opposé, on aura deux cercles qui satisferont également à la question.

Le cas où AB seroit parallèle à CD n'a pas besoin de calcul.

VII. Dans un cercle donné ABC, inscrire une droite donnée BD, moindre que le diamètre; mais de sorte que cette droite prolongée passe par un point donné E.

Menant par le centre du cercle et par le point E la droite EAC, qui rencontre la circonférence en deux points; et supposant EC$=a$, EA$=b$, BD$=c$, et EB$=x$, on aura $x(x+c)=ab$; $x^2+cx-ab=0$; et $x=-\frac{1}{2}c\pm\sqrt{(\frac{1}{4}c^2+ab)}$. Désignant ces deux valeurs par EB et ED, on voit qu'elles sont vraies par rapport à la quantité, et fausses eu égard aux signes; car elles ne sont pas en sens contraires, comme le calcul l'indique : pour être vraies à tous égards, on eût dû trouver $x = \sqrt{(\frac{1}{4}c^2 + ab)} \pm \frac{1}{2}c$.

Construction. Menez la tangente EF, et vous aurez $\mathrm{EF}q = ab$; elevez $\mathrm{GF} = \frac{1}{2}c$ et perpendiculaire à EF : menez EG qui sera $= \sqrt{(\frac{1}{4}c^2 + ab)}$; sur EG prolongée, prenez $\mathrm{GH} = \frac{1}{2}c$, et du côté opposé coupez $\mathrm{GI} = \mathrm{GH}$: les droites EH, EI, seront les deux valeurs de $x = \sqrt{(\frac{1}{4}c^2 + ab)} \pm \frac{1}{2}c$.

VIII. Trouver le côté BC d'un triangle rectangle en B, dont on connoît la base AB, et la somme des deux côtés.

Soient $\mathrm{AB} = a$, $\mathrm{AC} + \mathrm{BC} = b$, et $\mathrm{BC} = x$. On aura $a^2 + x^2 = (b - x)^2$ et $x = \dfrac{b^2 - a^2}{2b}$, expression toujours possible selon le calcul, quoique la solution du problême soit réellement impossible, lorsqu'on propose une valeur d'AB plus grande que celle d'AC + BC.

Scholie. Les deux problêmes précédents et le troisième, ainsi que plusieurs autres, font voir que la supposition de ce liv. XIII et celles du liv. VIII, peuvent induire à des solutions fautives : aussi ne doit-on donner pour infaillibles les solutions fondées sur ces hypothèses, qu'après s'en être assuré par des démonstrations rigoureuses, déduites de principes certains, et indépendantes de pareilles hypothèses.

IX. Avec quatre droites données construire un quadrilatère égal à une aire donnée.

Représentons le quadrilatère demandé par ABCD, l'aire par a, et supposons $\mathrm{AB} = b$, $\mathrm{BC} = c$, $\mathrm{CD} = d$, $\mathrm{DA} = e$, et la diagonale $\mathrm{AC} = x$. On aura $\frac{1}{2}\sqrt{((b + c + x)}$

$(b+c-x)(b-c+x)(-b+c+x)) + \frac{1}{4}\sqrt{((d+e+x)}$ $(d+e-x)(d-e+x)(-d+e+x)) = a$: mais la résolution de cette équation seroit pénible.

Autre investigation. Du point C tirez CE, CF, perpendiculaires aux côtés AB, AD, prolongés à volonté. Vous aurez $b \times$ CE $+ e \times$ CF $= 2a$. Prolongez CD vers G, en faisant CG : d :: e : b, ou CG $= \dfrac{de}{b}$, et par le point G menez GH $= b$ et parallèle à AD ; tirez CH, et prolongez CF jusqu'au point I de la droite GH prolongée à volonté. Vous aurez CI : CF :: e : b ; mais GH $= b$; donc le triangle CGH $=$ CAD, et les triangles ABC $+$ CGH $= a$, c'est-à-dire, $\frac{1}{2}b \times$ CE $+ \frac{1}{2}b \times$ CI $= a$; donc CE $+$ CI $= \dfrac{2a}{b}$. Prolongez CE vers L, jusqu'à ce que EL $= \dfrac{2a}{b}$, et achevez le triangle CLM, rectangle en L, et dont l'angle LCM $=$ DCF. Vous aurez CM $=$ CG $= \dfrac{de}{b}$, et LM $=$ GI. Soit LM ou GI $= z$. On aura DF : z :: CD : CG, et par conséquent DF : z :: b : e, d'où DF $= \dfrac{bz}{e}$. Et puisqu'ACq $= d^2 + e^2 + 2e \times$ DF $= d^2 + e^2 + 2bz = b^2 + c^2 +$ $2b \times$ BE, on aura $b^2 + c^2 + 2b \times$ BE $= d^2 + e^2 + 2bz$, et BE $= \dfrac{d^2 + e^2 - b^2 - c^2}{2b} + z$. Donc $\dfrac{d^2 + e^2 - b^2 - c^2}{2b}$ sera la différence entre BE et z, ou entre BE et LM. Prenant donc BN $= \dfrac{d^2 + e^2 - b^2 - c^2}{2b}$, et menant MN, LN sera un rectangle ; d'où l'on voit que pour déterminer le point C, il seroit inutile de calculer la valeur de z.

Construction. Sur AB prenez BN $= \dfrac{d^2 + e^2 - b^2 - c^2}{2b}$

en dehors, si cette valeur est positive, et du côté opposé

si elle est négative. Élevez $NM = \dfrac{2a}{b}$ et perpendiculaire

sur AN ; du centre M avec le rayon $\dfrac{de}{b}$, et du centre B

avec le rayon c, décrivez deux cercles qui se couperont
en C, et achevez le quadrilatère ABCD.

Corol. Les angles BCE, MCL, CBE, CML, valent
ensemble deux angles droits, [parce que les deux triangles BCE, CLM, sont rectangles en E et L] : mais les
angles BCE, MCL, BCM, font deux angles droits ; donc
l'angle $BCM = CBE + CML$: mais l'angle $CDF = CML$;
donc $BCM = CBE + CDF$. Or, $CBE + CDF = BAD +$
BCD ; donc $BCM = BAD + BCD$: mais la valeur de NM ,
et par conséquent celle d'ABCD, sont les plus grandes
lorsque BC et CM sont en ligne droite ; donc la valeur d'ABCD est la plus grande qu'il soit possible,
lorsque les deux angles BAD, BCD, font ensemble deux
angles droits, c'est-à-dire, lorsque le quadrilatère peut
être inscrit dans un cercle.

X. Construire $\dfrac{abc}{de}$.

Après avoir trouvé une droite $= \dfrac{ab}{d}$, c'est-à-dire, une

quatrième proportionnelle à d, b, a, cherchez une autre

ligne qui soit à $\dfrac{ab}{d}$ comme c est à e : cette ligne sera $=$

$\dfrac{ab}{d} \times \dfrac{c}{e}$.

XI. Construire $\dfrac{a^3}{b^2 + cd}$.

Faisant un parallélogramme $ex = b^2 + cd$, on cons-truira $\dfrac{a^3}{ex}$ qui sera $= \dfrac{a^3}{b^2 + cd}$.

XII. Construire $\dfrac{a^3 b}{c^3 + d^3}$.

Sur la base c on fera un parallélogramme $ce = d^2$, et on aura $c^3 + d^3 = c^3 + ced = c(c^2 + de)$. Faisant un parallélogramme $fg = c^2 + de$, on aura $cfg = c(c^2 + de) = c^3 + d^3$, et $\dfrac{a^3 b}{c^3 + d^3} = \dfrac{a^3 b}{cfg} = \dfrac{a^3}{cf} \times \dfrac{b}{g}$.

XIII. Construire $\dfrac{a^2}{bcd + e + f^4}$.

Puisque $\dfrac{a^2}{bcd + e + f^4}$ est $= \dfrac{a^2 \times 1 \times 1}{bcd \times 1 + e \times 1 \times 1 \times 1 + f^4}$
$= \dfrac{a^2 \times 1}{b \times \dfrac{cd}{1} + e \times 1 + f \times \dfrac{f^3}{1 \times 1}} = \dfrac{a^2}{\dfrac{bcd}{1 \times 1} + e + \dfrac{f^4}{1 \times 1 \times 1}}$, on

n'aura qu'à construire celle de ces expressions que l'on voudra.

XIV. Construire l'équation $x^3 + px = r$, c'est-à-dire, trouver la valeur de x, lorsqu'on connoît celles de p et r.

« Soit AK une droite quelconque, que l'on nommera n. Sur AK prolongée de part et d'autre, prenez $KB = \dfrac{p}{n}$ vers A, si p est positif, et en sens contraire, si p est négatif; coupez AB en deux parties égales en C, et du centre K avec le rayon KC décrivez le cercle CX; inscrivez dans ce cercle la droite $CX = \dfrac{r}{n^2}$; prolongez CX de part et d'autre, et tirez AX; prolongez de même AX; entre CX et AX inscrivez EY = CA, de sorte que EY prolongée passe par le point K : on aura $x = XY$.

Pour démontrer cette construction, nous établirons d'abord les trois lemmes suivants.

Lem. 1. $YX : AK :: CX : KE.$

Car menant KF parallèle à CX, les triangles semblables ACX, AKF, et EYX, EKF, donneront $AC : AK :: CX : KF$, et $YX : YE :: KF : KE$, c'est-à-dire, $YX : AC :: KF : KE$; donc $AC \times KF = AK \times CX = YX \times EK$; donc $YX : AK :: CX : KE.$

2. $YX : AK :: CY : AK + KE.$

De ce que $YX : AK :: CX : KE$, il s'ensuit $YX : AK :: YX + CX : AK + KE$, c'est-à-dire, $YX : AK :: CY : AK + KE.$

5. $KE - KB : YX :: YX : AK.$

K étant le centre du cercle CX, la perpendiculaire sur CY, menée par le point K coupera CX en deux parties égales, et par conséquent $\frac{1}{2} CX \times 2CY = CKq + CYq - KYq$; donc $YKq - CKq = CYq - CY \times CX = CY \times YX$; ce qui donne $CY : YK - CK :: YK + CK : YX$; mais $YK - CK = YK - YE + CA - CK = KE - BK$, et $YK + CK = YK - YE + CA + CK = EK + AK$; donc $CY : KE - BK :: KE + AK : YX$, et par conséquent $CY : KE + AK :: KE - BK : YX$; mais le lemme 2 donne $CY : KE + AK :: YX : AK$; donc $KE - BK : YX :: YX : AK.$

Démonstration de la construction. Le lemme 5 donne $KE - BK : YX :: YX : AK$, d'où $KE \times YX - BK \times YX : YXq :: YX : AK$; mais le lemme 1 donne $KE \times YX = AK \times CX$; donc $AK \times CX - BK \times YX : YXq :: YX : AK$, et par conséquent $AKq \times CX - AK \times BK \times YX = YXc.$

Substituant x, n, $\frac{p}{n}$, $\frac{r}{n^2}$, à la place de YX, AK, BK, CX, dans cette dernière équation, on aura $r - px = x^3$, ou $x^3 + px = r$ ».

LIVRE XIV.

DÉFINITIONS.

I. Lorsqu'on rapporte une ligne quelconque, située sur un plan, aux côtés d'un angle rectiligne tracé à volonté sur le même plan, et qu'on donne le nom de *base* à l'un des côtés de cet angle, on appelle *ordonnée* de la ligne dont on parle, toute droite parallèle à l'autre côté, comprise entre la base et le sommet du même angle. En pareils cas, la portion de la base comprise entre l'ordonnée et le sommet, se nomme *abscisse;* l'abscisse et l'ordonnée sont deux *coordonnées;* le sommet s'appelle *l'origine* des abscisses; et l'équation qui détermine l'une des coordonnées, lorsqu'on donne la valeur de l'autre, est *l'équation* de la ligne proposée.

II. Si l'origine des abscisses est un point commun à la ligne proposée, on la nomme *sommet* de la base et de la ligne proposée.

III. On donne le nom d'*axe* à toute base perpendiculaire aux ordonnées.

IV. Soient x, y, les coordonnées; $\alpha, \beta, \gamma, \delta$, etc., des nombres quelconques positifs ou négatifs, ou des zéros; et

$$0 = \alpha + \beta x + \delta x^2 + \eta x^3 + \text{etc.}$$
$$+ \gamma y + \varepsilon xy + \theta x^2 y + \text{etc.}$$
$$+ \zeta y^2 + \iota xy^2 + \text{etc.}$$
$$+ \varkappa y^3 + \text{etc.}$$
$$+ \text{etc.}$$

l'équation d'une ligne proposée. Si le nombre de termes en est fini, la ligne sera *algébrique*, et du *premier ordre*, ou du *second*, ou du *troisième*, etc., selon que le nombre de facteurs x ou y, ou x et y, sera 1, ou 2, ou 3, etc., dans le terme où il y aura un plus grand nombre de ces facteurs.

V. Le solide terminé par une figure plane proposée, et par la surface qu'une droite infinie décriroit, en parcourant de l'un de ses points le périmètre de la figure proposée, et en passant toujours par un point donné hors du plan de cette figure, s'appelle *pyramide*. La figure et le point donné sont la *base* et le *sommet* de la pyramide.

VI. Si la base est un cercle, la pyramide prend le nom de *cône*; et si un plan coupe la surface du cône sans passer par son sommet, la ligne d'intersection qui en résulte s'appelle *section conique*.

VII. La section conique qui renferme un espace quelconque sans être cercle, s'appelle *ellipse*; celle qui a quatre branches infinies, s'appelle *hyperbole*, et celle qui n'en a que deux, *parabole*.

VIII. La ligne droite, qui divise également toutes les cordes parallèles à une même corde, se nomme *diamètre*.

IX. Et si en outre elle les coupe perpendiculairement, on la nomme *axe principal*; et pour lors le sommet de la ligne prend aussi le nom de *sommet principal*.

X. Lorsque deux abscisses, coupées sur un même diamètre, sont égales et contraires, et répondent à quatre ordonnées égales, deux d'un côté, et deux de l'autre du même diamètre, l'origine de ces abscisses s'appelle *centre* du diamètre.

XI. Les diamètres, dont l'un divise également toute corde parallèle à l'autre, sont deux diamètres *conjugués*.

XII. Le point où tous les diamètres se coupent réciproquement, s'appelle *centre* de la ligne.

PROBLÊMES.

I. **Trouver l'équation de la ligne droite.**

Soit AB la droite proposée. Marquez-y deux points A, B, à volonté, et de ces deux points baissez les perpendiculaires AC, BD, sur une droite quelconque CD. Supposez $AC = a$, $BD = b$, $CD = c$, CE abscisse quelconque $= x$, l'ordonnée $EF = y$, et vous aurez $c : b - a :: x : y - a$; d'où $cy - ac = (b - a)x$, et $o = ac + (b - a)x - cy$.

Scholies. 1. Si CD étoit parallèle à AB, on auroit $o = ac - cy$, et $y = a$.

2. On démontrera facilement que la ligne du premier ordre est une ligne droite, tout comme l'on vient de démontrer que la ligne droite est une ligne du premier ordre.

3. On donne le nom de *courbe* à toute ligne qui n'est point droite; et c'est pour cela que les géomètres appellent les lignes du second ordre, *courbes du premier genre*; les lignes du troisième ordre, *courbes du second genre*, et ainsi de suite.

II. **Trouver l'équation de la section conique.**

Soient D le sommet de la section conique ABC, faite

par un plan non parallèle à la base du cône ; AECF une seconde section parallèle à la même base ; et AC l'intersection des plans ABC, AECF : que l'on mène la droite EF perpendiculaire sur le milieu d'AC, et les droites DE, DF, BG, étant l'intersection des plans ABC, EDF, on démontrera facilement qu'AECF est un cercle ; que EGF en est le diamètre ; que le plan EDF passe par le centre de toute autre section circulaire parallèle à AECF, et que par conséquent ce plan divise également toutes les cordes parallèles à la corde AC. Désignons l'abscisse x par BG ; l'ordonnée y par AG, et BD par a. Puisque les angles des triangles BFG, DEF, sont donnés, les rapports de leurs côtés seront connus, et on aura $GF = mx$, $BF = nx$, $EF = p \times DF = p(a + nx) = pa + npx$, et par conséquent $EG = pa + npx - mx$: mais $AG y = EG \times GF$; donc $y^2 = mx(pa + npx - mx)$, ou $o = mpax + m(np - m)x^2 - y^2$.

Corol. 1. Toute ligne dont l'équation est de la forme $o = \varepsilon x + \delta x^2 + \zeta y^2$, sera une section conique, que l'on pourra construire dans le cône, en transformant cette équation en $o = -\dfrac{\varepsilon}{\zeta}x - \dfrac{\delta}{\zeta}x^2 - y^2$, et en la comparant ainsi à l'équation $o = mpax + m(np - m)x^2 - y^2$, ce qui donnera $p = \dfrac{m^2\zeta - \delta}{mn\zeta}$, et $a = \dfrac{n\varepsilon}{\delta - m^2\zeta}$. Faisant donc l'angle AGF droit, et prenant l'angle AGB des coordonnées dans un plan différent d'AGF, coupez GB, GF, par une droite DF, et supposez $\dfrac{GF}{GB} = m$, et $\dfrac{BF}{BG} = n$; prenez $BD = \dfrac{n\varepsilon}{\delta - m^2\zeta}$: le point D sera le sommet du cône. Prenez encore $FGE = \dfrac{m^2\zeta - \delta}{mn\zeta} \times DF$: la droite FGE sera le diamètre d'un cercle dont le plan doit être, ou parallèle à la base, ou base du cône. Cela posé, si l'angle GBF rend $\delta - m^2\zeta = 0$, il faudra en construire un autre, et la nouvelle valeur de m, qui en viendra, satisfera à la question.

2. Toute ligne du second ordre est une section conique.

Pour le démontrer, soit ABC un arc proposé d'une ligne du second ordre ; menez les cordes parallèles AC, BD, dont l'une par les extrémités de l'arc, et l'autre dans l'intérieur du segment ; divisez-les également en E, F, par la droite EFG. Soit G le point où cette ligne rencontre l'arc. Prenant GEA pour angle des coordonnées, GE pour base, et G pour sommet, l'équation générale aux lignes du second ordre, devra donner pour l'ordonnée AE deux valeurs égales et contraires, correspondantes à l'abscisse GE, et autant de valeurs égales et contraires pour FB, correspondantes à l'abscisse GF : mais GE, GF, sont deux abscisses quelconques ; donc l'expression de y, déduite de l'equation générale, devra donner pour y deux valeurs égales et contraires, quelle que soit l'abscisse x, depuis o jusqu'à GE. Or l'équation générale du second ordre, $o = \alpha + 6x + \gamma y + \delta x^2 + \varepsilon xy + \zeta y^2$, donne $y = \dfrac{-\gamma - \varepsilon x}{2\zeta} \pm \dfrac{1}{2\zeta}$
$\sqrt{(\gamma^2 - 4\alpha\zeta + 2(\gamma\varepsilon - 26\zeta)x + (\varepsilon^2 - 4\delta\zeta)x^2)}$; donc
$\dfrac{-\gamma - \varepsilon x}{2\zeta} = 0$; car autrement les deux valeurs de y ne seroient pas égales et contraires. Mais on peut satisfaire à la condition $\dfrac{-\gamma - \varepsilon x}{2\zeta} = 0$, soit en supposant $x = \dfrac{-\gamma}{\varepsilon}$,

soit en mettant o à la place de γ et de ε; et la supposition de $x = \dfrac{-\gamma}{\varepsilon}$ est impossible, puisqu'il n'y auroit
alors qu'une seule abscisse $\dfrac{-\gamma}{\varepsilon}$, susceptible de deux
ordonnées égales et contraires; donc $\gamma = 0$, et $\varepsilon = 0$,
ce qui réduit l'équation générale à la forme $0 = \alpha + \varepsilon x$
$+ \delta x^2 + \zeta y^2$: mais $x = 0$ rend $y = 0$ [const.]; donc α
$= 0$, et par conséquent l'équation de l'arc ABC sera 0
$= \varepsilon x + \delta x^2 + \zeta y^2$; ce qui prouve qu'ABC est une section conique [14. 2. corol. 2].

5. Toute droite qui divise également deux cordes parallèles est un diamètre.

On démontrera ce corollaire comme le précédent,
mais sans supposer qu'AB, CD, soient deux parties
d'un même arc, ni que la base rencontre la courbe.
Cette remarque est d'autant plus nécessaire, que l'hyperbole a des diamètres qui ne sauroient la rencontrer.

4. L'expression $y = \dfrac{-\gamma - \varepsilon x}{2\zeta} \pm \dfrac{1}{2\zeta} \sqrt{(\gamma^2 - 4\alpha\zeta +}$
$2(\varepsilon\gamma - 2\delta\zeta)x + (\varepsilon^2 - 4\delta\zeta)x^2$, fait voir que la courbe est
une parabole, lorsque $\varepsilon^2 - 4\delta\zeta = 0$; hyperbole, lorsque
$\varepsilon^2 - 4\delta\zeta$ est positif; et ellipse ou cercle, lorsque $\varepsilon^2 -$
$4\delta\zeta$ est négatif.

Soient d'abord $\varepsilon^2 - 4\delta\zeta$, A, B et C, des nombres po-
sitifs. Supposant $\pm'A = \gamma^2 - 4\alpha\zeta$, $\pm''B = 2(\gamma\varepsilon - 2\delta\zeta)$,
et $+ C = \varepsilon^2 - 4\delta\zeta$, on réduira l'expression de y à $y =$
$\dfrac{-\gamma - \varepsilon x}{2\zeta} \pm \dfrac{1}{2\zeta} \sqrt{(\pm'A \pm''Bx + Cx^2)}$, et il n'y aura point
de valeur de x, $> \dfrac{A}{C} + \dfrac{B}{C}$, et > 1, et par conséquent $>$
$\dfrac{A}{Cx} + \dfrac{B}{C}$, qui ne rende $Cx^2 > A + Bx$, et $Cx^2 > \pm'A \pm''$

Bx : mais quel que soit x, positif ou négatif, Cx^2 est toujours positif; donc $\pm'A\pm''Bx+Cx^2$ sera toujours positif, quelle que soit la valeur de x. Or, chaque valeur de x qui rend $\pm'A\pm''Bx+Cx^2$ positif, donne deux valeurs réelles de y; donc la courbe aura deux branches infinies du côté de x positif, et deux autres du côté de x négatif.

Lorsque $\varepsilon^2-4\delta\zeta=C$ devient $=0$, on trouve $y=$

$$\frac{-\gamma-\varepsilon x}{2\zeta} \pm \frac{1}{2\zeta}\sqrt{(\pm'A\pm''Bx)},$$

et il n'y aura point de valeur positive de $x > \dfrac{A}{B}$ qui ne rende $\pm'A+Bx$ positif, ni de valeur négative de $x > \dfrac{A}{B}$, qui ne rende $\pm'A-Bx$ positif. La courbe aura donc deux branches infinies : mais elle n'en aura que deux; car x positif et $> \dfrac{A}{B}$ rend $\pm'A-Bx$ négatif; et x négatif et $> \dfrac{A}{B}$ rend $\pm'A+Bx$ négatif.

Soit $\varepsilon^2-4\delta\zeta$ négatif, et A, B, C, des nombres positifs, et supposons $\pm'A=\gamma^2-4\alpha\zeta$, $\pm''B=2(\gamma\varepsilon-2\delta\zeta)$ et $-C=\varepsilon^2-4\delta\zeta$: il n'y aura point de valeur de x, >1 et $> \dfrac{A+B}{C}$ qui ne rende $Cx^2>A+Bx$, et par conséquent $\pm'A\pm''Bx-Cx^2$ négatif; donc $y\left[=\dfrac{-\gamma-\varepsilon x}{2\zeta} \pm \dfrac{1}{2\zeta}\sqrt{(\pm'A\pm''Bx-Cx^2)}\right]$ sera imaginaire, quelle que soit la valeur de x positive ou négative; car $-Cx^2$ demeurera toujours négatif. Donc la courbe ne sauroit avoir ici des branches infinies, et par conséquent elle sera un cercle ou une ellipse, puisqu'il suit de la formation même des sections coniques sur la surface du cône, que toute section qui n'est pas infinie, entoure nécessairement un espace, et devient par cela même un cercle ou une ellipse.

5. L'équation $o = \alpha + \beta x + \gamma y + \delta x^2 + xy$ appartient à l'hyperbole.

Car désignant par x, y, les coordonnées AB, BC, si l'on change d'angle, en désignant par z, u, les nouvelles coordonnées CD, AD, et en faisant $\dfrac{BD}{CD} = m$, et $\dfrac{BC}{CD} = n$, on aura $x = u - mz$, et $y = nz$. Substituant ces valeurs de x, y, dans l'équation proposée, il viendra $o = \alpha + \beta u + (\gamma n - \beta m) z + \delta u^2 + (n - 2\delta m) uz + (\delta m - n) m z^2$: mais $(n - 2\delta m)^2 - 4\delta (\delta m - n) m = n^2$, ne peut être que positif; donc la courbe sera une hyperbole [corol. 4].

6. L'équation $o = \alpha + \beta x + \gamma y + x^2$ appartient à la parabole.

Car substituant $u - mz$ au lieu de x, et nz au lieu de y, on a $o = \alpha + \beta u + (\gamma n - \beta m) z + u^2 - 2muz + m^2 z^2$ équation à la parabole, puisque $(- 2m)^2 - 4 \times 1 \times m^2 = o$.

7. Si l'on prend sur le même diamètre, sans rien changer à l'ordonnée, une nouvelle origine des abscisses, et si l'on substitue u à la place de $x + \dfrac{\beta}{2\delta}$ et $u - \dfrac{\beta}{2\delta}$ à la place de x, l'équation $o = \alpha + \beta x + \delta x^2 + y^2$, qui n'appartient qu'à l'ellipse ou à l'hyperbole, et qui indique que la base divise également les cordes parallèles, viendra de la forme $o = \alpha - \dfrac{\beta^2}{2\delta} + \dfrac{\beta^2}{4\delta^2} + \delta u^2 + y^2$;

d'où il résulte qu'à deux valeurs de u, égales et contraires, répondent quatre valeurs de y, égales et contraires; deux de l'un des côtés du diamètre, et deux de l'autre. Il y a donc un centre dans tout diamètre de l'ellipse ou de l'hyperbole [14. déf. 10], et ce centre est l'origine des abscisses d'une équation de la forme $0 = \alpha + \delta x^2 + y^2$.

8. Soient AB un diamètre quelconque de l'ellipse ou de l'hyperbole, $0 = \alpha + \delta x^2 + y^2$ l'équation, $AB = x$, $BC = y$, et supposons qu'AB n'en soit pas un axe. Prenez $AD = 1$, et élevez DE perpendiculaire sur AD; tirez la droite AEF; du point C tirez CF perpendiculaire à AF, et CG perpendiculaire à ABG; et supposez $CG = \dfrac{y}{m}$, $BG = \dfrac{ny}{m}$, $AE = s$, $DE = t$, $AF = u$, et $CF = z$; les triangles semblables ADE, AGH, CFH, donneront $CH = sz$, $FH = tz$, et par conséquent $AH = u - tz$, $AG = \dfrac{u}{s} - \dfrac{tz}{s}$, $GH = \dfrac{tu}{s} - \dfrac{t^2 z}{s}$; donc $CG = \dfrac{tu}{s} - \dfrac{t^2 z}{s} + sz = \dfrac{tu}{s} + \dfrac{(s^2 - t^2)z}{s} = \dfrac{tu}{s} + \dfrac{z}{s}$, et par conséquent $y = \dfrac{mtu}{s} + \dfrac{mz}{s}$, et $BG = \dfrac{ntu}{s} + \dfrac{nz}{s}$; donc $x = \dfrac{u}{s} - \dfrac{tz}{s} - \dfrac{ntu}{s} - \dfrac{nz}{s} = \dfrac{1 - nt}{s} u - \dfrac{n + t}{s} z$. Substituant ces valeurs de x et y dans l'équation proposée, on aura $0 = \alpha + \dfrac{1}{s^2}(\delta - 2n\delta t + n^2\delta t^2 + m^2 t^2) u^2 - \dfrac{2}{s^2}(n\delta + \delta t - n^2\delta t - n\delta t^2 - m^2 t) uz + \dfrac{1}{s^2}(n^2\delta + 2n\delta t + \delta t^2 + m^2) z^2$. Supposons DE terminée de telle manière que t rende $n\delta + \delta t - n^2\delta t - n\delta t^2 - m^2 t = 0$, et divisons par $\dfrac{1}{s^2}(n^2\delta + 2n\delta t + \delta t^2 + m^2)$ l'équation précédente; elle reviendra à la forme $0 = \alpha + \delta x^2$

$+y^2$: donc AF sera un diamètre, et par conséquent un premier axe, comme étant perpendiculaire à l'ordonnée CF. La détermination de t sera toujours possible, parce que $n\delta + \delta t - n^2\delta t - n\delta t^2 - m^2 t = 0$, donne

$$t = \frac{\delta - n^2\delta - m^2}{2n\delta} \pm \sqrt{\left(\left(\frac{\delta - n^2\delta - m^2}{2n\delta}\right)^2 + 1\right)},$$

valeurs toujours réelles. Désignons l'une de ces valeurs par DE, et l'autre par DI ; le produit de ces deux valeurs sera -1 ; faisant donc abstraction du signe $-$, on aura DE : DA :: DA : DI ; mais les angles en D sont droits ; donc ADE, ADI, seront des triangles semblables, et par conséquent l'angle DAI $=$ AED, et l'angle EAI droit ; donc le centre d'un diamètre quelconque de l'ellipse ou de l'hyperbole, est aussi le centre de deux axes principaux qui s'y croisent perpendiculairement.

9. L'équation $0 = \alpha + x^2 + y^2$ appartient évidemment au cercle, toutes les fois qu'on suppose α négatif, l'angle des coordonnées droit, et $\sqrt{-\alpha}$ le demi-diamètre.

10. L'angle des coordonnées étant droit, l'équation $0 = \alpha + \beta x + \gamma y + x^2 + y^2$ appartient au cercle ; car faisant $x = u - \frac{1}{2}\beta$, et $y = z - \frac{1}{2}\gamma$, ce qui n'altère en rien l'angle des coordonnées, l'équation se réduit à $0 = A + x^2 + y^2$.

11. Soit AB une abscisse u coupée sur un diamètre, et BC la moitié z de l'une des cordes divisées également par l'abscisse AB. L'équation entre u et z sera $0 = A + Bu + Du^2 + Fz^2$. Que l'on change d'ordonnée, en posant CD $= y$, l'abscisse AD $= x$, $z = my$, BD $= ny$, et par conséquent $u = x - ny$: on aura $0 = A + Bx - nBy + Dx^2 - 2nDxy + (n^2D + m^2F)y^2$ équation aux nouvelles coordonnées.

Comparant celle-ci à l'équation générale $0 = \alpha + \beta x +$

$\gamma y + \delta x^2 + \varepsilon xy + \zeta y^2$, on verra facilement à quelles conditions la base de celle-ci sera un diamètre. Voici ces conditions : Si le terme γy manque dans l'équation, il faut que le terme δx y manque aussi, pour que la base en soit un diamètre ; si δx existe, et γy manque, εxy doit manquer aussi ; si les termes δx et γy existent tous les deux, il faudra que ε soit $= \dfrac{2\gamma\delta}{\delta}$; et si δx^2 manque, εxy manquera aussi. Pour que δx disparoisse, il faut qu'il n'y ait point de Bu dans l'équation $o = A + Bu + Du^2 + Fz^2$; ce qui ne peut arriver que lorsque le centre de la base devient l'origine des abscisses.

12. Les droites qui passent par le centre d'un diamètre de l'ellipse ou de l'hyperbole, sont elles-mêmes des diamètres ; mais il faut en excepter deux dans l'hyperbole, qui ne sauroient la rencontrer à quelque distance qu'on les prolonge, et sur lesquelles il est toujours possible de baisser de quelque point de la courbe une perpendiculaire plus petite qu'aucune droite proposée.

En effet, soient A le centre d'un diamètre de l'ellipse ou de l'hyperbole ; AB un axe principal ; BAC un angle quelconque différent d'un angle droit ; DB une ordonnée quelconque perpendiculaire à AB ; DC perpendiculaire à AC ; AB $= x$; BD $= y$; AC $= u$; CD $= z$; AF $= 1$; FG $= t$, et perpendiculaire sur AB ; AG $= s$: on aura

$$DE = sz \; ; \; CE = tz \; ; \; u - tz = AE = sx \; ; \; x = \frac{1}{s} u - \frac{t}{s} z \; ;$$

$$BE = tx = \frac{t}{s} u - \frac{t^2}{s} z \; ; \; y = \frac{t}{s} u - \frac{t^2}{s} z + sz = \frac{t}{s} u + \frac{1}{s} z$$

[parce que $s^2 - t^2 = 1$]. Soit $o = A + Dx^2 + y^2$ l'équation entre les coordonnées AB, BD. Substituant à la place de x et y leurs valeurs trouvées, on aura $0 = A$ $(t^2 + 1) + (D + t^2) u^2 - 2 (D - 1) tuz + (Dt^2 + 1) z^2$ pour l'équation entre les coordonnées AC, CD; d'où l'on voit que la base AC est toujours un diamètre, excepté dans le seul cas où $D + t^2 = 0$: mais cette condition, par cela même, que t^2 est toujours positif, ne peut avoir lieu que lorsque D est négatif; et D ne peut devenir négatif, que lorsque la courbe est une hyperbole, ce qui est facile à déduire du corollaire 4 ; on ne pourra donc tirer par le centre du diamètre de l'hyperbole, que deux droites, qui ne seront pas des diamètres; et les positions de ces deux droites se trouveront déterminées par les deux valeurs de t $[t = \pm \sqrt{-D}]$, déduites de la condition $D + t^2 = 0$.

Puisque $D = -t^2$ réduit l'équation ci-dessus à $0 = A$ $(t^2 + 1) - 2 (D - 1) tuz + (Dt^2 + 1) z^2$, appartenant à la base qui n'est pas un diamètre, on aura dans ce cas $z =$
$$\frac{D - 1}{Dt^2 + 1} tu \pm \sqrt{\frac{(D - 1)^2 t^2 u^2 - (Dt^2 + 1) A (t^2 + 1)}{(Dt^2 + 1)^2}}, \text{ et } u$$
$$= \frac{A (t^2 + 1) + (Dt^2 + 1) z^2}{2 (D - 1) tz};$$
d'où il s'ensuit que l'ordonnée z ne cessera d'être possible que lorsque $(Dt^2 + 1) A$ $(t^2 + 1)$ étant positif, on prendra $u < \dfrac{\sqrt{((Dt^2 + 1) A (t^2 + 1))}}{(D - 1) t}$,

et qu'il n'y a point de valeur de z qui ne soit une ordonnée. Quand on a $Dt^2 = -1$, l'équation devient $0 = A$ $(t^2 + 1) - 2 (D - 1) tuz$; d'où l'on voit que dans cette hypothèse, il n'y a point de valeur de u à laquelle ne réponde une ordonnée, ni de valeur de z qui ne soit une ordonnée.

Scholie. Les deux droites qui se rapprochent de la

courbe sans l'atteindre, s'appellent, par cela même,
des *asymptotes*.

15. Le centre d'un diamètre quelconque de l'ellipse
ou de l'hyperbole est le centre de tous les diamètres,
et par conséquent celui de la courbe.

Soient, s'il est possible, A et B les centres de deux diamètres. La droite AB, menée par ces deux points, sera un
diamètre ou une asymptote. Soient d'abord AB un diamètre et CD la moitié de l'une des cordes parallèles, qu'AB
doit diviser en deux également. Prenez AE$=$AD, BF
$=$BD, et menez EG ainsi que FH parallèles et égales
à CD; il suit du corol. 8, que les droites EG, FH, sont
les moitiés de deux cordes parallèles à CD. Supposons
AD$=x$, CD$=y$, et $0=\alpha+\delta x^2+y^2$ l'équation. Par la
construction, on doit avoir des valeurs égales de y correspondantes à des valeurs inégales de x, ce qui est
contraire à l'équation ; donc AB n'est pas un diamètre.
Supposons AB une asymptote, et soit I un point de la
courbe. Menez IL perpendiculaire à AB, et prenez AM
$=$AL ; menez MN perpendiculaire à AB, et $=$IL ; le
point N appartiendra à la courbe, ce qui est facile à
déduire de l'équation $u=\dfrac{A(t^2+1)+(Dt^2+1)z^2}{2(D-)tz}$, trouvée dans le corollaire précédent. Coupant BO$=$BL, et
menant OP$=$IL et perpendiculaire à AB, on démontrera de même, contre la même équation, que le point P
appartient à la courbe, et que des abscisses inégales
correspondront à des ordonnées égales. Il est donc impossible que deux points A, B, soient à la fois l'origine d'une équation de la forme $0=\alpha+\delta x^2+y^2$; d'où
il s'ensuit que deux diamètres de l'ellipse ou de l'hy-

perbole ne peuvent avoir qu'un seul et même centre.

14. Le calcul du corol. 12 s'applique au cercle, en faisant $D = 1$, ce qui détruit le terme $-2(D-1)tzu$ de l'équation relative à la base AC, et fait voir que toute droite qui passe par le centre du cercle, est un axe principal. On ne sauroit donc avoir $D = 1$, ni par conséquent $-2(D-1)tuz = 0$, lorsque la courbe est une ellipse ou une hyperbole; ce qui prouve que chacune de ces deux courbes n'est susceptible que de deux axes principaux.

III. Cinq points d'une section conique étant donnés, déterminer la courbe.

Soient A, B, C, D, E, ces points. S'il y en avoit trois en ligne droite, la question seroit impossible; il faudroit alors que l'expression de l'ordonnée fût susceptible de trois valeurs, tandis qu'elle n'en admet que deux. On pourra donc supposer que les deux droites AD, BE, menées par deux de ces quatre points, se rencontreront en F, et conduire par le cinquième C la droite CG parallèle à BE, qui rencontrera AD dans un point G. Soit A l'origine des abscisses, AD la base, et AFB l'angle des coordonnées. L'équation de la courbe sera $o = x + \gamma y + \delta x^2 + \varepsilon xy + \zeta y^2$; car l'origine A de x et y étant la même, on doit avoir $y = o$, lorsqu'on suppose $x = o$; ce qui ne peut avoir lieu que lorsque le terme α manque. Soit $AF = a$, $BF = b$, $AG = c$, $CG = d$, $AD = e$, $EF = f$. Supposant $x = e$, et $y = o$, il viendra $o = e + \delta e^2$, et par conséquent $\delta = \dfrac{-1}{e}$: donc $o = x + \gamma y - \dfrac{1}{e}x^2 + \varepsilon xy + \zeta y^2$. Substituant, dans cette expression, c au lieu de x, et d au lieu de y, on trouve $o = c + \gamma d -$

$\frac{c^2}{e}+\varepsilon cd+\zeta d^2$; substituant a au lieu de x, et b au lieu

de y, on trouve $0=a+\gamma b-\frac{a^2}{e}+\varepsilon ab+\zeta b^2$; et substi-

tuant a à x et $-f$ à y [on écrit $-f$, parce que la direction de cette ligne par rapport à la base, est con-
traire à celle de b], il vient $0=a-\gamma f-\frac{a^2}{e}-\varepsilon af+\zeta f^2$.

Moyennant ces trois équations, on trouvera les coeffi-
cients γ, ε, ζ, suivant la méthode prescrite à la fin du
liv. X, et la courbe se trouvera déterminée.

Scholies. 1. Mettant e au lieu de x, et $-\frac{1}{e}$ au lieu de

δ, on aura $0=e+\gamma y-e+\varepsilon ey+\zeta y^2$, et $y=\frac{-\gamma-\varepsilon e}{\zeta}$,

valeur de la seule ordonnée qui corresponde à l'abs-

cisse e, l'autre étant nulle. Si l'on prend $DH=\frac{-\gamma-\varepsilon e}{\zeta}$

et parallèle à BE, le point H sera un autre point de la
courbe ; et divisant DH et BE en deux parties égales
en I et L, la droite LI, qui joint I, L, sera un diamètre.

2. L'équation $y=\frac{-\gamma-\varepsilon x}{2\zeta}\pm\frac{1}{2\zeta}\sqrt{((\varepsilon^2-4\delta\zeta)x^2+2}$

$(\gamma\varepsilon-2\zeta)x+\gamma^2)$, fait voir que $\frac{1}{\zeta}\sqrt{((\varepsilon^2-4\delta\zeta)x^2+2}$

$(\gamma\varepsilon-2\zeta)x+\gamma^2)$, expression de la différence entre les
deux ordonnées qui correspondent à une même abscisse
x, est la valeur de la corde terminée à leurs extrémi-
tés : on aura donc $\frac{1}{\zeta}\sqrt{((\varepsilon^2-4\delta\zeta)x^2+2(\gamma\varepsilon-2\zeta)x+}$

$\gamma^2)=b-(-f)=b+f=$ BE, et par conséquent $x=$

$$\frac{2\gamma\varepsilon - \delta}{\varepsilon - \delta} \pm \sqrt{\left(\frac{2\gamma\varepsilon - \delta}{\varepsilon^2 - \delta^2}\right)^2 + \frac{\delta + \delta - \gamma}{\varepsilon^2 - \delta^2}}.$$ Puisque

l'une de ces valeurs de x doit être nulle, coupez AM égale à l'autre, et tirez MN parallèle à BE. La droite MN rencontrera le diamètre LI dans un point O, et c'est sur MN que doit être située une corde égale à LE; donc le point P, milieu de LO, sera le centre de la courbe.

5. Si l'on tire par le point P la droite QR parallèle à BE, les droites LO, QR, seront deux diamètres conjugués; car prenant $ON = OS = LE$, on aura deux points N, S, qui appartiendront à la courbe; et joignant BN, ES, le parallélogramme BNSE sera partagé par les droites LO, QR, en quatre parallélogrammes semblables et égaux; d'où il suit que chacun des diamètres LO, QR, divise également toute corde parallèle à l'autre.

4. Soient LO la base, P l'origine des abscisses, et BLP l'angle des coordonnées, et supposons $o = A + Dx^2 + y^2$; $g = PI$; $h = HI$; $i = PO$; et $l = NO$: on aura $o = A + Dg^2 + h^2$, et $o = A + Di^2 + l^2$; d'où $D = \dfrac{h^2 - l^2}{i^2 - g^2}$, et $A = \dfrac{h^2 i^2 - g^2 l^2}{g^2 - i^2}$. Les coefficients D, A, une fois trouvés, on déterminera facilement les sommets des diamètres conjugués, en faisant successivement $x = o$, et $y = o$; car $y = o$ donne $x = \pm \sqrt{-\dfrac{A}{D}}$, et $x = o$, donne $y = \pm \sqrt{-A}$; prenant donc $PT = PV = \sqrt{-\dfrac{A}{D}}$, les points T, V, seront les sommets du diamètre VPT; et prenant $PQ = PR = \sqrt{-A}$, les points Q, R, seront ceux du diamètre QPR. Dans l'ellipse on trouve toujours quatre sommets, parce qu'A est négatif, et D positif : mais dans

l'hyperbole, l'un des diamètres a des sommets, et l'autre n'en a point ; car D étant négatif, et A positif ou négatif, l'une ou l'autre de ces expressions $\sqrt{\dfrac{-A}{D}}$ et $\sqrt{-A}$, deviendra nécessairement imaginaire.

5. Au lieu de l'équation $o = A + Dx^2 + y^2$, on pourra employer $y^2 = b^2 - \dfrac{b^2}{a^2} x^2$ pour l'ellipse, et $y^2 = \pm b^2 + \dfrac{b^2}{a^2} x^2$ pour l'hyperbole ; et si, suivant l'usage, on donne le nom de diamètre à la seule droite qui est aussi une corde, ces deux équations fourniront $2a$, $2b$, pour les diamètres conjugués de l'ellipse, et $2a\sqrt{\pm 1}$, $2b\sqrt{\pm 1}$ pour ceux de l'hyperbole. On ne sauroit donc dire avec propriété qu'il y ait dans l'hyperbole des diamètres conjugués : cependant les géomètres sont dans l'usage de donner à $2a$ et $2b$ les noms de diamètres conjugués de l'hyperbole, en plaçant l'un deux à l'endroit qui lui conviendroit, s'il s'agissoit de l'ellipse, c'est-à-dire, comme si l'équation étoit $y^2 = b^2 - \dfrac{b^2}{a^2} x^2$.

6. La position des axes principaux se trouve moyennant le calcul du corol. 8 du problême II de ce liv. XIV, ou plus simplement de la manière qui suit.

Soit A B un diamètre quelconque de l'ellipse, C le centre, et CD le demi-diamètre conjugué à AB. Joignez AD, et prenez CE = CD ; prolongez CD jusqu'à ce que CG = CA, et menez EF parallèle à AD ; du centre G avec le rayon GC, décrivez le cercle CH qui coupera CA en H, et faites CI = FG ; joignez HI, et menez CL parallèle à HI et égale à CD ; divisez l'angle DCL en deux parties égales par la droite CM : cette droite sera un axe de la courbe. En voici la démonstration.

Tirez LN parallèle à CD, et LO, GP, perpendiculaires à AB ; prolongez CD, LC, en prenant CQ $=$ CD, et CR $=$ CL ; joignez DL, QR, et supposez AC $= a$, CD $= b$: on aura CF $= \dfrac{b^2}{a}$, et par conséquent FG $=$ CI $= a - \dfrac{b^2}{a}$: mais CH : CI :: CN : LN donne $\left(a - \dfrac{b^2}{a} \right) \times$ CN $=$ CH $\times$ LN, ou bien $\left(1 - \dfrac{b^2}{a^2} \right)$ CN$q = \dfrac{\text{CH} \times \text{LN}}{a} \times$ CN, et on a $\frac{1}{2}$ CH $=$ CP ; donc $a : \frac{1}{2}$ CH :: LN : NO ; d'où l'on tire $\left(1 - \dfrac{b^2}{a^2} \right) \times$ CN$q = 2$NO $\times$ CN : or b^2 [$=$ CLq] $=$ LN$q +$ CN$q - 2$NO $\times$ CN, donne LN$q +$ CN$q - b^2 = 2$NO $\times$ CN ; donc LN$q +$ CN$q - b^2 = \left(1 - \dfrac{b^2}{a^2} \right) \times$ CNq, et par conséquent LN$q = b^2 - \dfrac{b^2}{a^2} \times$ CNq ; d'où il s'ensuit que le point L appartient à la courbe, aussi bien que les points Q, R : mais la droite CM est perpendiculaire aux deux cordes parallèles DL, QR, qu'elle divise en deux également ; donc CM est un axe principal.

Quant à l'hyperbole, on peut y adapter la même construction et la même démonstration, en prenant CI $= a + \dfrac{b^2}{a}$, et en désignant par b le vrai demi-diamètre, c'est-à-dire, celui qui rencontre la courbe.

7. Pour déterminer la parabole, il suffit de quatre points donnés ; car de ce que la courbe est une parabole, on tire d'abord $\varepsilon^2 = 4 x \delta$; et prenant l'un des quatre points donnés pour origine, on aura trois équations de

plus pour les trois autres, c'est-à-dire, autant d'équations qu'il en faut pour déterminer les quatre coefficients γ, δ, ε, ζ.

8. Continuant de raisonner de même, et faisant attention au nombre de termes dont chaque équation algébrique est composée, on trouvera que pour déterminer une ligne du premier ordre, on n'a besoin que de 2 points; qu'il en faut 5 pour déterminer la ligne du second ordre, 9 pour la ligne du troisième, 14 pour le quatrième, 20 pour le cinquième, 27 pour le sixième, ainsi de suite. Les nombres 2, 5, 9, 14, 20, 27 etc., reviennent à ceux-ci, 2, 2+3, 5+4, 9+5, 14+6, 20 +7 etc., qui indiquent assez clairement la loi de leur progression.

9. Supposons AB une parabole, et AC un diamètre qui ne soit pas axe principal. Désignant la demi-corde BC par y, et AC par x, l'équation de la courbe sera $y^2 = ax$ [14. 2. corol.]. Soient AD, DE, deux droites dont AD parallèle à BC. Menez DG parallèle AC, BE perpendiculaire à DE, et BF perpendiculaire à DG. Soit BE $= z$, DE $= u$, AD $= p$, et FG:BF::q:1, BG:BF:: r:1, DH:DE::s:1, EH:DE::t:1; on aura EH $= tu$, DH $= su$, BH $= z - tu$, BF $= \dfrac{1}{s} z - \dfrac{t}{s} u$, FH $= \dfrac{t}{s} z$ $- \dfrac{t^2}{s} u$, FG $= \dfrac{q}{s} z - \dfrac{qt}{s} u$, $x = su + \dfrac{t}{s} z - \dfrac{t^2}{s} u + \dfrac{q}{s} z$ $- \dfrac{qt}{s} u = \dfrac{1 - qt}{s} u + \dfrac{q+t}{s} z$; BG $= \dfrac{r}{s} z - \dfrac{rt}{s} u$; $y = p$ $- \dfrac{rt}{s} u + \dfrac{r}{s} z$. Substituant $\dfrac{1 - qt}{s} u + \dfrac{q+t}{s} z$, et $p -$ $\dfrac{rt}{s} u + \dfrac{r}{s} z$ au lieu de x et y dans l'équation $y^2 = ax$, on

tronvera $p^2s^2 - 2prstu + 2prsz + r^2l^2u^2 - 2r^2uz + r^2z^2$ $= (1 - qt)\,sau + (q+t)\,saz$; d'où il suit que [$r$ étant > 1], DE ne sera axe principal que lorsque $t = 0$, c'est-à-dire, lorsque DE sera parallèle à BC. Faisant donc $t = 0$, s deviendra $= 1$, et l'équation se trouvera réduite à $p^2 + 2prz + r^2z^2 = au + aqz$: mais pour que DE soit un axe principal, il faut encore que les termes $2prz$, aqz, disparoissent de l'équation; donc $2pr = aq$, et $p = \dfrac{aq}{2r}$.

Corol. La parabole n'a donc qu'un seul axe principal, et tous ses diamètres sont parallèles entre eux.

IV. ABCD étant un quadrilatère où l'on suppose AB parallèle à CD, et dont on connoît le côté AB, l'angle ABC, et le rapport entre AD et DC, trouver le lieu du point D.

Soient DE parallèle à BC, DF perpendiculaire à AB, AB $= a$, EF:ED::c:1, AD:DC::m:1, AE $= x$, ED $= y$: on aura AD$q = y^2 + x^2 + 2cxy = (m \times \mathrm{DC})^2 = (m \times \mathrm{BE})^2 = m^2a^2 + 2m^2ax + m^2x^2$, et par conséquent $0 = m^2a^2 + 2m^2ax + (m^2 - 1)x^2 - 2cxy - y^2$, équation de la courbe dont un point quelconque satisfera aux conditions du problème.

V. Les droites AB, AC, ne sont données que de position, tandis que la droite DC, ainsi que sa partie CE, inscrite à l'angle BAC, sont données de grandeur. On demande le lieu du point D?

Soient DF parallèle à AC, DB perpendiculaire à AB, CD $= a$, DE $= b$, AF $= x$, DF $= y$ et $\dfrac{\mathrm{BF}}{\mathrm{DF}} = c$. Le rapport c étant connu, parce que l'angle BAC est donné, on aura $BF = cy$: or les triangles semblables donnent $x - EF : EF :: a - b : b$, et par conséquent $x :$ $EF :: a : b$, et $EF = \dfrac{bx}{a}$; donc $b^2 = y^2 + \dfrac{b^2}{a^2} x^2 + \dfrac{2bc}{a} xy$: mais c étant < 1, cette équation ne peut appartenir qu'à l'ellipse ; donc le lieu du point D est une ellipse.

Si l'angle BAC étoit droit, l'équation deviendroit $b^2 = y^2 + \dfrac{b^2}{a^2} x^2$, et les droites a, b, seroient les demi-axes principaux.

VI. La somme des côtés AC, CB, du triangle ABC étant donnée, ainsi que la longueur et la position de la base AB, trouver le lieu du sommet C.

Ayant tiré CD perpendiculaire à AB, et divisé AB également en E, on fera $AE = d$, $AC + CB = 2e$, $ED = x$, et $CD = y$; d'où $ACq - ADq = BCq - BDq$, et $ACq - BCq = ADq - BDq = (AC + BC)(AC - BC) = (AD + BD)(AD - BD) = 2e(AC - BC) = 2d \times 2x$; donc $AC - BC = \dfrac{2d}{e} x$, et $AC \left[= \tfrac{1}{2}(AC + BC) + \tfrac{1}{2}(AC - BC) \right]$ $= e + \dfrac{d}{e} x$: donc $y^2 = \left(e + \dfrac{d}{e} x \right)^2 - (d + x)^2 = e^2 - d^2 + \dfrac{d^2 - e^2}{e^2} x^2$, équation à l'ellipse, vu que $e > d$. Le point E en sera le centre, et les deux droites $\sqrt{(e^2 - d^2)}$, et e [qui passe par les points A, B], en seront les axes principaux.

VII. La différence des côtés AC, CB, du triangle ABC étant donnée, ainsi que la longueur et la position de la base AB, trouver le lieu du sommet C.

Soient CD perpendiculaire à AB, AB divisée également en E, $AC - CB = 2e$, $AB = 2d$, $ED = x$, et $CD = y$:

on aura $2e\,(\mathrm{AC+CB}) = 2d \times 2x$; $\mathrm{AC+CB} = \dfrac{2d}{e}\,x$, AC

$= c + \dfrac{d}{e}\,x$, et par conséquent $y^2 = c^2 - d^2 + \dfrac{d^2 - e^2}{e^2}\,x^2$,

équation à l'hyperbole, parce que $d > e$.

VIII. La droite AB étant donnée de position, ainsi que le point C, situé hors de cette droite, tandis que la portion DE de la droite CE, coupée par AB, n'est donnée que de grandeur, on demande le lieu du point E?

Soient CA, EB, perpendiculaires à AB, $\mathrm{AC} = a$, DE $= b$, $\mathrm{AB} = x$, $\mathrm{BE} = y$: on aura $a:y::\mathrm{AD}:\mathrm{BD}$, $a+y:$ $y::x:\mathrm{DB} = \dfrac{xy}{a+y}$, et par conséquent $b^2 = \left(\dfrac{xy}{a+y}\right)^2 + y^2$, qui revient à $a^2 b^2 + 2ab^2 y + b^2 y^2 = x^2 y^2 + a^2 y^2 + 2ay^3 + y^4$.

Scholie. On donne à cette courbe le nom de *Conchoïde de Nicomède*; elle a quatre branches infinies, dont AB est l'asymptote; et il est facile de déduire de l'équation, ainsi que de la supposition, que cette courbe doit avoir un nœud en C, toutes les fois que $b > a$.

IX. Le cercle ABC et le diamètre AC sont donnés de grandeur et de position; ACD est un angle droit; AD, comprise entre le point A et la droite CD, coupe la circonférence dans un point quelconque B, et la droite AE est $= \mathrm{BD}$: on demande le lieu du point E?

Si l'on tire EF, BG, perpendiculaires à AC, on aura $\mathrm{GC} = \mathrm{AF}$. Soit AC, a; AF, x; et EF, y. On a $\mathrm{CG} = x$; $\mathrm{AG} = a - x$; $x:y::a-x:\mathrm{BG}$; $\left(\dfrac{a-x}{x}\right)y^2 = \mathrm{BG}y = \mathrm{AG} \times \mathrm{GC} = (a-x)x$, et par conséquent $o = ay^2 - x^3 - xy^2$.

Scholie. Cette courbe est la *Cissoïde de Dioclés.*

X. Le rapport entre les côtés du triangle ABC étant connu, et la base AB étant donnée de grandeur et de position, trouver le lieu du sommet C.

Soit CD perpendiculaire à AB, $AB=a$, $AD=x$, $CD=y$, $AC:CB::1:m$. On aura $BD=a-x$, $ACq\times m^2=CBq$, $m^2y^2+m^2x^2=y^2+a^2-2ax+x^2$, et $o=a^2-2ax+(1-m^2)x^2+(1-m^2)y^2$: le lieu du point C sera donc un cercle.

Scholie. $y=o$ rend $x=\dfrac{a}{1+m}$: prenant donc $AE=\dfrac{a}{1+m}$, et $AF=\dfrac{a}{1-m}$, la droite EF sera le diamètre de ce cercle ; car l'équation prouve que chaque ordonnée en est une demi-corde.

XI. A étant un point quelconque d'une droite infinie qui passe par les points B et C, donnés de position, et supposant qu'AD soit perpendiculaire à cette droite, et moyenne proportionnelle entre les segments AB, AC, on demande le lieu du point D?

Tant que la droite AD tombera entre les points B, C, le lieu demandé sera d'abord un cercle ; car la supposition $AB:AD::AD:AC$, donne $ADq=AB\times AC$ équation au cercle : il sera composé encore de l'hyperbole, toutes les fois que le point A tombera sur le prolongement de CB ; car on aura alors $ADq=(BC+BA)\times BA$, et par conséquent $o=BC\times BA+BAq-ADq$, équation à l'hyperbole.

Scholie. Cependant, si on calculoit comme dans les exemples précédents, on rencontreroit une solution incertaine ; car désignant BC par a, BA par x, et AD par y, si l'on suppose A situé entre B et C, on trouve $y^2=$

$(a - x)\, x = ax - x^2$, équation au cercle, dont aucune ordonnée ne tombe sur BC prolongée ; et si l'on suppose A sur le prolongement de BC, on trouve $y^2 = ax + x^2$, équation à l'hyperbole, qui ne donne aucune ordonnée qui puisse tomber entre B et C ; d'où il résulte que la conclusion de l'existence du lieu du point D ne dépend ici que d'une supposition purement arbitraire. Et voilà encore une preuve de ce que l'on a avancé plus haut [13. 8. schol.], savoir, que le langage métaphorique exposé dans les liv. VIII et XIII, et dans lequel consistent à la rigueur l'algèbre et l'analyse modernes, est sujet à des erreurs, par cela même qu'il tient à des hypothèses qui ne s'accordent pas toujours avec les conditions des problêmes, et qui souvent même les contrarient ; car si, d'une part, on abrège extrémement les solutions par la liberté que l'on a de nommer *somme* ce qui n'est qu'une différence, et *différence* ce qui n'est que somme ; de l'autre, on met des bornes à ces mêmes solutions : on les rend quelquefois fautives, par des restrictions incompatibles avec l'état de la question, en ne prenant pour *égales* que des grandeurs affectées d'un même signe, et en ne donnant le nom de *proportionnelles* qu'aux grandeurs désignées comme telles dans la définition V du liv. VIII.

LIVRE XV.

DÉFINITIONS.

I. Sı une expression peut admettre plus d'une valeur, tandis qu'une autre n'en admet qu'une seule, on
nomme celle-ci *constante*, et l'autre *variable*.

II. La variable qui peut admettre une valeur toujours
plus grande qu'aucune grandeur proposée, est *infinie*; et
la variable dont la valeur peut devenir toujours plus
petite qu'aucune grandeur proposée, s'appelle *infinitième*.

III. Si la valeur d'une expression A dépend de celle
d'une autre expression B, on appelle A *fonction* de B,
et B *racine* d'A.

AVERTISSEMENTS.

I. On désigne ordinairement les constantes par les
premières lettres de l'alphabet, et les variables, les racines et les fonctions, par les dernières, u, x, etc.

II. On désigne une fonction en écrivant sa racine précédée de quelque majuscule grecque, qui ne soit point
commune à l'alphabet latin; et une même majuscule,
suivie de diverses racines, marquera une même fonc-

tion de ces racines. Si, par exemple, Γx désigne x^3, et Δx, $(a+x)^2$, Γz désignera z^3; et Δz, $(a+z)^2$.

III. $\Gamma(x,z)$ marque une fonction de x et z : c'est ainsi que $x^3 z^5$ et $x^4 - a^2 xz + bz^3$, par exemple, sont des fonctions de x et z, que l'on peut désigner par $\Gamma(x,z)$, et $\Delta(x,z)$.

DÉFINITIONS.

IV. Lorsqu'on désigne par dx une grandeur que l'on a choisie homogène à la racine x, pour être nommée *fluxion* de cette racine, on désigne de même par $d\Gamma x$, et on appelle *fluxion de* Γx, la grandeur qui rendroit $\dfrac{d\Gamma x}{dx}$ constante, et $\dfrac{\Gamma(x+dx) - \Gamma x}{dx} - \dfrac{d\Gamma x}{dx}$ infinitième ou zéro, si dx devenoit infinitième, et si tout ce qui ne dépend pas de dx demeuroit constant.

V. Toute grandeur est la *fluente* de sa fluxion, et chaque fluxion précédée de la lettre f marque la fluente dont elle est la fluxion.

VI. $d(dz)$ est la *seconde fluxion* de z; $d(d(dz))$ la *troisième*; $d(d(d(dx)))$ la *quatrième*; ainsi de suite.

AVERTISSEMENTS.

IV. On écrit ddz, ou d^2z, au lieu de $d(dz)$; d^3z, au lieu de $d(d^2z)$; ainsi de suite.

V. On écrit aussi dz^n au lieu de $(dz)^n$.

PROPOSITIONS.

I. x infinitième, et A, B, C, etc., constantes, rendent $Ax + Bx^2 + Cx^3 + Dx^4 + $ etc. infinitième.

Soient n le nombre des coefficients A , B , C, etc. ; **P** une grandeur quelconque qui excède chacun d'eux, et Q une grandeur proposée : prenant $x < \dfrac{Q}{n\mathrm{P}}$ et < 1, on aura $\dfrac{1}{n} Q > Px$; $\dfrac{1}{n} Q > Px^2$; $\dfrac{1}{n} Q > Px^3$, ainsi de suite ; donc $n \times \dfrac{1}{n} Q$, c'est-à-dire, $Q > Ax + Bx^2 + Cx^3 + Dx^4 +$ etc.

II. $d(x^n) = nx^{n-1}dx$.

Car dx infinitième, et ce qui ne dépend pas de dx constant, rendent $\dfrac{nx^{n-1}dx}{dx} \left[= nx^{n-1} \right]$ constante et

$$\frac{(x+dx)^n - x^n}{dx} - \frac{nx^{n-1}dx}{dx} \left[= n\frac{n-1}{2} x^{n-2}dx + n\frac{n-1}{2} \right.$$

$$\times \frac{n-2}{3} x^{n-3}dx^2 + \text{etc.} \left. \right] \text{ infinitième.}$$

III. $d(x + \Gamma x) = dx + d\Gamma x$.

Car dx infinitième, et ce qui ne dépend pas de dx constant, rendent $\dfrac{dx - d\Gamma x}{dx} \left[1 + \dfrac{d\Gamma x}{dx} \right]$ constante, et

$$\frac{(x+dx+\Gamma(x+dx)) - (x+\Gamma x)}{dx} - \frac{dx+d\Gamma x}{dx} \left[= \right.$$

$$\frac{\Gamma(x+dx) - \Gamma x}{dx} - \frac{d\Gamma x}{dx} \left. \right] \text{ infinitième ou zéro.}$$

IV. $d(a + bx) = bdx$.

Car dx infinitième, et ce qui ne dépend pas de dx constant, rendent $\dfrac{bdx}{dx} \left[= b \right]$ constante, et

$$\frac{a+b(x+dx) - (a+bx)}{dx} - \frac{bdx}{dx} = 0.$$

Schol. De là vient que quand une grandeur est indépendante de la racine, on dit qu'elle n'a point de fluxion, ou que sa fluxion est égale à zéro.

V. Trouver $d((a+x)^n)$.

En écrivant $z = a+x$, on aura $dz = dx$, et par conséquent $d((a+x)^n) = d(z^n) = nz^{n-1}dz = n(a+x)^{n-1}dx$.

VI. $\Gamma(x+dx) - \Gamma x$ devient infinitième, lorsqu'on y suppose dx infinitième, et tout ce qui ne dépend pas de dx constant.

Car ces deux conditions donnent $\dfrac{d\Gamma x}{dx}$ constante, et par conséquent $\dfrac{\Gamma(x+dx) - \Gamma x}{dx} - \dfrac{d\Gamma x}{dx}$ infinitième ou zéro; d'où il s'ensuit que $\dfrac{d\Gamma x}{dx}dx + \left(\dfrac{\Gamma(x+dx) - \Gamma x}{dx} - \dfrac{d\Gamma x}{dx}\right)dx = \Gamma(x+dx) - \Gamma x =$ infinitième.

VII. $d(x\Gamma x) = dx\Gamma x + xd\Gamma x$.

Car dx infinitième, et ce qui ne dépend pas de dx constant, rendent $\dfrac{d\Gamma x}{dx}$, et $\dfrac{dx\Gamma x + xd\Gamma x}{dx} \left[= \Gamma x + x\dfrac{d\Gamma x}{dx}\right]$ constantes, et par conséquent $\dfrac{(x+dx)\Gamma(x+dx) - x\Gamma x}{dx} - \dfrac{dx\Gamma x + xd\Gamma x}{dx} \left[= \left(\dfrac{\Gamma(x+dx) - \Gamma x}{dx} - \dfrac{d\Gamma x}{dx}\right)x + \Gamma(x+dx) - \Gamma x\right] =$ infinitième, ou $= 0$.

VIII. Désignant par x un nombre quelconque, et par l des logarithmes hyperboliques, on aura $dx = xdlx$.

Car $dx = d\left(1 + lx + \frac{1}{2}(lx)^2 + \frac{1}{6}(lx)^3 + \frac{1}{24}(lx)^4 + \frac{1}{120}(lx)^5 + \text{etc.}\right) = dlx + \frac{2}{2}(lx)dlx + \frac{3}{6}(lx)^2dlx + \frac{4}{24}(lx)^3dlx$

$$+ \tfrac{5}{120} (lx)^4 dlx + \text{etc.} = (1 + lx + \tfrac{1}{2}(lx)^2 + \tfrac{1}{6}(lx)^3 + \tfrac{1}{24}(lx)^4$$
$$+ \tfrac{1}{120}(lx)^5 + \text{etc.})\, dlx = x\, dlx.$$

Corol. 1. Soit z fonction de y : on aura $d(z^y) = z^y dlz^y$
$= z^y d(y\, lz) = z^y dy\, lz + z^y dlz = z^y y\, dy\, lz + z^{y-1} yz\, dlz = z^y$
$$\left(dy\, lz + \frac{y\, dz}{z} \right).$$

2. Lorsque z n'est pas fonction de y, on a $dz = 0$, et
$d(z^y) = z^y dy\, lz$.

IX. Trouver $d^m(x^n)$.

Puisque $d^2(x^n)$ est $= d(d(x^n)) = d(nx^{n-1}dx)$, si l'on
prend dx fonction de x, on aura $d^2(x^n)\,[= d(nx^{n-1}dx)]$
$= n(n-1)x^{n-2}dx^2 + nx^{n-1}d^2x$: mais si on choisissoit
dx indépendant de dx, on auroit $d^2x = 0$, et par conséquent $d^2(x^n) = n(n-1)x^{n-1}dx^2$.

Supposant toujours dx indépendant de x, on aura de
même $d^3(x^n) = (n-2)(n-1)nx^{n-3}dx^3$; $d^4(x^n) =$
$(n-3)(n-2)(n-1)nx^{n-4}dx^4$; ainsi de suite.

X. Si l'on rapporte $d^n\Gamma(x+\xi)$ à x dans $\dfrac{d^n\Gamma(x+\xi)}{dx^n}$,

et à ξ dans $\dfrac{d^n\Gamma(x+\xi)}{d\xi^n}$, je dis que $\dfrac{d^n\Gamma(x+\xi)}{dx^n} = \dfrac{d^n\Gamma(x+\xi)}{d\xi^n}$,

pourvu que dx ne soit pas fonction de x, ni $d\xi$ fonction de ξ.

Désignant $\dfrac{d\Gamma(x+\xi)}{dx}$ par A, et $\dfrac{d\Gamma(x+\xi)}{d\xi}$ par B, on

aura $\dfrac{\Gamma(x+\xi+dx)-\Gamma(x+\xi)}{dx} - A = $ infinitième ou

zéro, et $\dfrac{\Gamma(x+\xi+d\xi)-\Gamma(x+\xi)}{d\xi} - B = $ infinitième ou

$= 0$. Cela posé, supposons, ce qui est permis, la
fluxion $d\xi = dx$; on aura de suite $A = B$: mais A, B, ne

dépendent ni de dx, ni de $d\xi$ [15. déf. 4]; donc A sera toujours $= $ B, quel que soit le rapport entre dx et $d\xi$. Ainsi, puisque A est toujours égal à B, quelle que soit la valeur de $x + \xi$, il s'ensuit que les valeurs d'A et B seront toutes deux indépendantes, ou toutes deux dépendantes de $x + \xi$. Dans le premier cas, on aura $dA = dB = 0$ [15. 4. schol.]; dans le second, on trouvera, en raisonnant comme ci-dessus, $\dfrac{dA}{dx} = \dfrac{dB}{d\xi}$, c'est-à-dire, $\dfrac{d^2\Gamma(x+\xi)}{dx^2} = \dfrac{d^2\Gamma(x+\xi)}{d\xi^2}$; ainsi de suite.

XI. $\Gamma(x+\xi) = \Gamma x + \dfrac{d\Gamma x}{dx}\xi + \dfrac{d^2\Gamma x}{2dx^2}\xi^2 + \dfrac{d^3\Gamma x}{2\times 3 dx^3}\xi^3 + \dfrac{d^4\Gamma x}{2\times 3\times 4 dx^4}\xi^4 + $ etc.

Supposant ξ racine et $\Gamma(x+\xi) = \Gamma x + A\xi + B\xi^2 + C\xi^3 + D\xi^4 + $ etc., on aura $d\Gamma(x+\xi) = Ad\xi + 2B\xi d\xi + 3C\xi^2 d\xi$ + etc., et $\dfrac{d\Gamma(x+\xi)}{d\xi} = A + 2B\xi + 3C\xi^2 + 4D\xi^3 + $ etc. Supposant x racine, il viendra $\dfrac{d\Gamma(x+\xi)}{dx} = \dfrac{d\Gamma(x+\xi)}{d\xi} = A + 2B\xi + 3C\xi^2 + $ etc., ce qui donne $\dfrac{d\Gamma x}{dx} = A$, lorsque $\xi = 0$: mais $\dfrac{d\Gamma(x+\xi)}{dx}$ est indépendant de ξ; donc $\dfrac{d\Gamma x}{dx} = A$, quelle que soit la valeur de ξ.

Supposant ξ racine, et $d\xi$ indépendant de ξ, on aura $d^2\Gamma(x+\xi) = 2Bd\xi^2 + 2\times 3 C\xi d\xi^3 + $ etc.; et, raisonnant comme dans le cas précédent, on trouvera $B = \dfrac{d^2\Gamma x}{2dx^2}$.

Suivant toujours le même style, on a $C = \dfrac{d^3\Gamma x}{2\times 3 dx^3}$, $D = \dfrac{d^4\Gamma x}{2\times 3\times 4 dx^4}$; ainsi de suite.

AVERTISSEMENT VI.

$\dfrac{d^n\Gamma(u,x,z,\text{etc.})}{dudxdz\ \text{etc.}}$ désigne ce qui résulteroit de diviser d'abord par du la fluxion de $\Gamma(u,x,z,$ etc.$)$, prise relativement à la racine u; et de diviser ensuite par dx la fluxion du quotient, en la prenant relativement à x, ainsi de suite. Par exemple, $\dfrac{d^3(u^3x^4z^2 - au^2.xz^5)}{dudxdz}$ est $=$ $24u^2x^3z - 10\ auz^4$.

PROPOSITIONS.

XII. Le résultat de l'expression précédente sera toujours le même, quel que soit l'ordre que l'on suive dans les opérations.

Je dis d'abord que $\dfrac{d^2\Gamma(u,x)}{dudx} = \dfrac{d^2\Gamma(u,x)}{dxdu}$; car $\Gamma(u,x) =$

$$\Gamma(u,a-(a-x)) = \Gamma(u,a) - \frac{(a-x)\,d\Gamma(u,a)}{da} +$$

$$\frac{(a-x)^2d^2\Gamma(u,a)}{2da^2} - \frac{(a-x)^3d^3\Gamma(u,a)}{2\times 3da^3} + \text{etc.} \ ; \ \text{donc}$$

$$\frac{d\Gamma(u,x)}{du} = \frac{d\Gamma(u,a)}{du} - \frac{(a-x)d^2\Gamma(u,a)}{dadu} + \frac{(a-x)^2d^3\Gamma(u,a)}{2da^2du}$$

$$- \frac{(a-x)^3d^4\Gamma(u,a)}{2\times 3da^3du} + \text{etc.} \ ; \ \text{et} \ \frac{d^2\Gamma(u,x)}{dudx} = \frac{d^2\Gamma(u,a)}{dadu} -$$

$$\frac{(a-x)d^3\Gamma(u,a)}{da^2du} + \frac{(a-x)^2d^4\Gamma(u,a)}{2da^3du} - \text{etc.}; \ \text{mais} \ \frac{d\Gamma(u,x)}{dx}$$

$$= \frac{d\Gamma(u,a)}{da} - \frac{(a-x)d^2\Gamma(u,a)}{da^2} + \frac{(a-x)^2d^3\Gamma(u,a)}{2da^3} - \text{etc.} \ ,$$

et partant $\dfrac{d^2\Gamma(u,x)}{dx\,du} = \dfrac{d^2\Gamma(u,a)}{da\,du} - \dfrac{(a-x)\,d^3\Gamma(u,a)}{da^2\,du} +$

$\dfrac{(a-x)^2\,d^4\Gamma(u,a)}{2\,da^3\,du} -$ etc. : donc $\dfrac{d^2\Gamma(u,x)}{du\,dx} = \dfrac{d^2\Gamma(u,x)}{dx\,du}$.

On aura donc $\dfrac{d^3\Gamma(u,x,z)}{du\,dx\,dz} = \dfrac{d^3\Gamma(u,x,z)}{dz\,du\,dx} = \dfrac{d^3\Gamma(u,x,z)}{dx\,dz\,du}$

$= \dfrac{d^3\Gamma(u,x,z)}{dx\,du\,dx} = \dfrac{d^3\Gamma(u,x,z)}{dz\,dx\,du} = \dfrac{d^3\Gamma(u,x,z)}{du\,dz\,dx}$; ainsi de suite.

XIII. Soient AB l'abscisse, et BC l'ordonnée correspondantes à l'arc AC de la courbe régulière AD, c'està-dire, d'une courbe dont les coordonnées sont des fonctions l'une de l'autre : je dis que, en menant une autre ordonnée quelconque DE, et achevant le parallélogramme BF, si l'on prend BE pour fluxion d'AB, le parallélogramme BF sera la fluxion de l'aire ACB.

On voit d'abord que $\dfrac{BF}{BE}$ étant la valeur de la perpendiculaire baissée du point C sur la droite BE, ou sur son prolongement, si on représente par $\dfrac{BF}{BE} + \pi$ la perpendiculaire tirée du point D sur la même droite AE, on aura $\dfrac{CDF}{BE} < \pi$; mais AB constante et BE infinitième rendroient BC constante, $\dfrac{BF}{BE}$ constante, π infinitième, et l'aire CDF infinitième, c'est-à-dire, $\dfrac{BF}{BE}$ constante, et

$$\dfrac{ADE - ACB}{BE} - \dfrac{BF}{BE} \left[= \dfrac{BCDE}{BE} - \dfrac{FB}{BE} = \dfrac{CDF}{BE} < \pi \right]$$

infinitième; donc si BE est fluxion d'AB, le parallélogramme BF sera la fluxion de l'aire ACB.

AXIOME.

Lorsque plusieurs lignes quelconques sont t[illegible] entre les extrémités d'un même droite, celle-ci en est la plus courte ; et si deux de ces lignes sont dans un même plan, et d'un même côté de la ligne droite, l'extérieure excédera toujours l'intérieure, pourvu que celle-ci ne puisse rencontrer aucune droite en trois points.

PROPOSITIONS.

XIV. Prenant toujours BE pour fluxion d'AB, supposons que la droite GH touche la courbe au point C, et que les coordonnées EA , ED , prolongées à volonté, rencontrent GH aux points G , H : je dis que la droite FH sera la fluxion de l'ordonnée BC, et que CH sera celle de l'arc AC.

Tirez la corde CD , et GI parallèle à CD ; supposez AB constante, BE infinitième, et λ une ligne proposée ; prenez BE $< \lambda$, et si CI n'en vient pas $< \lambda$, prenez CI $< \lambda$, et ayant tiré GI , menez CD parallèle à GI : la ligne CD coupera l'arc en quelque point D, parce qu'aucune droite ne sauroit passer entre la tangente CH et l'arc CD sans le couper. Menant donc l'ordonnée DE, on aura BE moindre qu'on ne l'avoit supposée : donc AB constante et BE infinitième rendront GB, BC, CG, constantes, et CI ainsi que CG $\backsim$ GI infinitièmes. Or, les triangles semblables donnent $\dfrac{FH}{BE}\left[=\dfrac{FH}{CF}\right]=\dfrac{BC}{BG}$; donc AB constante et BE infinitième rendroient $\dfrac{FH}{BE}$ constante , et

$$\frac{ED-BC}{BE} - \frac{FH}{BE} \left[= \frac{DF}{BE} - \frac{FH}{BE} = \pm \frac{DH}{BE} = \frac{CI}{BG} \right]$$

infinitième. Prenant donc BE pour fluxion d'AB, la droite FH sera celle de BC.

L'arc ClD étant $>$CD et $<$CH$+$DH, on aura $\dfrac{ClD}{BE}$ $> \dfrac{CD}{BE}$, et $< \dfrac{CH+DH}{BE}$, c'est-à-dire, $> \dfrac{GI}{BG}$, et $< \dfrac{CG}{BG}$ $+ \dfrac{CI}{BG}$: mais AB constante et BE infinitième donnent GI$=$GC$\pm$ infinitième, et CI$=$infinitième; et par conséquent $\dfrac{ClD}{BE} > \dfrac{CG}{BG} \pm$ infinitième, et $< \dfrac{CG}{BG} +$ infinitième; donc $\dfrac{ClD}{BE} = \dfrac{CG}{BG} \pm'$ infinitième; $\dfrac{CH}{BE} \left[= \dfrac{CG}{BG} \right]$ constante; et $\dfrac{ACD-AC}{BE} - \dfrac{CH}{BE} \left[= \dfrac{ClD}{BE} - \dfrac{CH}{BE} = \dfrac{CG}{BG} \pm' \right.$ infinitième $\left. - \dfrac{CG}{BG} \right] =$ infinitième; d'où il s'ensuit que quand on prend BE pour fluxion d'AB, on doit regarder CH comme fluxion d'AC.

XV. Si l'on prenoit $-$BE pour fluxion d'AB, on pourroit démontrer de même que $-$BF, $-$FH, $-$CH, sont les fluxions d'ACB, de BC et d'AC.

XVI. La différence entre deux fluentes à fluxions égales, est indépendante de la racine.

Soit $d\Gamma x = d\Delta x$, et supposons, s'il est possible, que la différence $\Gamma x - \Delta x$ soit $= \Theta x$: on aura $d\Theta = d\Gamma x - d\Delta x$, et $d\Theta x = o$, c'est-à-dire, la différence Θx indépendante de x; donc Θx ne sauroit être fonction de x.

XVII. Le solide A occupe l'espace que la figure plane B décriroit si elle se mouvoit depuis le lieu B jusqu'au lieu C, de telle sorte que tout triangle inscrit à cette même figure décrivît simultanément un prisme, dont la hauteur seroit celle du solide A. Cela posé, je dis qu'A est égal au prisme qui auroit cette même hauteur, et une base égale à B.

Le solide A peut être regardé comme composé de solides de la même hauteur, et ayant des bases telles que la figure $\alpha 6\gamma$, formée par les lignes droites $\alpha\gamma$, $\gamma 6$, et par l'arc $\alpha 6$ tout convexe ou tout concave vers la droite tirée du point α au point 6, lequel arc soit compris entre les côtés du parallélogramme que l'on formeroit en menant par α, 6, deux parallèles à 6γ et $\alpha\gamma$. Ainsi, il suffira de démontrer la proposition à l'égard de ces solides. Soit S le solide ayant $\alpha 6\gamma$ pour base, et h pour hauteur. Si $h \times \alpha 6\gamma$ n'est pas $= S$, il y aura une différence D entre ces deux solides. Sur le côté 6γ avec l'angle $\alpha 6\gamma$, faites le parallélogramme $6\delta < \dfrac{D}{h}$, et coupez $\delta\varepsilon = \gamma\delta = \varepsilon\zeta =$ etc., jusqu'à ce que le segment $\zeta\alpha$ ne soit pas plus grand que $\gamma\delta$; achevez les parallélogrammes inscrits $\gamma\varkappa$, $\delta\lambda$, $\varepsilon\mu$, etc., et désignez par R le rectiligne qui en seroit la somme. La différence $\alpha 6\gamma - R$ sera égale à la somme des espaces $6\varkappa\pi$, $\varkappa\lambda\rho$, $\lambda\mu\sigma$, etc., et par conséquent moindre que le parallélogramme 6δ, et $< \dfrac{D}{h}$. Inscrivez au solide S des parallélipipèdes qui aient $\varkappa\gamma$, $\delta\lambda$, $\varepsilon\mu$, etc., pour bases, et circonscrivez au solide, qui auroit $6\varkappa\pi$ pour base, un parallélipipède qui en ait une, représentée par la figure $\pi\tau$: vous trouverez aussi $S - hR < h \times 6\delta$, $< h \times \dfrac{D}{h}$, $< D$. Soit donc, s'il est possible, $S > h \times \alpha\beta\gamma$: on aura $hR > h \times \alpha\beta\gamma$; absurde. Soit $h \times \alpha\beta\gamma > S$. Puisque $\alpha\beta\gamma - R < \dfrac{D}{h}$, on aura $h \times \alpha\beta\gamma - hR < D$, et par conséquent $hR > S$, ce qui seroit encore absurde : donc $h \times \alpha\beta\gamma = S$.

DÉFINITION VII.

Le solide A se nomme *cylindre*, lorsque la base en est un cercle.

PROPOSITIONS.

XVIII. Désignant par x la hauteur AB d'un solide Γx ; par Δx la figure qui lui sert de base ; par $x + dx$ la hauteur ABC du solide $\Gamma(x + dx)$: je dis que $d\Gamma x = dx \Delta x$.

x constante, et dx infinitième, donnent $\Gamma(x + dx) - \Gamma x \gtrless dx\Delta x$, et $\lessgtr dx\Delta(x + dx)$. Soit $\Gamma(x + dx) - \Gamma x > dx\Delta x$: on aura $\dfrac{\Gamma(x + dx) - \Gamma x}{dx} - \dfrac{dx\Delta x}{dx} > 0$ [c'est-à-dire positif], et $< \Delta(x + dx) - \Delta x$, et par conséquent infinitième [15. 6]. Soit $\Gamma(x + dx) - \Gamma x < dx\Delta x$, et par conséquent $> dx\Delta(x + dx)$: on aura $\dfrac{dx\Delta x}{dx} - \dfrac{\Gamma(x + dx) - \Gamma x}{dx} > 0$, et $< \dfrac{dx\Delta x}{dx} - \dfrac{dx\Delta(x + dx)}{dx}$, c'est-à-dire, $< \Delta x - \Delta(x + dx)$; donc $\dfrac{dx\Delta x}{dx} - \dfrac{\Gamma(x + dx) - \Gamma x}{dx} =$ infinitième, et par conséquent $\dfrac{\Gamma(x + dx) - \Gamma x}{dx} - \dfrac{dx\Delta x}{dx} =$ infinitième ; donc $d\Gamma x = dx\Delta x$.

Corol. Soit Γx une pyramide qui ait pour base un rectiligne : on démontrera facilement que les valeurs de Δx doivent être entre elles comme les valeurs de x^2.

Soit $q = \dfrac{\Delta x}{x^2}$: on aura $d\Gamma x = q x^2 dx = \frac{1}{3} q \times 3 x^2 dx$,

et par conséquent $\Gamma x = \frac{1}{3} q \int 3 x^2 dx = \frac{1}{3} q x^3 = \frac{1}{3} x \times q x^2$, c'est-à-dire, que Γx sera le tiers de sa base multipliée par la hauteur.

LIVRE XVI.

I. Le *sinus droit*, ou simplement le *sinus* d'un arc de cercle, est la perpendiculaire baissée de l'une des extrémités de l'arc sur le rayon qui aboutit à l'autre extrémité.

II. La partie de ce rayon, comprise entre l'arc et le sinus, s'appelle *sinus verse*.

III. Si à l'extrémité de l'un des deux rayons qui comprennent un arc quelconque, on mène une perpendiculaire jusqu'au prolongement de l'autre rayon, la perpendiculaire ainsi terminée s'appelle *tangente* de cet arc.

IV. La *sécante* de ce même arc est la droite composée du second rayon, et de son prolongement jusqu'à l'extrémité de la tangente.

V. On divise la circonférence du cercle en 360 parties égales, nommées *degrés*; chaque degré en 60 *minutes*; chaque minute en 60 *secondes*; chaque seconde en 60 *troisièmes*, etc.

AVERTISSEMENT.

Les degrés, minutes, secondes, etc., se désignent par les caractères °, ′, ″, etc. : ainsi le nombre 65° 22′ 4″ représente 65 degrés 22 minutes 4 secondes.

DÉFINITIONS.

VI. Désignant par A un arc de cercle, on appelle $90° - A$, *complément*, et $180 - A$, *supplément* de l'arc A.

VII. Le sinus, la tangente, et la sécante d'un arc, sont le *cosinus*, la *cotangente* et la *cosécante* de son complément.

AVERTISSEMENTS.

II. Les noms de *sinus, cosinus, tangente, cotangente, sécante, sinus verse*, s'abrégent ainsi : *sin, cos, tang, cot, séc, coséc, sinv*.

III. Au lieu de $\times$, on substitue souvent un point ; et à la place de $\dfrac{A}{B}$, nous écrirons quelquefois $A \div B$.

PROPOSITIONS.

I. Désignant par r le rayon d'un cercle quelconque, on aura $\sin 0° = 0$, et $\cos 0° = r$.

II. $\sin 90° = r$, et $\cos 90° = 0$.

III. $rd \sin z = dz \cos z$.

Soient l'arc AB désigné par z, C le centre, CA et CB deux rayons, CD perpendiculaire et BD parallèle à AC, BDEF un rectangle dont le côté EF rencontre l'arc AB prolongé, BG une tangente, et $DE = d \sin z$. On aura $CD = \sin AB$, $BD = \cos AB$, et $BG = dz$: mais les triangles semblables CBD, BFG, donnent $BG : BF :: BC : BD$; donc $dz \cos z = rd \sin z$.

Corol. 1. $rd \cos z \left[= rd \sin (90° - z) = - dz \cos (90° - z) \right] = - dz \sin z.$

2. Si l'on suppose dz indépendant de z, on aura $d^2 \sin z = \dfrac{- dz^2 \sin z}{r^2}$; $d^3 \sin z = \dfrac{- dz^3 \cos z}{r^3}$; $d^4 \sin z = \dfrac{dz^4 \sin z}{r^4}$; ainsi de suite.

IV. $\sin (\zeta + z) \left[= \sin \zeta + \dfrac{zd \sin \zeta}{d\zeta} + \dfrac{z^2 d^2 \sin \zeta}{2 d\zeta^2} + \dfrac{z^3 d^3 \sin \zeta}{2.3 d\zeta^3} + \text{etc.} = \sin \zeta + \dfrac{z \cos \zeta}{r} - \dfrac{z^2 \sin \zeta}{2r^2} - \dfrac{z^3 \cos \zeta}{2.3 r^3} + \dfrac{z^4 \sin \zeta}{2.3.4 r^4} + \dfrac{z^5 \cos \zeta}{2.3.4.5 r^5} - \dfrac{z^6 \sin \zeta}{2.3.4.5.6 r^6} - \text{etc.} \right] = \sin \zeta \left(1 - \dfrac{z^2}{2r^2} + \dfrac{z^4}{2.3.4 r^4} - \dfrac{z^6}{2.3.4.5.6 r^6} + \text{etc.} \right) + \cos \zeta \left(\dfrac{z}{r} - \dfrac{z^3}{6r^3} + \dfrac{z^5}{6.4.5 r^5} - \dfrac{z^7}{120.6.7 r^7} + \text{etc.} \right);$ et on démontrera facilement que ces séries sont convergentes, quelle que soit la valeur de z.

V. $\sin z \left[= \sin (0° + z) \right] = z - \dfrac{z^3}{6r^2} + \dfrac{z^5}{6.4.5 r^4} - \dfrac{z^7}{120.6.7 r^6} + \dfrac{z^9}{5040.8.9 r^8} - \text{etc.}$

Corol. $\sin - z = - z + \dfrac{z^3}{6r^2} - \dfrac{z^5}{6.4.5 r^4} + \text{etc.};$ ce qui montre que des arcs égaux et contraires ont nécessairement des sinus égaux et contraires.

VI. $\cos z \left[= \sin (90° - z) \right] = r - \dfrac{z^2}{2r} + \dfrac{z^4}{2.3.4 r^3} - \dfrac{z^6}{24.5.6 r^5} + \dfrac{z^8}{720.7.8 r^7} - \text{etc.}$

Corol. Deux arcs égaux et contraires ont un même cosinus.

VII. $\sin(\zeta+z) = \dfrac{\sin\zeta\cos z + \cos\zeta\sin z}{r}$.

VIII. $\cos(\zeta+z)\ \big[= \sin(90°-\zeta-z) = \dfrac{1}{r}\,(\sin(90°$
$-\zeta)\times\cos(-z) + \cos(90°-\zeta)\sin(-z))\big] = $
$\dfrac{\cos\zeta\cos z - \sin\zeta\sin z}{r}$.

Corol. $\cos 180°\ \Big[= \cos(90°+90°) = \dfrac{0\times 0 - r\times r}{r}\Big]$
$= -r$.

IX. $\sin(\zeta+z) + \sin(\zeta-z) = \dfrac{2}{r}\,\sin\zeta\cos z$.

X. $\sin(\zeta+z) - \sin(\zeta-z) = \dfrac{2}{r}\,\cos\zeta\sin z$.

XI. $\cos(\zeta+z) + \cos(\zeta-z) = \dfrac{2}{r}\,\cos\zeta\cos z$.

XII. $\cos(\zeta-z) - \cos(\zeta+z) = \dfrac{2}{r}\,\sin\zeta\sin z$.

XIII. $\dfrac{2}{r}\,\sin\dfrac{\zeta+z}{2}\,\cos\dfrac{\zeta-z}{2} = \sin\zeta + \sin z$.

XIV. $\dfrac{2}{r}\,\cos\dfrac{\zeta+z}{2}\,\cos\dfrac{\zeta-z}{2} = \cos\zeta + \cos z$.

XV. $\dfrac{2}{r}\,\sin\dfrac{\zeta+z}{2}\,\sin\dfrac{\zeta-z}{2} = \cos\zeta - \cos z$.

XVI. z n'étant pas $> 90°$, on aura $z = \sin z +$
$\dfrac{(\sin z)^3}{2.3\,r^2} + \dfrac{3\,(\sin z)^5}{2.4.5\,r^4} + \dfrac{3.5\,(\sin z)^7}{2.4.6.7\,r^6} + \dfrac{3.5.7\,(\sin z)^9}{2.4.6.8.9\,r^8} +$
$\dfrac{3.5.7.9\,(\sin z)^{11}}{2.4.6.8.10.11\,r^{10}} + $ etc.

Désignant par y le sinus de z, on aura $dz\ \Big[= \dfrac{rd\sin z}{\cos z}$
$= \dfrac{rdy}{\sqrt{(r^2-y^2)}} = r\,(r^2-y^2)^{-\frac{1}{2}}\,dy\Big] = \Big(1 + \dfrac{y^2}{2r^2} + \dfrac{3y^4}{2.4\,r^4}$

$$\frac{3.5 y^6}{2.4.6 r^6} + \frac{3.5.7 y^8}{2.4.6.8 r^8} + \frac{3.5.7.9 y^{10}}{2.4.6.8.10 r^{10}} + \text{etc.}) \, dy;$$

donc $z = y + \dfrac{y^3}{2.3 r^2} + \dfrac{3 y^5}{2.4.5 r^4} + \dfrac{3.5 y^7}{2.4.6.7 r^6} +$

$\dfrac{3.5.7 y^9}{2.4.6.8.9 r^8} + \text{etc.} = $ infinitième, lorsque y sera infi-

nitième; et $= 90°$ lorsque $y = r$.

Corol. 1. Désignant par A le terme précédent, on réduira facilement l'expression $\sin z + \dfrac{(\sin z)^3}{2.3 r^2} + \text{etc.}$

à $\sin z + \dfrac{(\sin z)^2 A}{2.3 r^2} + \dfrac{3^2 (\sin z)^2 A}{4.5 r^2} + \dfrac{5^2 (\sin z)^2 A}{6.7 r^2} +$

$\dfrac{7^2 (\sin z)^2 A}{8.9 r^2} + \dfrac{9^2 (\sin z)^2 A}{10.11 r^2} + \text{etc.}$

2. Puisque r est la corde de $60°$, c'est-à-dire, de la sixième partie de la circonférence, on aura $\frac{1}{2} r = \sin 30°$,

et par conséquent $30° = \frac{1}{2} r + \dfrac{A}{2.3.4} + \dfrac{3^2 A}{4.5.4} + \dfrac{5^2 A}{6.7.4}$

$+ \dfrac{7^2 A}{8.9.4} + \text{etc.} = r \times 0{,}52359877559829 \text{ etc.}$; donc

$180° = 6r \times 0{,}52359 \text{ etc.} = r \times 3{,}14159265358897 \text{ etc.}$

XVII. Désignant par e la base des logarithmes hyperboliques, on aura $r e^{\frac{z\sqrt{-1}}{r}} \Big[= r \Big(1 + \dfrac{z\sqrt{-1}}{r} -$

$\dfrac{z^2}{2r^2} - \dfrac{z^3 \sqrt{-1}}{6 r^3} + \dfrac{z^4}{24 r^4} + \dfrac{z^5 \sqrt{-1}}{120 r^5} - \dfrac{z^6}{720 r^6} - \text{etc.} \Big)$

[9. déf. 2. et 4] ou $= r - \dfrac{z^2}{2r} + \dfrac{z^4}{24 r^3} - \dfrac{z^6}{720 r^5} + \text{etc.} +$

$\Big(z - \dfrac{z^3}{6 r^2} + \dfrac{z^5}{120 r^4} - \text{etc.} \Big) \sqrt{-1} \Big] = \cos z + (\sqrt{-1})$

$\sin z.$

XVIII. $r^{n-1} (\cos nz \pm (\sqrt{-1}) \sin nz) \Big[= r^{n-2}$

$$(\cos(\pm nz) + (\sqrt{-1})\sin(\pm nz)) = r^{n-1}\, re^{\frac{\pm nz\sqrt{-1}}{r}} =$$

$$\left(re^{\frac{\pm z\sqrt{-1}}{r}}\right)^n = (\cos(\pm z) + (\sqrt{-1})\sin(\pm z))^n\Big] =$$

$$(\cos z \pm (\sqrt{-1})\sin z)^n.$$

XIX. $r^{n-1}\cos nz = \frac{1}{2} r^n \left(e^{\frac{nz\sqrt{-1}}{r}} + e^{\frac{-nz\sqrt{-1}}{r}}\right) = \frac{1}{2}$

$$(\cos z + (\sqrt{-1})\sin z)^n + \frac{1}{2}(\cos z - (\sqrt{-1})\sin z)^n$$

$$= (\cos z)^n - n\,\frac{n-1}{2}(\cos z)^{n-2}(\sin z)^2 + n\,\frac{n-1}{2}\times$$

$$\frac{n-2}{3}\times\frac{n-3}{4}(\cos z)^{n-4}(\sin z)^4 - \text{etc.}$$

XX. $r^{n-1}\sin nz = \frac{1}{2\sqrt{-1}}\, r^n \left(e^{\frac{nz\sqrt{-1}}{r}} - \right.$

$$\left. e^{\frac{-nz\sqrt{-1}}{r}}\right) = \frac{1}{2\sqrt{-1}}\left((\cos z + (\sqrt{-1})\sin z)^n - \right.$$

$$\left. (\cos z - (\sqrt{-1})\sin z)^n\right) = n(\cos z)^{n-1}\sin z - n\frac{n-1}{2}$$

$$\times\frac{n-2}{3}(\cos z)^{n-3}(\sin z)^3 + n\,\frac{n-1}{2}\times\frac{n-2}{3}\times\frac{n-3}{4}$$

$$\times\frac{n-4}{5}(\cos z)^{n-5}(\sin z)^5 - \text{etc.}$$

XXI. $(2\cos z)^n\left[= \left(r\left(e^{\frac{z\sqrt{-1}}{r}} + e^{\frac{-z\sqrt{-1}}{r}}\right)\right)^n = \right.$

$$r^n\left(e^{\frac{nz\sqrt{-1}}{r}} + ne^{\frac{(n-2)z\sqrt{-1}}{r}} + n\,\frac{n-1}{2}\,e^{\frac{(n-4)z\sqrt{-1}}{r}} + \right.$$

$$\left. n\,\frac{n-1}{2}\times\frac{n-2}{3}\,e^{\frac{(n-6)z\sqrt{-1}}{r}} + \text{etc.}\right) = r^{n-1}(\cos nz$$

$$+ (\sqrt{-1})\sin nz + n\cos(n-2)z + n(\sqrt{-1})\sin$$

$$(n-2)z + n\,\frac{n-1}{2}\cos(n-4)z + n\,\frac{n-1}{2}(\sqrt{-1})\sin$$

$$(n-4)\, z + \text{etc.})\Big] = r^{n-1}\Big(\cos\, nz + n \cos\, (n-2)$$

$$z + n\,\frac{n-1}{2}\, \cos\, (n-4)\, z + n\,\frac{n-1}{2} \times \frac{n-2}{3}\, \cos\, (n-6)$$

$$z + \text{etc.}\Big);$$ car rien d'imaginaire ne doit rester dans la valeur de $(2 \cos z)^n$.

Corol. 1. $\sin\, nz + n \sin\, (n-2)\, z + n\,\dfrac{n-1}{2}\, \sin\, (n-4)$

$z + \text{etc.} = 0.$

2. Les coefficients n, $n\,\dfrac{n-1}{2}$, $n\,\dfrac{n-1}{2} \times \dfrac{n-2}{3}$, etc.,
font voir que lorsque n est un nombre entier, $n+1$
doit être le nombre de termes de la série $\cos\, nz + n \cos$
$(n-2)\, z + $ etc. [car ils reviennent à ceux de la série à
laquelle se réduit l'expression $(1+Q)^n$, développée d'a-
près la proposition VII du liv. IX]; et les coefficients
$n-2$, $n-4$, $n-6$ etc., indiquent également que le
dernier terme doit être $\cos\, (n-2n)\, z = \cos - nz$, et par
conséquent égal au premier terme $\cos\, nz$; que l'avant-
dernier doit être $n \cos\, (n-2\,(n-1))\, z = n \cos -$
$(n-2)\, z$, et par conséquent égal au second terme; que
le troisième avant le dernier terme, doit être égal au
troisième après le premier; ainsi de suite.

Désignant donc par m un nombre entier, et par A le
coefficient du terme précédent, on aura $(2 \cos z)^{2m} =$

$$2r^{2m-1}\Big(\cos\, 2mz + 2m \cos\, (2m-2)\, z + \frac{2m-1}{2}\, A \cos$$

$$(2m-4)\, z + \frac{2m-2}{3}\, A \cos\, (2m-6)\, z + \dots + \frac{1}{2}$$

$$\times \frac{2m-(m-1)}{m}\, A \cos\, (2m-2m)\Big)\, z,$$ et par consé-

quent $2^{2m-1} (\cos z)^{2m} = r^{2m-1} (\cos 2mz + 2m \cos (2m$

$-2) z + \dfrac{2m-1}{2} A \cos (2m-4) z + \dfrac{2m-2}{3} A \cos$

$(2m-6) z + \ldots + \dfrac{m+1}{2m} Ar)$.

5. $2^{2m-2} (\cos z)^{2m-1} = r^{2m-2} \left(\cos (2m-1) z + \right.$

$(2m-1) \cos (2m-3) z + \dfrac{2m-2}{2} A \cos (2m-5) z +$

$\dfrac{2m-3}{3} A \cos (2m-7) z + \ldots + \dfrac{m+1}{m-1} A \cos z \left. \right)$.

4. $2^{2m-1} (\sin z)^{2m} \lceil = 2^{2m-1} (\cos (90° - z))^{2m} =$

$r^{2m-1} \left(\cos 2m (90° - z) + 2m \cos (2m-2) (90° - z) \right.$

$+ \dfrac{2m-1}{2} A \cos (2m-4) (90° - z) + etc. \left. \right) = r^{2m-1}$

$\left(\cos (m \times 180° - 2mz) + 2m \cos ((m-1) \times 180° - \right.$

$(2m-2) z) + \dfrac{2m-1}{2} A \cos ((m-2) \times 180° - (2m-$

$4) z) + etc. \left. \right)] = r^{2m-1} \left(\pm \cos 2mz \mp 2m \cos (2m-2) \right.$

$z - \dfrac{2m-1}{2} A \cos (2m-4) z - \dfrac{2m-2}{3} A \cos (2m-$

$6) z \ldots - \dfrac{m+1}{2m} Ar \left. \right)$, en désignant par $\pm$ le signe $+$

lorsque m est un nombre pair, et le signe $-$ lorsque m
est impair.

5. $2^{2m-2} (\sin z)^{2m-1} \left[= 2^{2m-2} (\cos (90° - z))^{2m-1} \right.$

$= r^{2m-2} \left(\cos ((2m-1) \times 90° - (2m-1) z) + (2m-1) \right.$

$\cos ((2m-3) \times 90° - (2m-3) z) + \dfrac{2m-2}{2} A \cos$

$((2m-5) \times 90° - (2m-5) z) + etc. \left. \right)] = r^{2m-2} \left(\pm \sin \right.$

$(2m-1) z \mp (2m-1) \sin (2m-3) z - \dfrac{2m-2}{2} A \sin$

$$(2m-5)z - \frac{2m-7}{5} \, A \sin (2m-5)z - \ldots - \frac{m+1}{m-1}$$

$A \sin z \Big)$, en désignant par $\pm$ le signe $+$ lorsque m est impair, et $-$ lorsque m est pair.

PROPOSITIONS.

XXII. $\tan (\zeta + z) \Big[= \dfrac{r \sin (\zeta + z)}{\cos (\zeta + z)}$ [ce qui est facile à déduire des premières définitions de ce liv. XVI]

$$= \frac{\sin \zeta \cos z + \cos \zeta \sin z}{\cos \zeta \cos z - \sin \zeta \sin z} \, r = r \left(\frac{r \sin \zeta}{\cos \zeta} \times \frac{r \cos z}{\cos z} + \frac{r \cos \zeta}{\cos \zeta} \times \frac{r \sin z}{\cos z} \right) : \left(\frac{r^2 \cos \zeta \cos z}{\cos \zeta \cos z} - \frac{r \sin \zeta}{\cos z} \times \frac{r \sin z}{\cos z} \right) \Big] = \frac{\tan \zeta + \tan z}{r^2 - \tan \zeta \tan z} \, r^2.$$

XXIII. $\dfrac{\sin \zeta + \sin z}{\sin \zeta + \sin z} \Big[\dfrac{2}{r} \sin \dfrac{\zeta + z}{2} \cos \dfrac{\zeta - z}{2} : \dfrac{2}{r}$

$$\sin \frac{\zeta - z}{2} \cos \frac{\zeta + z}{2} = r \sin \frac{\zeta + z}{2} \cos \frac{\zeta - z}{2} : \cos \frac{\zeta + z}{2}$$

$$r \sin \frac{\zeta - z}{2} \Big] = \tan \frac{\zeta + z}{2} : \tan \frac{\zeta - z}{2}.$$

XXIV. $\tan nz \Big[= \dfrac{r \sin nz}{\cos nz} = \dfrac{r^{n-1} \sin nz}{r^{n-1} \cos nz} \, r = r$

$$\left(n (\cos z)^{n-1} \sin z - n \frac{n-1}{2} \times \frac{n-2}{5} (\cos z)^{n-3} \right.$$

$$\left. (\sin z)^3 + \text{etc.} \right) : \left((\cos z)^n - n \frac{n-1}{2} (\cos z)^{n-2} (\sin z)^2 \right.$$

$$\left. + \text{etc.} \right) = r \left(n \frac{\sin z}{\cos z} - n \frac{n-1}{2} \times \frac{n-2}{5} \times \left(\frac{\sin z}{\cos z} \right)^3 \right.$$

$$\left. + \text{etc.} \right) : \left(1 - n \frac{n-1}{2} \times \left(\frac{\tan z}{r} \right)^2 + \text{etc.} \right) \Big] =$$

$$\left(n \tan z - n \frac{n-1}{2} \times \frac{n-2}{5} \times \frac{(\tan z)^3}{r^2} + n \frac{n-1}{2} \times \right.$$

$$\frac{n-2}{5}\times\frac{n-5}{4}\times\frac{n-4}{5}\times\frac{(\tang z)^5}{r^4} - \text{etc.}\Big) d \Big(1-n$$

$$\frac{n-1}{2}\times\frac{(\tang z)^2}{r^2} + n\,\frac{n-1}{2}\times\frac{n-2}{5}\times\frac{n-3}{4}$$

$$\times\frac{(\tang z)^4}{r^3} - \text{etc.}\Big).$$

XXV. $z\Big[=\displaystyle\int\frac{r^2\,dz+(\tang z)^2\,dz}{r^2+(\tang z)^2}=$

$$\int\frac{r^2\,dz-\dfrac{rd\cos z}{\sin z}\,(\tang z)^2}{r^2+(\tang z)^2}=\int\frac{r^2\,dz-\dfrac{r^2(\sin z)^2\,rd\cos z}{(\cos z)^2\sin z}}{r^2+(\tang z)^2}$$

$$=\int\frac{r^2\left(\dfrac{rd\sin z}{\cos z}-\dfrac{r\sin z\,d\cos z}{(\cos z)^2}\right)}{r^2+(\tang z)^2}=\int\frac{r^2\,d\left(\dfrac{r\sin z}{\cos z}\right)}{r^2+(\tang z)^2}\Big]$$

$$=\int\frac{r^2\,d\tang z}{r^2+(\tang)^2}=\tang z-\frac{(\tang z)^3}{5r^2}+\frac{(\tang z)^5}{5r^4}$$

$$-\frac{(\tang z)^7}{7r^6}+\frac{(\tang z)^9}{9r^8}-\text{etc.}$$

XXVI. $\tang z\Big[=\dfrac{r\sin z}{\cos z}=\Big(\Big(e^{\frac{z}{r}\sqrt{-1}}-e^{-\frac{z}{r}\sqrt{-1}}\Big)$

$$\Big(\frac{r}{\sqrt{-1}}\Big)\Big) d\Big(e^{\frac{z}{r}\sqrt{-1}}+e^{\frac{-z}{r}\sqrt{-1}}\Big)=\Big(\Big(e^{\frac{2z}{r}\sqrt{-1}}-1\Big)$$

$$\frac{r}{\sqrt{-1}}\Big) d\Big(e^{\frac{2z}{r}\sqrt{-1}}+1\Big)\Big]=\Big(\Big(1-e^{\frac{2z}{r}\sqrt{-1}}\Big)$$

$$r\sqrt{-1}\Big) d\Big(1+e^{\frac{2z}{r}\sqrt{-1}}\Big).$$

XXVII. $z\Big[=-(\sqrt{-1})\dfrac{z}{r}(\sqrt{-1})\,rle=-(\sqrt{}$

$$-1)\,rle^{\frac{z}{r}\sqrt{-1}}=-(\sqrt{-1})\,rl\,\frac{\cos z+(\sqrt{-1})\sin z}{r}$$

$$=-(\sqrt{-1})\,rl\,\frac{\cos z+(\sqrt{-1})\sin z}{\cos z}\times\frac{\cos z}{r}=-$$

$$(\sqrt{-1})\,r\left(l\,\frac{\cos z}{r} + l\left(1 + \frac{\sin z}{\cos z}\,(\sqrt{-1})\right)\right] = -$$

$$(\sqrt{-1})\,r\left(l\,\frac{\cos z}{r} + l\left(1 + \frac{\tang z}{r}\,\sqrt{-1}\right)\right)\left[= \tfrac{1}{2}\right.$$

$$(z - (-z)) = \frac{-\sqrt{-1}}{2}\left(rl\,\frac{\cos z + (\sqrt{-1})\,\sin z}{r} - \right.$$

$$rl\,\frac{\cos(-z) + (\sqrt{-1})\,\sin(-z)}{r}\right)\Big] = \frac{-\sqrt{-1}}{2}\,rl$$

$$\frac{\cos z + (\sqrt{-1})\,\sin z}{\cos z - (\sqrt{-1})\,\sin z} = \frac{-\sqrt{-1}}{2}\,rl\,\frac{r + (\sqrt{-1})\,\tang z}{r - (\sqrt{-1})\,\tang z}.$$

XXVIII. Les arcs de deux secteurs équiangles sont entre eux comme leurs rayons.

Soient r, R, les rayons, et z, Z, les arcs. On aura

$$z : Z :: rl\left(\frac{\cos z}{r} + \frac{\sin z}{r}\,\sqrt{-1}\right) : Rl\left(\frac{\cos Z}{R} + \frac{\sin Z}{R}\,\sqrt{-1}\right);$$

mais on a aussi $r : R :: \cos z : \cos Z$, et $r : R :: \sin z : \sin Z$; donc $\dfrac{\cos Z}{R} + \dfrac{\sin Z}{R}\,\sqrt{-1} = \dfrac{\cos z}{r} + \dfrac{\sin z}{r}\,\sqrt{-1}$, et par conséquent $z : Z :: r : R$.

Corol. Les circonférences de deux cercles sont entre elles comme leurs rayons.

AVERTISSEMENT III.

Tant que l'on n'avertira pas du contraire, on désignera toujours le rayon du cercle par 1, et la demi-circonférence $[= 180° = 3,1415926$ etc.$]$ par π.

PROPOSITIONS.

XXIX. a, b, étant deux nombres quelconques, on aura $a^{b\sqrt{-1}}\left[= (e^{la})^{b\sqrt{-1}} = e^{(bla)\sqrt{-1}}\right] = \cos bla + (\sqrt{-1})\,\sin bla.$

XXX. Soient $\dfrac{b}{\sqrt{(a^2+b^2)}}$ le sinus, et $\dfrac{a}{\sqrt{(a^2+b^2)}}$ le cosinus d'un arc c : on aura $(a+b\sqrt{-1})^m\ \Big[=$

$$\left(\sqrt{(a^2+b^2)}\,\frac{a+b\sqrt{-1}}{\sqrt{(a^2+b^2)}}\right)^m=(a^2+b^2)^{\frac{m}{2}}\left(\frac{a}{\sqrt{(a^2+b^2)}}\right.$$

$$\left.+\frac{b\sqrt{-1}}{\sqrt{(a^2+b^2)}}\right)^m=(a^2+b^2)^{\frac{m}{2}}\,(\cos c+(\sqrt{-1})\sin c)^m\Big]$$

$$=(a^2+b^2)^{\frac{m}{2}}(\cos mc+(\sqrt{-1})\sin mc).$$

XXXI. $l\,(a+b\sqrt{-1})\ [=l\,((a^2+b^2)^{\frac{1}{2}}\,(\cos c+(\sqrt{-1})\sin c))=l\sqrt{(a^2+b^2)}+l\,(\cos c+(\sqrt{-1})\sin c)]=l\sqrt{(a^2+b^2)}+c\sqrt{-1}.$

XXXII. Soit i un nombre entier et positif : on aura $l-a\ [=l\,(-a\pm0\sqrt{-1})]=la\pm(2i-1)\,180°\sqrt{-1}.$

XXXIII. Désignant par λ le logarithme réel de a, on aura $la=\lambda\pm(i-1)\,360°\sqrt{-1}.$

XXXIV. Désignant par n un nombre entier et positif, je dis que les facteurs trinômes de tout polynome x^n-a^n seront de la forme $x^2-2ax\cos\dfrac{2i-2}{n}\pi+a^2.$

Car supposant $x^n-a^n=0$, on aura $\dfrac{x^n}{a^n}=1=e^{(2i-2)\pi\sqrt{-1}}$; d'où $\dfrac{x}{a}=e^{\frac{2i-2}{n}\pi\sqrt{-1}}$; $2\cos\dfrac{2i-2}{a}\pi$

$$\Big[=e^{\frac{2i-2}{n}\pi\sqrt{-1}}+e^{-\frac{2i-2}{n}\pi\sqrt{-1}}=\frac{x}{a}+\frac{a}{x}=\frac{x^2+a^2}{ax}\Big],$$

et par conséquent $x^2-2ax\cos\dfrac{2i-2}{n}\pi+a^2=0.$

XXXV. Les facteurs trinômes de $x^n + a^n$ seront de la forme $x^2 - 2ax \cos \dfrac{2i-1}{n} \pi + a^2$.

Supposant $x^n + a^n = 0$, on aura $\dfrac{x^n}{a^n} = -1 =$

$e^{(2i-1)\pi \sqrt{-1}}$; $\dfrac{x}{a} = e^{\frac{2i-1}{n}\pi \sqrt{-1}}$; $2 \cos \dfrac{2i-1}{n} \pi$

$$\left[= e^{\frac{2i-1}{n}\pi \sqrt{-1}} + e^{-\frac{2i-1}{n}\pi \sqrt{-1}} = \frac{x}{a} + \frac{a}{x} \right] = \frac{x^2 + a^2}{ax},$$

et par conséquent $x^2 - 2ax \cos \dfrac{2i-1}{n} \pi + a^2 = 0$.

Schol. 1. Les facteurs trinômes que l'on trouve par cette méthode, sont illusoires ; mais ils renferment des facteurs binômes réels ; car substituant, par exemple, 1, 2, 3, 4, au lieu de i, on trouvera pour le polynome $x^6 - a^6$, les facteurs $x^2 - 2ax + a^2$; $x^2 - 2ax \cos \frac{1}{3} \pi + a^2$; $x^2 - 2ax \cos \frac{2}{3} \pi + a^2$; $x^2 + 2ax + x^2$, dont les deux $x^2 - 2ax + a^2 = 0$, et $x^2 + 2ax + a^2 = 0$, ne donnent que $x - a = 0$, et $x + a = 0$; d'où il s'ensuit que $x^6 - a^6 = (x - a)(x + a)(x^2 - 2ax \cos \frac{1}{3} \pi + a^2)(x^2 - 2ax \cos \frac{2}{3} \pi + a^2) = (x^2 - a^2)(x^2 - 2ax \cos \frac{1}{3} \pi + a^2)(x^2 - 2ax \cos \frac{2}{3} \pi + a^2)$.

2. De ce que le nombre i est infini, on ne doit pas conclure que la méthode proposée donne pour le polynome $x^n \pm a^n$ plus de facteurs trinômes qu'il n'en faut ; car en continuant de substituer toujours 1, 2, 3, 4, 5 etc., au lieu de i, on ne fera que revenir à ceux que l'on aura déjà trouvés. Substituant, par exemple, 1, 2, 3, au lieu de i, on trouve pour $x^5 + a^5$ les facteurs $x^2 - 2ax \cos \frac{1}{5} \pi + a^2$; $x^2 - 2ax \cos \frac{3}{5} \pi + a^2$ et $x + a$, con-

tinuant de substituer encore 4, 5, 6, on trouvera $x^2 - 2ax \cos \frac{7}{5}\pi + a^2$, $x^2 - 2ax \cos \frac{9}{5}\pi + a^2$, et $x^2 - 2ax \cos \frac{11}{5}\pi + a^2$, qui reviennent au même, puisque les arcs $\frac{3}{5}\pi$ et $\frac{7}{5}\pi$, $\frac{1}{5}\pi$, $\frac{9}{5}\pi$ et $\frac{11}{5}\pi$, ont un même cosinus; donc la seconde substitution n'a fait que donner les mêmes facteurs. Ainsi de suite.

XXXVI. Soit p un nombre positif, $x^3 - px = q$, $\frac{1}{4}q^2$ non $> \frac{1}{27}p^3$, et $\dfrac{3q\sqrt{3}}{2p\sqrt{p}}$ le cosinus d'un arc désigné par $3a$: je dis que $x = \left(2\sqrt{\dfrac{p}{3}}\right)\cos a$.

Car la prop. XIX. de ce livre donne $\cos 3a$ $[= (\cos a)^3 - 3(\cos a)(\sin a)^2 = (\cos a)^3 - 3(\cos a)(1 - (\cos a)^2)]$ $= 4(\cos a)^3 - 3\cos a$; ce qui, en mettant $\frac{1}{2}x\sqrt{\dfrac{3}{p}}$ et $\dfrac{3q\sqrt{3}}{2p\sqrt{p}}$ à la place de $\cos a$ et de $\cos 3a$, donne $q = x^3 - px$.

Schol. Il faut que $\frac{1}{4}q^2$ ne soit pas $> \frac{1}{27}p^3$, afin que $\dfrac{3q\sqrt{3}}{2p\sqrt{p}}$ ne soit pas > 1; car, sans cette condition, on auroit un cosinus $\dfrac{3q\sqrt{3}}{2p\sqrt{p}}$ plus grand que le rayon 1, ce qui est impossible.

XXXVII. Tout secteur de cercle est la moitié du produit de l'arc qui lui sert de base, multiplié par le rayon.

Soient ABC le secteur, CD perpendiculaire à AC, BD parallèle à AC, r le rayon, et z l'arc AB : on aura ABC $[= ABDC - BCD = \int \cos z\, d\sin z - \frac{1}{2}\sin z \cos z = \int \cos z\, d\sin z - \frac{1}{2}\int(\cos z\, d\sin z + \sin z\, d\cos z) = \int \cos z$

$$\frac{dz \cos z}{r} - \frac{1}{2} \int \left(\cos z \, \frac{dz \cos z}{r} - \sin z \, \frac{dz \sin z}{r} \right) = \frac{1}{2}$$

$$\int \frac{(\cos z)^2 + (\sin z)^2}{r} \, dz = \frac{1}{2} \int r \, dz \Big] = \frac{1}{2} \, rz.$$

Corol. 1. Le cercle sera donc $[= \frac{1}{2} r \times 2r\pi] = \pi r^2$.

2. Il suit de ce corollaire, ainsi que de la proposition XVIII du liv. XV, que la pyramide conique vaut le tiers de sa base multipliée par la hauteur.

XXXVIII. Désignant par s un segment sphérique, engendré par une révolution complète du segment circulaire compris entre l'arc z, le sinus de z, et le sinus verse de z autour de ce même sinus verse, trouver la valeur de s.

On aura $s \left[= \int \pi \, (\sin z)^2 \, d \sinv z = \pi \int (2r - \sinv z) (\sinv z) \, d \sinv z = \pi \int (2r \sinv z - (\sinv z)^2) \, d \sinv z = \pi \left(r (\sinv z)^2 - \frac{1}{3} (\sinv z)^3 \right) \right]$ sera $= \pi \, (\sinv z)^2 \, (r - \frac{1}{3} \sinv z)$.

Corol. La sphère sera donc égale à $\pi \, (2r)^2 \, (r - \frac{1}{3} 2r) = \frac{4}{3} \pi r^3 = \frac{2}{3} \times 2r\pi r^2$, c'est-à-dire, égale aux deux tiers du cylindre, qui auroit le diamètre de la sphère pour hauteur, et le cercle de ce diamètre pour base.

AXIOME.

La surface plane est plus petite que toute autre surface appuyée sur le même contour ; et la surface qu'aucune droite ne sauroit rencontrer dans trois points, est moindre que toute autre surface qui l'envelopperoit en s'appuyant sur le même contour.

XXXIX. La surface courbe de toute pyramide conique dont l'axe tombe perpendiculairement sur la base, est égale à la moitié du produit de la circonférence de la base multipliée par la droite comprise entre cette circonférence et le sommet de la pyramide.

On démontrera sans difficulté, que dans **une** pyramide dont la hauteur tombe perpendiculairement sur la base, toutes les droites comprises entre le sommet et la circonférence de la base sont égales. Soient donc C le centre de la base; AB une partie de sa circonférence; AC, BD, deux coordonnées perpendiculaires entre elles; EF une autre ordonnée; et supposons que GBH touche la circonférence au point B, et rencontre en G, H, les droites CA, FE, prolongées; menant BE et GI parallèle à BE; et tirant du point L les droites LA, LB, LE, LF, LH, on aura Bm EL $+$ BEm $>$ BEL, c'est-à-dire, Bm EL $+$ BEm $> \frac{1}{2}$ BE $\times \sqrt{}$ (BLq $- \frac{1}{4}$ BEq); et BmEL $+$ BEm $<$ BLH $+$ ELH $+$ BEH, c'est-à-dire, BmEL $+$ BEm $< \frac{1}{2}$ BH $\times$ BL $+ \frac{1}{4}$ EH $\times$ FL $+ \frac{1}{4}$ EH $\times$ DF, ce que l'on démontrera facilement: on aura donc

$$\frac{Bm\mathrm{EL}}{\mathrm{DF}} > \tfrac{1}{2} \times \frac{\mathrm{GI}}{\mathrm{DG}} \sqrt{}\ (\ \mathrm{BL}q\ -\ \tfrac{1}{4}\ \mathrm{BE}q\ )\ -\ \frac{\mathrm{BE}m}{\mathrm{DF}}\ ,\ \text{et}$$

$$< \tfrac{1}{2} \times \frac{\mathrm{BG} \times \mathrm{BL}}{\mathrm{DG}} + \tfrac{1}{4} \times \frac{\mathrm{BI}}{\mathrm{DG}} \times \mathrm{FL} + \tfrac{1}{4} \mathrm{EH} - \frac{\mathrm{BE}m}{\mathrm{DF}}.$$

Soient AD constante, et DF infinitième: on aura $\dfrac{\mathrm{BE}m}{\mathrm{DF}}$ $\left[< \dfrac{\mathrm{BEH}}{\mathrm{DF}},\ \text{c'est-à-dire,} < \tfrac{1}{4} \mathrm{EH} \right]$ infinitième, et par conséquent $\dfrac{Bm\mathrm{EL}}{\mathrm{DF}} > \tfrac{1}{2} \times \dfrac{\mathrm{GI}}{\mathrm{DG}} \times \mathrm{BL} -$ infinitième: mais GI$=$BG $-$ infinitième; donc $\dfrac{Bm\mathrm{EL}}{\mathrm{DF}} > \tfrac{1}{2} \times \dfrac{\mathrm{BG}}{\mathrm{DG}} \times \mathrm{BL}$ $-$ infinitième, et par conséquent $> \tfrac{1}{4} \times \dfrac{\mathrm{BH} \times \mathrm{BL}}{\mathrm{DF}}$ $-$ infinitième, et $< \tfrac{1}{2} \times \dfrac{\mathrm{BH} \times \mathrm{BL}}{\mathrm{DF}} + \tfrac{1}{4} \times \dfrac{\mathrm{BI}}{\mathrm{DG}} \times \mathrm{FL}$ $+ \tfrac{1}{4} \mathrm{EH} - \dfrac{\mathrm{BE}m}{\mathrm{DF}}$, c'est-à-dire, $< \tfrac{1}{4} \times \dfrac{\mathrm{BH} \times \mathrm{BL}}{\mathrm{DF}} +$ infinitième. On aura donc $\dfrac{BmEL}{DF} - \dfrac{1}{2} \times \dfrac{BH \times BL}{DF}$, ou

$\dfrac{AEL - ABL}{DF} - \dfrac{1}{2} \times \dfrac{BH \times BL}{DF} =$ infinitième, ou $= 0$.

Soit AD racine de la fluente ABL, et DF fluxion d'AD : $\frac{1}{2}$ BH $\times$ BL sera la fluxion d'ABL, et par conséquent ABL $= \frac{1}{2}$ BL $\int$ BH $= \frac{1}{2}$ BL $\times$ AB.

Corol. On démontrera, suivant le même style, que la surface courbe d'un cylindre, élevée sur la circonférence de la base du cône, est égale au produit de la circonférence multipliée par la hauteur.

XI. Soient AC, BD, deux ordonnées perpendiculaires sur l'abscisse CD de l'arc de courbe régulière AB, concave vers l'abscisse CD : je dis que $2\pi \int$ BD $\times$ dAB sera la surface que l'arc AB décriroit en tournant autour de l'axe immobile CD.

Soit CF l'abscisse, et EF l'ordonnée de l'arc ABE : par le point B menez la tangente GBH comprise entre les coordonnées prolongées. Imaginez les surfaces BELPM, B*i*ELPM, BHNQM, décrites par la corde BE, par l'arc B*i*E, et par la tangente BH, dans une révolution entière du plan BF autour de l'axe GF. On aura B*i*ELM $+$ BMO $+$ EPL $+ 2$BE*i* $>$ BELM $+$ BMO $+$ EPL, c'est-à-dire, B*i*ELM $>$ BELM $- 2$BE*i*; et B*i*ELM $+$ BMO $+$ EPL $+ 2$BE*i* $<$ BHNM $+$ BMO $+$ HQN $+ 2$BHE, c'est-à-dire, B*i*ELM $<$ BHMN $+$ EHNP $+ 2$BHE*i*. On raisonnera de même à l'égard des surfaces situées de l'autre côté du plan BP. Soit s la surface décrite par l'arc B*i*E : on aura $s > 2$BELM $- 4$BE*i* et < 2BHNM $+ 2$EHNP $+ 4$BHE*i* : mais 2BHNM $[= \pi \times$ FH $\times$ GH $- \pi \times$ BD $\times$ GB$] = \pi$ (BD $+$ FH) $\times$ BH, 2BELM $= \pi$ (BD $+$ EF)

$\times$ BE, et 2EHNP $= \pi$ (EF $+$ FH) $\times$ EH ; donc $\dfrac{s}{\text{DF}} >$ π (BD $+$ EF) $\dfrac{\text{BE}}{\text{DF}} - \dfrac{4\text{BE}i}{\text{DF}}$, et $\dfrac{s}{\text{DF}} < \pi$ (BD $+$ FH) $\dfrac{\text{BH}}{\text{DF}} + \pi$ (EF $+$ FH) $\dfrac{\text{EH}}{\text{DF}} + \dfrac{4\text{BHE}i}{\text{DF}}$. Supposons CD constant, et DF infinitième. Puisque $\dfrac{\text{EF}}{\text{BD}} = 1 +$ infinitième, et $\dfrac{\text{BE}}{\text{BH}} = 1 -$ infinitième, ce qui est facile à démontrer, on aura $\dfrac{s}{\text{DF}} > \pi$ (2BD $+$ BD $\times$ infinitième) ($1 -$ infinitième) $\dfrac{\text{BH}}{\text{DF}} - \dfrac{4\text{BE}i}{\text{DF}}$: mais BEi est $<$ BEH, et par conséquent $< \frac{1}{2}$ DF $\times$ (FH $-$ BD); donc $\dfrac{s}{\text{DF}} >$ π ($2 +$ infinitième) ($1 -$ infinitième) $\times \dfrac{\text{BD} \times \text{BH}}{\text{DF}} -$ 2 (FH $-$ BD), c'est-à-dire, $\dfrac{s}{\text{DF}} > \dfrac{2\pi \times \text{BD} \times \text{BH}}{\text{DF}} \pm$ (infinitième ou 0). On trouvera de même $\dfrac{s}{\text{DF}} <$ $\dfrac{2\pi \times \text{BD} \times \text{BH}}{\text{DF}} \pm$' (infinitième ou 0); d'où il suit que $\dfrac{s}{\text{DF}} > \dfrac{2\pi \times \text{BD} \times \text{BH}}{\text{DF}} -$ (infinitième ou 0), et $\dfrac{s}{\text{DF}} <$ $\dfrac{2\pi \times \text{BD} \times \text{BH}}{\text{DF}} +$ (infinitième ou 0), et par conséquent $\dfrac{s}{\text{DF}} - \dfrac{2\pi \times \text{BD} \times \text{BH}}{\text{DF}} = 0$, ou $=$ infinitième. Supposant donc DF $= d$CD, on aura $2\pi \times$ BD $\times$ BH $= 2\pi$ $\times$ BD $\times d$AB $= ds$.

Corol. 1. La surface courbe du segment sphérique, dont il est question dans la prop. XXXVIII de ce livre,

$$\text{sera} = 2\pi f \sin\, zdz = 2\pi \int \frac{-rd\cos z}{\sin z} \sin z = 2\pi r fd$$

$$\text{sinv}\, z = 2\pi r\, \text{sinv}\, z.$$

2. La surface de la sphère sera donc $4\pi r^2$, ce qui revient à quatre grands cercles de la sphère, ou à la surface courbe du cylindre circonscrit $= 2\pi r \times 2r$.

DÉFINITION VII.

A étant l'origine d'une courbe régulière AB, située dans un plan, si l'on donne le nom de *pôle* à un point C, choisi à volonté sur le même plan, on appelle *rayon vecteur* toute droite AC, ou BC, comprise entre le pôle et la courbe proposée ; et l'équation qui exprime le rapport qui existe entre un rayon vecteur quelconque BC, et l'angle ACB, se nomme *équation polaire* de la courbe.

PROPOSITIONS.

XLI. Lorsqu'on suppose l'angle ACB racine, on a $\frac{1}{2}$ BC$q \times d$ACB égal à la fluxion de l'aire ABC ; et si l'on fait le triangle BCD rectangle en C, et le côté BD tangent en B, on aura dBC $= \dfrac{\text{BC}q}{\text{CD}}\, d$ACB, et dAB $= \dfrac{\text{BD} \times \text{BC}}{\text{CD}}\, d$ACB.

Prenant l'angle BCE, formé par deux rayons vecteurs, pour fluxion de la racine ACB, et décrivant du centre C avec le rayon BC, l'arc de cercle BfG, on aura $1:BC::BCE:BfG$, et par conséquent $BfG=BCdACB$; d'où il suit que le secteur $BGC=\frac{1}{2}BCqdACB$. Supposant donc l'angle ACB constant, et $dACB$ infinitième, on aura $\dfrac{BGC}{dACB}$ constant: mais $\dfrac{AEC-ABC}{dACB}-\dfrac{\frac{1}{2}BCqdACB}{dACB}$ est

$$=\dfrac{BEC}{dACB}-\dfrac{BGC}{dACB}=\dfrac{BEG}{dACB},$$ et BEG est $<BfG\times EG$,

c'est-à-dire, $<EG\times BC\times dACB$; donc $\dfrac{AEC-ABC}{dACB}$

$$-\dfrac{\frac{1}{2}BCqdACB}{dACB}<EG\times BC,$$ et par conséquent infini-

tième, si l'on suppose ACB constant, et BCE infinitième; car on aura alors BC constant et EG infinitième; donc $\frac{1}{2}BCqdACB=dABC$.

Tirant les droites BE, BG, et faisant l'angle $CDH=\frac{1}{2}BCG$, et l'angle $HDI=GBE$, puisque $BC=CG$, et par conséquent l'angle $BGC=CBG$, on aura $BGC+\frac{1}{2}BCG=90°$: mais $DHC+CDH=90°$, parce que $DCH=90°$; donc $DHC+\frac{1}{2}BCG=90°$, et par conséquent $DHC=BGC$, et $DHI=BGE$: mais $HDI=GBE$; donc, en prolongeant CB, on aura un triangle DHI semblable au triangle BCE, et par conséquent $\dfrac{EG}{BG}=\dfrac{HI}{DH}$. Raisonnant comme on l'a fait dans la prop. XIII du liv. XV, on démontrera facilement que l'angle ACB constant, et BCE infinitième, rendent $DH=CD+$ infinitième, $HI=BC\pm$ infinitième, et $BfG=BG$ ($1+$ infinitième). On aura donc $\dfrac{CE-CB}{dACB}-\dfrac{BCq}{CD}=\dfrac{EG}{dACB}-\dfrac{BCq}{CD}$: mais

$$\dfrac{EG}{dACB}=\dfrac{EG\times BC}{BfG}=\dfrac{EG\times BC}{BG\,(1+\text{infinitième})}=\dfrac{BC\times HI}{DH}$$

$$(1 - \text{infinitième}) = \frac{BC \times (BC \pm \text{infinitième})}{CD + \text{infinitième}} \; (1 - \text{in-}$$

$$\text{finitième}) = \frac{BCq}{CD} \pm \text{infinitième} ; \;\; \text{donc} \; \frac{BCq}{CD} \; d\text{ACB} =$$

dBC. On trouvera de la même manière $d\text{AB} = \dfrac{BD \times BC}{CD}$ $\times d$ACB.

Corol. $(d\text{BC})^2 + (BC \times d\text{ACB})^2 \left[= \left(\dfrac{BCq}{CD}\right)^2 (d\text{ACB})^2 \right.$

$$+ BCq \; (d\text{ACB})^2 = \frac{BCq \times BCq + BCq \times CDq}{CDq} \; (d\text{ACB})^2$$

$$\left. = \frac{BCq \times BDq}{CDq} \; (d\text{ACB})^2 \right] = (d\text{AB})^2.$$

XLII. Dans un triangle rectiligne quelconque, les sinus des angles sont comme les côtés opposés.

Dans le triangle ABC coupez BD égal au rayon r d'un cercle choisi à volonté pour en mesurer les angles, et tirez DE, AF, perpendiculaires à BC. On a r:DE::AB :AF, $r \times$ AF $=$ AB $\times$ DE, $r \times$ AF $=$ AB $\times$ sin ABC; et on trouvera de même $r \times$ AF $=$ AC $\times$ sin ACB : donc AB $\times$ sin ABC $=$ AC $\times$ sin ACB; et par conséquent AB:AC::sin ACB:sin ABC.

XLIII. Dans tout triangle rectiligne, la somme de deux côtés est à leur différence comme la tangente de la demi-somme est à la tangente de la demi-différence des deux angles opposés à ces mêmes côtés.

Car AB:AC::sin ACB:sin ABC, donne AB+AC:AB —AC::sin ACB+sin ABC:sin ACB — sin ABC [ce qui est facile à démontrer]:: tang $\frac{1}{2}$ (ACB + ABC):tang $\frac{1}{2}$(ACB—ABC) [16. 25].

Schol. Les côtés AB, AC, et l'angle compris étant donnés, on trouvera facilement les deux autres angles.

du triangle ; car la demi-somme de ces deux angles étant $= 90° - \frac{1}{2}$ BAC, on pourra trouver $\frac{1}{2}$ (ACB — ABC), et par conséquent calculer $\frac{1}{2}$ (ACB+ABC)+ $\frac{1}{2}$ (ACB—ABC)=ACB, et $\frac{1}{2}$ (ACB+ABC) — $\frac{1}{2}$ (ACB— ABC)=ABC.

XLIV. $(\cos \frac{1}{2}$ ABC $)^2 = \dfrac{r^2}{4} \times \dfrac{AB + BC + AC}{AB} \times$

$\dfrac{AB + BC — AC}{BC}$.

Car BF $= \dfrac{AB \times \cos ABC}{r}$ [ce qui est facile à démon-

trer] $= \dfrac{ABq + BCq — ACq}{2BC}$ [13. 2]; d'où l'on tire cos

ABC $= \dfrac{ABq + BCq — ACq}{2AB \times BC} \times r$, et $(\cos \frac{1}{2}$ ABC $)^2$ $\left[= \dfrac{1}{2} \right.$

$\times 2 \cos \dfrac{ABC + o}{2} \cos \dfrac{ABC — o}{2} = \dfrac{r}{2} (\cos ABC + \cos o)$

$[16. 14] = \dfrac{r}{2} (\cos ABC + r) = \dfrac{r}{2} \left(\dfrac{ABq + BCq — ACq}{2AB \times BC} \right.$

$\times r + r \left. \right) = \dfrac{r^2}{4} \times \dfrac{ABq + 2AB \times BC + BCq — ACq}{AB \times BC} =$

$\dfrac{r^2}{4} \dfrac{(AB + BC)^2 — ACq}{AB \times AC} \left. \right] = \dfrac{r^2}{4} \times \dfrac{AB + BC + AC}{AB} \times$

$\dfrac{AB + BC — AC}{BC}$.

DÉFINITIONS.

VIII. Lorsque deux courbes et deux de leurs tangentes rectilignes aboutissent à un même point, l'angle formé par les deux tangentes s'appelle *quantité de l'angle*, que ces deux courbes forment entre elles.

IX. Tout triangle dont les côtés sont des arcs de cercles décrits du centre de la sphère, et situés sur sa surface, s'appelle *triangle sphérique*.

X. Si un diamètre de la sphère traverse perpendiculairement le plan d'un cercle qui passe par le centre de la sphère, et se termine à sa surface, les extrémités du diamètre sont les *pôles* de ce cercle.

PROPOSITIONS.

XLV. Soit r le rayon de la sphère, ainsi que du cercle dont on se sert pour mesurer les angles : je dis que dans tout triangle sphérique les sinus des côtés sont comme ceux des angles opposés.

Désignant par ABC un triangle sphérique, et par D le centre de la sphère, tirez BD, et du sommet A baissez AE perpendiculaire sur le plan CBD ; du point E, où le plan coupe la droite AE, menez EF perpendiculaire à BD ; joignez AF et levez FG perpendiculaire au plan CBD. Les droites AE, FG, AF, EF, seront situées dans un même plan, vu qu'AE est parallèle à FG : mais BF, qui est perpendiculaire à EF et à FG, doit l'être aussi à AF, et d'ailleurs toute tangente au point B des arcs AB, BC, doit y rencontrer perpendiculairement la même droite BF ; donc on aura l'angle $\text{ABC} = \text{AFE}$. Or, $\text{AE}:\text{AF}::\sin \text{AFE}:\sin \text{AEF}$; donc $\text{AE}:\sin \text{AB}::\sin \text{ABC}:r$; d'où l'on tire $\sin \text{AB} \sin \text{ABC} = \text{AE} \times r$. On trouvera de même $\sin \text{AC} \sin \text{ACB} = \text{AE} \times r$; donc $\sin \text{AB} \sin \text{ABC} = \sin \text{AC} \sin \text{ACB}$.

Schol. 1. Dans le triangle ABC soit BAC un angle droit. Prolongeant les côtés AB, BC, AC, vers D, E, F, jusqu'à ce qu'ils deviennent chacun de 90°, on démontrera sans difficulté que chacun des arcs DC, EC, FC, doit être de 90°, et que par conséquent les points D, E, F, appartiennent à l'arc DEF d'un grand cercle, dont le point C représente le pôle. Ainsi, les arcs BD, BE, DE, AF, sont les compléments des arcs AB, BC, EF, AC, et par conséquent DE est le complément de l'angle ACB, ainsi que l'angle BDE l'est de l'arc AC. Cela posé, il est clair qu'à l'aide de la proposition précédente, et du triangle BDE [qu'on appelle triangle *complémentaire*], on pourra résoudre la question suivante : *Considérant dans un triangle sphérique rectangle les trois angles et les trois côtés, et connoissant trois de ces six objets, déterminer l'un des trois autres.* Mais pour en faciliter les solutions, on pourra avoir recours à cet autre théorème : tang AB $=$ sin AC tang ACB, dont voici l'investigation.

La proportion des sinus donne sin DBE sin BD $= r$ sin DE, ou bien sin ABC cos AB $= r$ cos ACB : mais on a aussi sin ABC sin AB $=$ sin ACB sin AC ; d'où

$$\frac{\text{sin ABC sin AB}}{\text{sin ABC cos AB}} = \frac{\text{sin ACB sin AC}}{r \text{ cos ACB}} = \frac{r \text{ sin AB}}{\text{cos AB}} \; r =$$

$$\frac{r \text{ sin ACB}}{\text{cos ACB}} \text{ sin AC} ; \text{ donc } r \text{ tang AB} = \text{sin AC tang ACB}.$$

Lorsqu'un seul triangle complémentaire ne suffit point pour obtenir de suite les solutions dont on parle, on a recours au second CGH, situé de l'autre côté. Supposons par exemple que le côté AB et l'angle ABC étant donnés, on demande le côté BC opposé à l'angle droit BAC. Il est visible que les deux théorêmes précédents ne sont pas applicables, ni immédiatement au triangle ABC, ni au complémentaire BDE ; mais en ayant recours à CGII, l'équation r tang AB $=$ sin AC tang ACB donnera r tang CII $=$ sin GII tang CGII, c'est-à-dire, r cot BC $=$ cos ABC cot AB, d'où l cot BC $= l$ cos ABC $+ l$ cot AB $- lr$. Ainsi, toutes les fois que les valeurs du côté AB et de l'angle ABC seront données en degrés, minutes, etc., on connoîtra celle de BC par le moyen des tables vulgaires de sinus, tangentes, etc.

2. Désignant par A un arc quelconque, on voit que sin A $=$ sin ($180°-$A), et que tang A $=$ tang $-$ ($180°$ $-$A) ; d'où il suit qu'en pareils cas, on peut ignorer souvent lequel de ces arcs A, ($180°-$A), ou $-$ ($180°$ $-$A), satisfait au problème que l'on a en vue de résoudre. Les propositions suivantes, qui ne sont pas bien difficiles à démontrer, aideront dans plusieurs circonstances à les distinguer. I. Dans tout triangle sphérique, le plus grand angle est opposé au plus grand côté, et le plus grand côté est opposé au plus grand angle. II. La somme des angles est $> 180°$, et $< 3 \times 180°$; et la somme des côtés est $< 360°$. III. Dans tout triangle sphérique rectangle, chaque côté de l'angle droit est $> 90°$, ou $< 90°$, ou $= 90°$, selon que l'angle opposé à ce côté est $> 90°$, ou $< 90°$, ou $= 90°$. IV. Le côté opposé à l'angle droit est $< 90°$, lorsque les deux autres sont de la *même espèce*, c'est-à-dire, lorsqu'ils sont tous deux plus grands ou tous deux plus petits que $90°$; le côté opposé à l'angle droit est $> 90°$, toutes les fois que les deux autres sont de *différente espèce*, c'est-à-dire, l'un plus grand et l'autre plus petit que $90°$. V. Les côtés de l'angle droit seront de différente espèce, si le côté opposé à l'angle droit est $> 90°$; et si ce côté est

$< 90°$, les deux autres seront de la même espèce, c'est-à-dire, tous deux plus grands ou tous deux plus petits que $90°$. VI. Chaque côté de l'angle droit, et l'angle adjacent à ce côté, seront de la même ou de différente espèce, selon que le côté opposé à l'angle droit sera plus petit ou plus grand que $90°$.

XLVI. Si deux triangles sphériques sont placés de telle manière que les sommets des angles du premier soient les pôles des côtés du second, je dis que les sommets des angles du second seront les pôles des côtés du premier, et que chaque côté sera le supplément de l'angle où il a son pôle.

Soient A, B, C, les pôles de DE, EF, DF. Si on prolonge AB, AC, jusqu'aux points G, H de DE, on aura $AG = 90°$, $AH = 90°$, et par conséquent E sera le pôle d'AB. On trouvera de même D, F, pôles d'AC et BC; et puisque $DH = 90°$, et $GE = 90°$, on aura DE + GH $[= DH + HE + GH = DH + GE] = 180°$: mais GH $=$ BAC; donc $DE + BAC = 180°$. Si on prolonge BA jusqu'au point I, on aura $BI = 90°$, $AG = 90°$, et par conséquent AB + GI $[= AG - BG + GI = AG + BI] = 180°$. Etc.

Schol. Ces triangles s'appellent *supplémentaires* entre eux.

XLVII. Dans tout triangle sphérique ABC, on a $r^2 \cos BC = r \cos AB \cos AC + \sin AB \sin AC \cos BAC$.

Menant du point C l'arc CL perpendiculaire sur le côté AB prolongé, s'il est nécessaire, on aura dans les triangles rectangles qui en résultent, $\cos AL \cos CL = r \cos AC$, et $\cos BL \cos CL = r \cos BC$, et par conséquent $\cos BC \cos AL = \cos AC \cos BL$: donc $\cos BC =$

$$\frac{\cos AC \cos BL}{\cos AL} = \frac{\cos AC \cos (AB - AL)}{\cos AL} = \frac{\cos AC}{r \cos AL}$$

$(\cos AB \cos AL + \sin AB \sin AL)$, ce qui donne $r^2 \cos$

$$BC = r \cos AC \cos AB + \frac{r \cos AC \sin AB \sin AL}{\cos AL} : \text{mais}$$

dans le triangle rectangle, on a r tang $AL = \cos BAC$

tang AC, c'est-à-dire, $\dfrac{r \sin AL}{\cos AL} = \dfrac{\sin AC \cos BAC}{\cos AC}$;

donc $r^2 \cos BC = r \cos AB \cos AC + \sin AB \sin AC$
$\cos BAC$.

XLVIII. $r^2 \cos BAC [= - r^2 \cos DE = - r \cos DF$
$\cos EF - \sin DF \sin EF \cos DFE] = \sin ACB \sin ABC$
$\cos BC - r \cos ACB \cos ABC$.

XLIX. tang $BC = \dfrac{r^2 \sin AB}{\cot BAC \sin ABC + \cos AB \cos ABC}$.
On a $r^2 \cos BC = r \cos AB \cos AC + \sin AB \sin AC \cos$
BAC, et par conséquent $r^2 \cos AC = r \cos AB \cos BC +$
$\sin AB \sin BC \cos ABC$. Multipliant la première équation par r, et substituant la valeur de $r^2 \cos AC$, il viendra $r^3 \cos BC = r (\cos AB)^2 \cos BC + \cos AB \sin AB$
$\sin BC \cos ABC + r \sin AB \sin AC \cos BAC$, et par conséquent $r^3 \cos BC - r (\cos AB)^2 \cos BC = r (\sin AB)^2$
$\cos BC = \cos AB \sin AB \sin BC \cos ABC + r \sin AB \sin$
$AC \cos BAC$, et $r \sin AB = \dfrac{\cos AB \sin BC \cos ABC}{\cos BC} +$

$\dfrac{r \sin AC \cos BAC}{\cos BC}$: mais $\sin AC = \dfrac{\sin BC \sin ABC}{\sin BAC}$,

parce que $\sin AC : \sin BC :: \sin ABC : \sin BAC$; donc,
substituant la valeur de $\sin AC$, et multipliant par r,
il viendra $r^2 \sin AB = $ tang $BC \cos AB \cos ABC +$ tang
$BC \cot BAC \sin ABC$.

$$\text{L. cot BAC} \left[= \frac{r^2 \sin AB - \tang BC \cos AB \cos ABC}{\tang BC \sin ABC}\right]$$

$$= \frac{\cot BC \sin AB}{\sin ABC} - \frac{\cos AB \cot ABC}{r}.$$

$$\text{LI. } (\cos \tfrac{1}{2} BAC)^2 = \frac{r^2 \cos \tfrac{1}{2}(AB + AC + BC) \cos \tfrac{1}{2}(AB + AC - BC)}{\sin AB \sin AC}$$

$$= \frac{r^2 \cos \tfrac{1}{2}(AB + AC + BC) \cos (\tfrac{1}{2}(AB + AC + BC) - BC)}{\sin AB \sin AC}.$$

Car la proposition XLVII donne $\cos BAC =$

$\dfrac{r^2 \cos BC - r \cos AB \cos AC}{\sin AB \sin AC}$, et par conséquent $\cos BAC$

$$+ r = \frac{r^2 \cos BC - r \cos AB \cos AC + r \sin AB \sin AC}{\sin AB \sin AC} =$$

$$\frac{r^2 \cos BC - r^2 \cos (AB + AC)}{\sin AB \sin AC} =$$

$$\frac{2r^2 \cos \tfrac{1}{2}(AB + AC + BC) \cos \tfrac{1}{2}(AB + AC - BC)}{\sin AB \sin AC} : \text{mais}$$

$$(\cos \tfrac{1}{2} BAC)^2 = \cos \frac{BAC + o}{2} \times \cos \frac{BAC - o}{2} = \frac{r}{2} (\cos$$

$BAC + r)$; donc $(\cos \tfrac{1}{2} BAC)^2 =$

$$\frac{r^2 \cos \tfrac{1}{2}(AB + AC + BC) \cos \tfrac{1}{2}(AB + AC - BC)}{\sin AB \sin AC}.$$

Schol. Pour résoudre les autres cas, on tirera l'arc CL perpendiculaire sur AB, ce qui réduira le triangle proposé à la somme de deux triangles rectangles, lorsque les angles opposés à la perpendiculaire seront tous deux aigus ou tous deux obtus; ou à leur différence, lorsque l'un de ces angles sera aigu et l'autre obtus; car les angles CAL, CBL, opposés au même côté de l'angle droit, doivent être alors tous deux obtus ou tous deux aigus, selon ce qui a été dit schol. 2, prop. XLV, liv. XVI. Les tables trigonométriques les plus ordinaires offrent des règles qui abrégent beaucoup ces calculs.

LII. La surface de tout triangle sphérique ABC est à celle de la sphère comme ABC + ACB + BAC — 180° est à 2×360°.

Prolongez les côtés jusqu'à ce qu'ils se rencontrent en D, E, F, en devenant des cercles complets. Par les points C, F, menez un autre cercle CGFH, qui rencontre ABD en G; sur la surface de la sphère et dans des plans perpendiculaires à l'axe CF, décrivez les arcs Ah, Ei. Les centres de ces deux arcs seront situés dans l'axe CF, et on démontrera facilement que l'extrémité du sinus verse de FA sera le centre d'Ah, et que l'extrémité du sinus verse de CE sera celui de l'arc Ei. On démontrera également que la surface décrite par l'arc CE dans une révolution entière autour de l'axe CF, est à la surface CEi comme 360° sont à l'angle ECG. Nommant donc l'angle DCE, x et ECG, dx, on aura 360°× sinv CF : CEi :: 360° : dx, ou CEi = (sinv CE) dx; d'où il suit que la surface que l'arc CG décriroit autour de l'axe CF, le point i décrivant l'arc iE, sera pareillement égal à sinv CG × dx : or, la surface EGi est plus petite que la différence entre ces deux surfaces, c'est-à-dire,

$$< (\text{sinv } CG \backsim \text{sinv } CE)\, dx\; ; \quad \text{donc } \frac{EG i}{dx} < \text{sinv}$$

CG $\backsim$ sinv CE : mais x constant et dx infinitième rendent sinv CG $\backsim$ sinv CE infinitième ; on aura

$$\text{donc alors } \frac{CDG - CDE}{dx} - \frac{CE i}{dx} \left[= \frac{EG i}{dx} \right] = \text{infini-}$$

$$\text{tième, } \frac{CE i}{dx} \left[= \text{sinv } CE \right] \text{ constant, et par conséquent}$$

CEI fluxion de la surface CDE. On démontrera de même que FAH = fluxion d'ABF : mais les surfaces CEi, FAh, sont égales, ce qui est facile à démontrer;

donc les triangles CDE, FAB, sont égaux. Nommons l'angle BAC, a; l'angle ABC, b; l'angle ACB, c; et la surface de la sphère, S. On aura surface CAFBC : S :: c : 360°, et CAFBC $= \dfrac{c}{360°} \times$ S : mais le triangle CDE $=$ ABF; donc ABC+CDE $= \dfrac{c}{360°} \times$ S. Et puisqu'on a aussi ABC $+$ ACD [$=$ BADCB] $= \dfrac{b}{360°} \times$ S, et ABC $+$ BCE $= \dfrac{a}{360°} \times$ S; donc 3ABC+BCE+ACD+CDE $= \dfrac{a+b+c}{360°} \times$ S : mais ABC $+$ ECB $+$ ACD $+$ CDE $= \frac{1}{2}$S; donc 2ABC $+ \frac{1}{2}$ S $= \dfrac{a+b+c}{360°} \times$ S, et par conséquent

$$ABC = \dfrac{a+b+c-180°}{2 \times 360°} \times S.$$

LIVRE XVII.

PROPOSITIONS.

1. Étant donnés l'arc AB et le point A d'une section conique, mener une tangente par le point A.

Ayant trouvé le sommet C, et la position d'un diamètre quelconque CD, on mènera l'ordonnée AD parallèle aux cordes que ce diamètre doit diviser en parties égales; et désignant AD par y, et CD par x, on trouvera les coefficients A et B, qui rendent $y^2 = Ax + Bx^2$. Soit AE la tangente, et E le point où elle rencontre le diamètre CD prolongé. On aura DE$:y::dx:dy$ [15. 14], et DE $= y\,\dfrac{dx}{dy}$: mais l'équation donne $2y\,dy = A\,dx +$ $2Bx\,dx$, et par conséquent $\dfrac{dx}{dy} = \dfrac{2y}{A + 2Bx}$; donc DE $=$

$$\frac{2y^2}{A + 2Bx} = \frac{A + Bx}{A + 2Bx} \times 2x.$$

Corol. 1. Si la courbe est une parabole, on aura B $= 0$, et DE $= 2x$.

2. Si elle est une ellipse, et F le centre, on aura, en désignant par f le demi-diamètre CF, et par g l'autre demi-diamètre conjugué, A $= \dfrac{2g^2}{f}$, B $= -\dfrac{g^2}{f^2}$, et DE $=$

$$\frac{2f - x}{f - x}\,x.$$

3. Si le sommet du demi-diamètre g étoit le point de contact, on auroit $DE = \dfrac{f^2}{0}$, expression absurde qui ne désigne autre chose sinon que la tangente menée par ce sommet ne sauroit rencontrer l'abscisse : donc toute tangente menée par le sommet d'un diamètre, est parallèle à l'autre diamètre conjugué.

4. Si l'on suppose $x > f$, la valeur de DE deviendra négative, c'est-à-dire, que l'abscisse et la sous-tangente seront alors en sens contraire.

5. $EF \left[= \dfrac{2f - x}{f - x}\, x + f - x = \dfrac{f^2}{f - x} \right] = \dfrac{CFq}{DF}.$

II. Dans l'ellipse, la somme des carrés de deux diamètres conjugués, est toujours égale à la somme des carrés de deux autres diamètres quelconques conjugués.

Soient AB, AC, deux demi-diamètres conjugués; AD un demi-axe; BE, CF, perpendiculaires à AD; BG, parallèle à AC; $AD = a$; l'autre demi-axe $= b$; et $AE = x$. On aura BG tangente, comme étant parallèle à AC, $AG = \dfrac{a^2}{x}$, $EG = \dfrac{a^2}{x} - x = \dfrac{a^2 - x^2}{x}$, $BEq = \dfrac{b^2}{a^2}(a^2 - x^2)$, et par conséquent $\dfrac{EG}{BEq} = \dfrac{a^2}{b^2 x}$: mais les triangles semblables donnent $BEq : EGq :: CFq : AFq$, et par conséquent $AFq = \dfrac{EGq}{BEq} \times CFq = \dfrac{EG}{BEq} \times EG \times CFq = \dfrac{a^2}{b^2 x} \times EG \times CFq$: mais on a $CFq = \dfrac{b^2}{a^2}(a^2 - AFq)$; donc $AFq = \dfrac{EG}{x} a^2 - \dfrac{EG}{x} \times AFq$, $AFq = \dfrac{a^2 \times EG}{x + EG} = a^2 - x^2$, et $CFq = \dfrac{b^2}{a^2}(a^2 - a^2 + x^2) = \dfrac{b^2 x^2}{a^2}$, et par conséquent $AB q + AC q = AE q + BE q + AF q + CF q = x^2 +$

$\dfrac{b^2}{a^2}(a^2 - x^2) + a^2 - x^2 + \dfrac{b^2 x^2}{a^2} = a^2 + b^2$: donc, etc.

III. Deux parallélogrammes circonscrits à l'ellipse sont égaux, toutes les fois que leurs côtés touchent la courbe aux extrémités de deux diamètres conjugués.

Achevez le parallélogramme AG, et menez CH perpendiculaire à AB. CG sera aussi une tangente ; et puisque sin $BAE = \dfrac{BE}{AB}$, cos $BAE = \dfrac{AE}{AB}$, sin $CAF = \dfrac{CF}{AC}$,

et cos $CAF = \dfrac{AF}{AC}$, on aura sin $BAC = \dfrac{BE}{AB} \times \dfrac{AF}{AC} +$

$\dfrac{AE}{AB} \times \dfrac{CF}{AC}$; d'où CH $[= AC \times \sin BAC] =$

$\dfrac{BE \times AF + AE \times CF}{AB}$, et par conséquent le parallélogramme $AG = CH \times AB = BE \times AF + AE \times CF =$

$\left(\dfrac{b}{a} \sqrt{(a^2 - x^2)} \right) \sqrt{(a^2 - x^2)} + x \dfrac{bx}{a} = ab$: mais AG est le quart de l'un des parallélogrammes en question ; donc, etc.

IV. Soit $dy = dx \sqrt{\dfrac{2r - x}{x}}$ l'équation d'une courbe dont les coordonnées x, y, sont perpendiculaires entre elles : on demande la sous-tangente.

La sous-tangente sera à y comme dx est à dy, comme $\sqrt{x}$ est à $\sqrt{(2r - x)}$, comme x est à $\sqrt{(2rx - xx)}$, c'est-à-dire, comme l'abscisse x est au sinus d'un arc circulaire, dont le sinus verse est x, et le rayon r.

Schol. L'ordonnée y sera $= \int dx \sqrt{\dfrac{2r - x}{x}} =$

$$\int \frac{2r-x}{x^{\frac{1}{2}}(2r-x)^{\frac{1}{2}}}\, dx = \int \frac{2r-x}{\sqrt{(2rx-x^2)}}\, dx.$$ Soit z le plus

petit arc positif dont le sinus verse est x : on aura $y =$

$$\int \frac{r+\cos z}{\pm \sin z}\, dx = \pm \int \frac{-rd\cos z}{\sin z} \pm \int \frac{-\cos z\, d\cos z}{\sin z}$$

$$= \pm \int dz \pm \int - \cos z \times \frac{-dz}{r} = \pm \int dz \pm \int \frac{\cos z\, dz}{r}$$

$$= \pm \int dz \pm \int d\sin z.$$ Soit i un nombre entier quelconque : on aura $y = \pm (\pm'(2i-2)\pi r + z) \pm \sin z = \pm (\pm'(2i-2)\pi r + z + \sin z)$; d'où il suit qu'à chaque abscisse x, ou sinusv z, correspond un nombre infini d'ordonnées de l'un et de l'autre côté de l'axe. La sous-tangente étant $= \dfrac{y\,dx}{dy} = \dfrac{\pm \int dz \pm \int d\sin z}{\pm dz \pm d\sin z} \times d\,\text{sinv } z$

$$= \frac{\int dz + \int d\sin z}{dz + d\sin z}\, d\,\text{sinv } z = \frac{-d\cos z}{dz + d\sin z}\int (dz + d\sin z)$$

$$= \frac{\dfrac{1}{r}\, dz \sin z}{dz + \dfrac{1}{r}\, dz \cos z}\int (dz + d\sin z) = \frac{\sin z}{r + \cos z}\int (dz$$

$$+ d\sin z) = \frac{\text{sinv } z}{\sin z}(\pm'(2i-2)\pi r + z + \sin z),$$ il s'en-

suit que la sous-tangente tombera tantôt du même côté que l'abscisse, ou sinus verse de z, tantôt du côté opposé. Cette courbe est nommée la *cycloïde de Huiguens*.

V. L'équation d'une courbe algébrique étant donnée, trouver ses *points multiples*, c'est-à-dire, les points où elle se croise ; et mener des tangentes par ces points.

Désignons par A, B, C, D, etc., des expressions telles que $\alpha + \delta x + \gamma y + \delta x^2 + \varepsilon xy + \zeta y^2 + \eta x^3 + \theta x^2 y + \iota xy^2 + \varkappa y^3 +$ etc., par x, y, les coordonnées de la courbe, et par A $= 0$, son équation : on aura $dA = B dx + C dy = 0$.

Il est clair que si la courbe n'a que deux branches qui
se croisent, les coordonnées de l'une coïncideront avec
celles de l'autre, lorsque ces coordonnées seront censées
correspondre au point commun d'intersection, et que
l'équation $A = o$ aura alors deux racines égales, soit
que l'on prenne x ou y pour nombre principal. On
aura donc $B = o$ et $C = o$, ce qui est facile à conclure du
corollaire de la proposition XI du liv. X; et les trois équations $A = o$, $B = o$, $C = o$, détermineront les coordonnées qui correspondent à ce point commun. Soit r l'abscisse, et s l'ordonnée qui y répondent. Tout comme l'on
a conclu au corollaire de la proposition XI du liv. X,
que deux racines égales dans l'équation $\Gamma x = o$ donnent
$\dfrac{d\Gamma x}{dx} = o$, on prouvera de même que trois racines égales

donnent $\dfrac{d^2 \Gamma x}{dx^2} = o$; que quatre donnent $\dfrac{d^3 \Gamma x}{dx^3} = o$,

ainsi de suite; et que si trois portions de la courbe se
croisent, il y aura trois valeurs de x égales à r, et autant de valeurs de y égales à s, qui rendront $\dfrac{'d^2 A}{dx^2} = o$,

et $\dfrac{'d^2 A}{dy^2} = o$; que si quatre portions de la courbe se croi-

sent, il y aura quatre valeurs de x égales à r, et au-
tant de valeurs de y égales à s, qui rendront $\dfrac{'d^3 A}{dx^3} = o$,

et $\dfrac{'d^3 A}{dy^3} = o$, ainsi de suite. Cela posé, s'il n'y a que

deux arcs qui se croisent, le rapport entre dx et dy qui
détermine la position des tangentes, doit se trouver

dans l'équation $d^2 A = d\left(\dfrac{'dA}{dx} dx + \dfrac{'dA}{dy} dy \right) =$

$d\,(\mathrm{B}dx+\mathrm{C}dy)=d\mathrm{B}dx+\mathrm{B}d^2x+d\mathrm{C}dy+\mathrm{C}d^2y=d\mathrm{B}dx+d\mathrm{C}dy=\mathrm{E}dx^2+\mathrm{F}dxdy+\mathrm{G}dy^2=0$; s'il y en a trois qui se croisent, le rapport de dx à dy, doit se trouver dans l'équation $d^3\mathrm{A}=d\,(\mathrm{E}dx^2+\mathrm{F}dxdy+\mathrm{G}dy^2)=d\mathrm{E}dx^2+2\mathrm{E}dxd^2x+d\mathrm{F}dxdy+\mathrm{F}d^2xdy+\mathrm{F}dxd^2y+d\mathrm{G}dy^2+2\mathrm{G}dyd^2y=\mathrm{H}dx^3+\mathrm{I}dx^2dy+\mathrm{L}dxdy^2+\mathrm{M}dy^3$, ainsi de suite; et il est bon d'observer que ces équations sont les mêmes que l'on auroit trouvées, si l'on prenoit les fluxions en regardant dx et dy comme indépendants de x et y.

Exemples. Soit $y=b\pm(x-a)\sqrt{\dfrac{x}{a}}$ l'équation de la courbe proposée. On aura $ay^2-2ayb+ab^2-x^3+2ax^2-a^2x=0$, dont la fluxion est $2aydy-2abdy-3x^2dx+4axdx-a^2dx=2a\,(y-b)\,dy+(-3x^2+4ax-a^2)\,dx=0$: mais $2a\,(y-b)=0$, et $-3x^2+4ax-a^2=0$, donnent $y=b$, et $x=a$, des valeurs qui satisfont à l'équation $ay^2-2ayb+ab^2-x^3+2ax^2-a^2x=0$; donc l'abscisse a correspond à un point multiple. Prenant la seconde fluxion, comme si dx et dy étoient indépendants de x et y, on trouve $2ady^2-6xdx^2+4adx^2=0$, ou, en substituant a au lieu de x, $2ady^2-2adx^2=0$, et par conséquent $dx=dy$; d'où il suit que l'ordonnée est égale à la sous-tangente.

Soit $y^4-axy^2+bx^3=0$ l'équation. On aura $4y^3dy-2axydy-ay^2dx+3bx^2dx=2\,(2y^3-axy)\,dy-(ay^2-3bx^2)\,dx=0$. Les équations $2y^3-axy=0$, et $ay^2-3bx^2=0$, donnent indifféremment entre elles les valeurs $x=0$, et $y=0$; ou bien $x=\dfrac{a^2}{6b}$, et $y=\sqrt{\dfrac{a^3}{12b}}$: mais les premières valeurs $x=0$, et $y=0$, s'accordent avec l'équation $y^4 - axy^2 + bx^3 = 0$, tandis que les dernières ne sauroient y satisfaire : donc il y a dans la courbe un point multiple qui correspond à l'abscisse 0. Prenant les fluxions sans faire dépendre dx de x ni dy de y, on trouve $d^2 (y^4 - axy^2 + bx^3) = 12y^2 dy^2 - 2axdy^2 - 4aydxdy + 6bxdx^2 = 0 \times dy^2 - 0 \times dxdy + 0 \times dx^2$, équation qui ne détermine rien : mais $d^3 (y^4 - axy^2 + bx^3) = 24ydy^3 - 6adxdy^2 + 6bdx^3 = 0$,

donne $dx = 0$ ou $dx = \pm dy \sqrt{\dfrac{a}{b}}$. Ainsi, la première valeur $dx = 0$ indique une tangente parallèle aux ordonnées.

VI. L'équation d'une courbe étant proposée, trouver ses asymptotes rectilignes.

Soient x l'abscisse, et y l'ordonnée. La supposition de $x^2 + y^2$ infini, indiquera, moyennant l'expression $\dfrac{ydx}{dy} - x$, le point où l'abscisse, prolongée à volonté, coupe l'asymptote, et donnera en même temps la valeur de la tangente $\dfrac{dy}{dx}$ de l'angle compris entre ces deux droites.

Soit par exemple l'équation $0 = 2ab^2 x + b^2 x^2 - a^2 y^2$, à l'hyperbole : on aura $0 = 2ab^2 dx + 2b^2 xdx - 2a^2 ydy$, et $\dfrac{dx}{dy} = \dfrac{a^2 y}{ab^2 + b^2 x}$; d'où il suit que $\dfrac{ydx}{dy} - x = \dfrac{ax}{a + x}$ sera la portion de la base comprise entre la tangente et l'origine des abscisses. Supposons $x^2 + y^2$ infini, et que par conséquent la distance de l'origine des abscisses au point de contact augmente à l'infini : on aura x infini, et

$$\frac{ax}{a+x} = \frac{ax}{x+a} = a - \frac{a^2}{x+a} = \text{infinitième} ;$$ donc la différence entre a et $\frac{ax}{a+x}$ diminuera à l'infini, et la position de la tangente approchera sans limite de celle de l'asymptote. On voit donc déjà par quel point de la base on doit mener l'asymptote. Reste donc à déterminer l'angle qu'elle doit faire avec la base. La tangente de cet angle sera $\frac{b}{a}$, comme l'expression $\frac{dy}{dx} =$

$$\frac{ab^2+b^2x}{a^2y} = \frac{b^2(a+x)}{ab\sqrt{(2ax+x^2)}} = \frac{b}{a} \times \frac{x+a}{\sqrt{(x^2+2ax)}}$$ l'indique, puisque cette expression se réduit à $\frac{b}{a}$ lorsqu'on y suppose x infini.

Soit x l'angle qui détermine la position du rayon vecteur v, et supposons v infini : l'expression $\frac{v^2 dx}{dv}$ de la sous-tangente indiquera la position de l'asymptote.

Exemples. Soit $vx = a$. On aura $vdx = -xdv$, et $\frac{v^2 dx}{dv} = -vx = -a$: mais v infini rend x infinitième ; donc, si du pôle de la courbe on mène sur le côté fixe de l'angle x, une perpendiculaire égale à a, la droite parallèle à ce côté, tirée par l'extrémité de la perpendiculaire a, sera l'asymptote de la courbe dont il s'agit. Cette courbe s'appelle *spirale hyperbolique.*

Soit $2\pi v = x$. On aura $\frac{v^2 dx}{dv} = 2\pi v^2$, expression que v infini rend infinie. Cette courbe que l'on nomme *spirale d'Archimède,* ne sauroit donc avoir des asymptotes.

VII. Supposons y fonction de x, dx indépendant de x, $d^2y = $A, $d^3y = $B, $d^4y = $C, etc.

Que dx dépende ou non de x, la valeur de $\dfrac{dy}{dx}$ sera toujours la même [15. déf. 4]: donc chacune de ces expressions $d\dfrac{dx}{dy}$, $d\left(\dfrac{1}{dx}\,d\,\dfrac{dy}{dx}\right)$, $d\left(\dfrac{1}{dx}\,d\left(\dfrac{1}{dx}\,d\,\dfrac{dy}{dx}\right)\right)$, ainsi de suite, aura toujours la même valeur: mais dx indépendant de x rend $d\,\dfrac{dy}{dx}=\dfrac{A}{dx}$, $d\left(\dfrac{1}{dx}\,d\,\dfrac{dy}{dx}\right)=\dfrac{B}{dx^2}$, $d\left(\dfrac{1}{dx}\,d\left(\dfrac{1}{dx}\,d\,\dfrac{dy}{dx}\right)\right)=\dfrac{C}{dx^3}$, ainsi de suite; donc, quel que soit dx, dépendant ou indépendant de x, on aura toujours $A=dx\,d\,\dfrac{dy}{dx}$, $B=dx^2 d\left(\dfrac{1}{dx}\,d\,\dfrac{dy}{dx}\right)$, $C=dx^3 d\left(\dfrac{1}{dx}\,d\left(\dfrac{1}{dx}\,d\,\dfrac{dy}{dx}\right)\right)$, $D=dx^4 d\left(\dfrac{1}{dx}\,d\left(\dfrac{1}{dx}\,d\left(\dfrac{1}{dx}\,d\,\dfrac{dy}{dx}\right)\right)\right)$; ainsi de suite.

DÉFINITION.

Lorsqu'un cercle touche une courbe quelconque de telle manière qu'aucun autre arc de cercle ne puisse passer par le point de contact entre la courbe et le cercle, on dit que dans ce point la *courbure* de la courbe est égale à celle du cercle, et que le rayon et le centre du cercle en sont le *rayon et le centre de courbure*; et la ligne qui est le lieu de ce centre s'appelle *développée*.

PROPOSITIONS.

VIII. Soient z une courbe régulière, et x, y, deux coordonnées faisant entre elles un angle droit: je dis que le rayon de courbure sera perpendiculaire à la ligne

$$z, \text{ et} = \frac{(dx^2 + dy^2)^{\frac{3}{2}}}{-dx^2 d\frac{dy}{dx}}.$$

Supposons $AB = x$, $BC = y$, dx indépendant de x,

$CD = \dfrac{dz^3}{-dx d^2y}$ et perpendiculaire à la courbe z, DE le

lieu du point D, et achevons les triangles rectangles
CDF, DGH. On aura $dz^2 = dx^2 + dy^2$; $dz : dx :: CD : CF$;

$CF = \dfrac{dz^2}{-d^2y}$; et on trouvera de même $DF = \dfrac{dy\, dz^2}{-dx d^2 y}$;

d'où par conséquent $AG = x + \dfrac{dy\, dz^2}{-dx d^2 y}$, et $DG = -y$

$- \dfrac{dz^2}{d^2y}$; donc $dAG = dx - \dfrac{dz^2}{dx} - \dfrac{2 dy\, dz\, d^2 z}{dx d^2 y} + \dfrac{dy\, d^3 y\, dz^2}{dx d^2 y}$

$= - \dfrac{dy^2}{dx} - \dfrac{2 dy\, dz\, d^2 z}{dx d^2 y} + \dfrac{dy\, d^3 y\, dz^2}{dx d^2 y^2} = \dfrac{dy}{dx}\left(- dy - \right.$

$\dfrac{2 dz\, d^2 z}{d^2 y} + \dfrac{d^3 y\, dz^2}{d^2 y^2} \Big)$ et $dDG = - dy - \dfrac{2 dz\, d^2 z}{d^2 y} + \dfrac{d^3 y\, dz^2}{d^2 y^2}$

$= \dfrac{dx}{dx}\left(- dy - \dfrac{2 dz\, d^2 z}{d^2 y} + \dfrac{d^3 y\, dz^2}{d^2 y^2} \right)$; donc $dDE = \dfrac{dz}{dx}$

$\left(- dy - \dfrac{2 dz\, d^2 z}{d^2 y} + \dfrac{d^3 y\, dz^2}{d^2 y^2} \right)$: mais $dy = \dfrac{\sqrt{(dx^2 + dy^2)}}{d^2 y}$

$\times \dfrac{dy\, d^2 y}{\sqrt{(dx^2 + dy^2)}} = \dfrac{dz\, d^2 z}{d^2 y}$; donc $dDE = - \dfrac{3 dz^2 d^2 z}{dx d^2 y} +$

$\dfrac{d^3 y\, dz^3}{dx d^2 y^2} = d\,\dfrac{dz^3}{-dx d^2 y}$. Il n'y a donc entre CD et DE

aucune différence qui dépende de x. Les valeurs que
l'on vient de trouver pour dAG et dDG, donnent dAG
$: dDG :: dy : dx$; mais il est aussi $GH : DG :: dy : dx$; donc
$GH : DG :: dAG : dDG$; d'où il s'ensuit que l'arc DE tou-

che en D la droite CD. Supposons maintenant que le point D soit situé dans un arc HDL qu'aucune droite ne puisse rencontrer en trois points. Menons IM perpendiculaire à la courbe CM. Ces deux lignes se toucheront en I [dém.]; et prolongeant IM jusqu'à la rencontre de CD en N, on aura CD = DIM [dém.]; donc CD > DM [15. axiom.] et < DN + NM [15. axiom.], et par conséquent MN > CN; donc le point M [ainsi que tout autre point de l'arc CM] sera situé dans l'intérieur du cercle que l'on décrira du centre D avec le rayon CD, et en dehors de celui que l'on décriroit du centre N avec le rayon CN. Je dis la même chose de tout autre point de la droite DN. Menant LO perpendiculaire à la courbe MCO, tirant DO, et prolongeant CD jusqu'à la rencontre de LO en P, on aura CDL = LO, et < DO + DL; d'où l'on tire CP + PL > LO, et par conséquent CP > PO. Donc le point O, ainsi que tout autre point de l'arc CO, doit se trouver en dehors du cercle que l'on décrira du centre D avec la rayon DC, et en dedans de celui que l'on décriroit du centre P avec le rayon CP. Je dis la même chose de tout autre centre pris sur la droite DP. Or, il seroit inutile de considérer des cercles dont les centres seroient hors de la droite NP; donc il n'y a point de cercle qui puisse passer par le point C, entre la courbe MCO et le cercle décrit du centre D avec le rayon CD; donc CD, et par conséquent $\dfrac{dz^3}{-dz\,d^2y}$

sera le rayon de courbure relatif au point C, lorsque dx ne dépend pas de x. Cela posé, que dx dépende ou non de x, on aura toujours $CD = \dfrac{dz^3}{-dx^2\,d\dfrac{dy}{dx}}.$

Corol. 1. Tout rayon de courbure touche la développée au centre de courbure.

2. La différence entre le rayon de courbure et la développée est nulle ou indépendante de l'abscisse.

IX. Soient AB un arc de courbe régulière, C le pôle, BC un rayon vecteur, DCE une droite donnée de position, et désignons AB par z, BC par v, et l'angle BCD par u : je dis que le rayon de courbure, correspondant au point B, sera $= dz^3 \div \left(du dz^2 - v^2 du^2 d\, \dfrac{dv}{vdu} \right)$.

Menant BE perpendiculaire à DCE, et désignant CE par x, BE par y, et le rayon de courbure au point B par R, on aura R $= dz^3 \div \left(- dx^2 d\dfrac{dy}{dx} \right) = dz^3 \div (dy d^2x$ $- dx d^2y)$: mais $x = v$ cos u et $y = v$ sin u; donc $dx = dv$ cos $u + vd$ cos $u = dv$ cos $u - vdu$ sin u, $dy = dv$ sin $u + vd$ sin $u = dv$ sin $u + vdu$ cos u, $d^2x = d^2v$ cos u $- 2dvdu$ sin $u - vd^2u$ sin $u + vdu^2$ cos u, et $d^2y = d^2v$ sin $u + 2dvdu$ cos $u + vd^2u$ cos $u - vdu^2$ sin u, et par conséquent dz^2 $[= dx^2 + dy^2] = dv^2 + v^2 du^2$, et $dy d^2x$ $- dx d^2y = 2dv^2 du + vdvd^2u - vdud^2v + v^2 du^3$; donc $dz^3 \div (dy d^2x - dx d^2y) = dz^3 \div (v^2 du^3 + 2dv^2 du +$ $vdvd^2u - vdud^2v) = dz^3 \div \left(du dz^2 - v^2 du^2 d\, \dfrac{dv}{vdu} \right) = $R.

Schol. Les géomètres savent par expérience que toute variable dont les valeurs sont susceptibles de différences infinitièmes, devient 0, ou $\dfrac{1}{0}$, lorsqu'elle passe de positive à négative. Cela posé, il est visible que tout point d'une courbe régulière, qui en sépare deux concavités opposées, doit avoir 0 ou $\dfrac{1}{0}$ pour rayon de courbure; ce qui veut dire en d'autres termes, que les points de cette espèce ne sauroient avoir des rayons de courbure.

LIVRE XVIII.

PROPOSITIONS.

I. Écrivant R à la place de $a+bx^n$, on aura $\int x^m R^p dx$

$$= \frac{x^{m+1-n}R^{p+1}}{b(m+1+np)} - \frac{a(m+1-n)}{b(m+1+np)}\int x^{m-n}R^p dx$$

II. $$= \frac{x^{m+1}R^{p+1}}{a(m+1)} - \frac{b(m+1+np+n)}{a(m+1)}\int x^{m+n}R^p dx$$

III. $$= \frac{x^{m+1}R^p}{m+1+np} + \frac{anp}{m+1+np}\int x^m R^{p-1}dx$$

IV. $$= \frac{-x^{m+1}R^{p+1}}{an(p+1)} + \frac{m+1+np+n}{an(p+1)}\int x^m R^{p+1}dx$$

V. $$= \frac{x^{m+1}R^p}{m+1} - \frac{bnp}{m+1}\int x^{m+n}R^{p-1}dx$$

VI. $$= \frac{x^{m+1-n}R^p}{bn(p+1)} - \frac{m+1-n}{bn(p+1)}\int x^{m-n}R^{p+1}dx.$$

VII. Désignant par P... M... D $[=\int x^m R^p dx]$ une série dont P représente le premier terme, M l'un des termes moyens, et D le dernier ; par t le nombre de termes qui précèdent chaque terme M, et par A le coefficient de tout terme précédent : je dis que si l'on continue, suivant toujours le style des propositions précédentes, à résoudre en deux termes chaque fluente indiquée, on aura $\int x^m R^p dx = \text{P} \ldots \ldots \text{M} \ldots \ldots \text{D}$

$$= \frac{x^{m+1-n}R^{p+1}}{b(m+1+np)} \cdots \frac{-Aa(m+1-tn)}{b(m+1+np-tn)} x^{m+1-n-tn}R^{p+1}$$
$$\ldots - Aa(m+1-tn)\int x^{m-tn}R^p dx$$

$$\text{VIII.} = \frac{x^{m+1}R^{p+1}}{a(m+1)} \cdots \frac{-Ab(m+1+np+tn)}{a(m+1+tn)} x^{m+1+tn}R^{p+1}$$
$$\ldots - Ab(m+1+np+tn)\int x^{m+tn}R^p dx$$

$$\text{IX.} = \frac{x^{m+1}R^p}{m+1+np} \ldots \ldots \frac{Aan(p+1-t)}{m+1+np} x^{m+1}R^{p-t}$$
$$\ldots Aan(p+1-t)\int x^m R^{p-t}dx$$

$$\text{X.} = \frac{-x^{m+1}R^{p+1}}{an(p+1)} \cdots \frac{A(m+1+np+tn)}{m+1+np} x^{m+1}R^{p+1+t}$$
$$\ldots - A(m+1+np+tn)\int x^m R^{p+t}dx$$

$$\text{XI.} = \frac{x^{m+1}R^p}{m+1} \ldots \ldots \frac{-Abn(p+1-t)}{m+1+tn} x^{m+1+tn}R^{p-t}$$
$$\ldots - Abn(p+1-t)\int x^{m+tn}R^{p-t}dx$$

$$\text{XII.} = \frac{x^{m+1-n}R^{p+1}}{bn(p+1)} \cdots \frac{-A(m+1-tn)}{bn(p+1+t)} x^{m+1-n-tn}R^{p+1+t}$$
$$\ldots - A(m+1-tn)\int x^{m-tn}R^{p+t}dx.$$

Exemples. 1. La prop. VII donne $\int x^6(1-x^2)^{-\frac{1}{2}}dx$

$$= \left(-\tfrac{1}{6}x^5 - \tfrac{5}{24}x^3 - \tfrac{5}{16}x\right)(1-x^2)^{\frac{1}{2}} - \tfrac{5}{16}\int(1-x^2)^{-\frac{1}{2}}dx.$$

La fluente $\int(1-x^2)^{-\frac{1}{2}}dx$ est égale à un arc circulaire dont x représente le sinus.

2. Par la même proposition, on aura $\int y^3(1+4y^2)^{\frac{1}{2}}dy$

$$= \left(\tfrac{1}{2c}y^2 - \tfrac{1}{120}\right)(1+4y^2)^{\frac{3}{2}}.$$

5. La proposition VIII donne $\int x^{-4}(1-x^2)^{-\frac{1}{2}}dx$

$$= \left(-\tfrac{1}{3}x^{-3} + \tfrac{2}{3}x^{-1}\right)(1-x^2)^{\frac{1}{2}}.$$

4. La proposition XII donne $\int z^3 (1 - z)^{-3} dz = \frac{1}{2} z^3$ $(1 - z)^{-2} - \frac{3}{2} z^2 (1 - z)^{-1} + 3 \int z (1 - z)^{-1} dz$; mais par la prop. Iere. on a $\int z (1 - z)^{-1} dz = -z + \int (1 - z)^{-1} dz$; et $\int (1 - z)^{-1} dz$ est $= - \int \frac{- dz}{1 - z} = - l (1 - z)$ [15.8];

donc $\int z^3 (1 - z)^{-3} dz = \frac{1}{2} z^3 (1 - z)^{-2} - \frac{3}{2} z^2 (1 - z)^{-1}$ $- 3z - 3l (1 - z)$. Si l'on avoit poussé la réduction au-delà du second terme, toujours par la voie de la proposition XII, on auroit trouvé des expressions absurdes.

5. La proposit. XII donne $\int x^6 (a^2 + x^2)^{-4} dx = - \frac{1}{6} x^5$ $(a^2 + x^2)^{-3} - \frac{5}{6.4} x^3 (a^2 + x^2)^{-2} - \frac{5.5}{24.2} x (a^2 + x^2)^{-1}$ $+ \frac{15.1}{48} \int (a^2 + x^2)^{-1} dx$: mais $\int (a^2 + x^2)^{-1} dx \left[= \frac{1}{a} \int \left(1 + \frac{x^2}{a^2} \right)^{-1} \frac{dx}{a} \right]$ représente un arc circulaire z dont $\frac{x}{a}$ est la tangente [16. 25]; donc $\int x^6 (a^2 + x^2)^{-4} dx =$ $- \frac{1}{6} x^5 (a^2 + x^2)^{-3} - \frac{5}{24} x^3 (a^2 + x^2)^{-2} - \frac{15}{48} x (a^2 + x^2)^{-1}$ $+ \frac{z}{a}$.

XIII. Désignant par a un nombre non moindre que chacun des coefficients négatifs d'une équation quelconque, du genre de celles dont on s'est occupé dans le liv. X, je dis que toute racine positive de cette équation sera $< a + 1$.

Posons le cas le moins favorable, et soit $x^m - a x^{m-1}$ $- a x^{m-2} - $ etc. $= 0$ une équation proposée. On aura $x^m - a x^{m-1} - a x^{m-2} - $ etc. $= - a - a x - a x^2 - \ldots$ $- a x^{m-1} + x^m = x^m - \frac{1 - x^m}{1 - x} a$. Mettant $a + 1$ à la place de x, on trouve $x^m - \dfrac{1-x^m}{1-x}\,a = 1$, et par conséquent,

si on suppose $x = a+1$, on aura $x^m > ax^{m-1} + ax^{m-2}$

$+$etc.$;\ \ ma^{m-1} > (m-1)\,ax^{m-2} + (m-2)\,ax^{m-3} +$

etc.$;\ (m-1)\,max^{m-2} > (m-2)(m-1)\,ax^{m-3} + (m-3)$

$(m-2)\,ax^{m-4}+$etc., ainsi de suite; donc tous les poly-

nomes dérivés de $x^m - ax^{m-1} - ax^{m-2} - $ etc. $=0$,

d'après la proposition XI du liv. X, seront positifs.

XIV. Trouver la valeur de $\dfrac{\Gamma x}{\Delta x}$, lorsque $x=a$ donne

$\Gamma a = 0 = \Delta a$.

Soit n le plus petit nombre qui ne donne point $\dfrac{{}^\prime d^n\Gamma x}{dx^{n\prime}}$

$= \dfrac{{}^\prime d^n \Delta x}{dx^{n\prime}} = 0$, lorsque $x=a$: je dis qu'il sera alors $\dfrac{\Gamma x}{\Delta x}$

$= \dfrac{{}^\prime d^n\Gamma x}{dx^{n\prime}} \div \dfrac{{}^\prime d^n\Delta x}{dx^{n\prime}}$. Substituant $u+z$ à la place de x, on

aura $\dfrac{\Gamma x}{\Delta x} = \dfrac{\Gamma(u+z)}{\Delta(u+z)} = \left(\Gamma u + \dfrac{d\Gamma u}{du}z + \dfrac{{}^\prime d^2\Gamma u}{2du^{2\prime}}z^2 + \text{etc.}\right)$

$\div \left(\Delta u + \dfrac{d\Delta u}{du}z + \dfrac{{}^\prime d^2\Delta u}{2du^{2\prime}}z^2 + \text{etc.}\right)$. Supposons que $u=a$

rende $\dfrac{\Gamma(a+z)}{\Delta(a+z)} = (A + Cz + Ez^2 + \text{etc.}) \div (B + Dz + Fz^2$

$+$etc.$)$, et que l'on ait d'abord $A = 0 = B$, mais non pas

$C = 0 = D$: on aura $\dfrac{\Gamma(a+z)}{\Delta(a+z)} = (Cz + Ez^2 + \text{etc.}) \div (Dz$

$+Fz^2 + \text{etc.}) = (C + Ez + Gz^2 + \text{etc.}) \div (D + Fz + Hz^2 +$

etc.$)$, et $\dfrac{\Gamma a}{\Delta a} = \dfrac{C}{D}$. Soit $A = 0 = B$ et $C = 0 = D$, mais

non pas $E = 0 = F$: on aura $\dfrac{\Gamma(a+z)}{\Delta(a+z)} = (Ez^2 + Gz^3 +$

etc.$) \div (Fz^2 + Hz^3 + \text{etc.}) = (E + Gz + \text{etc.}) \div (F + Hz$

$+$etc.$)$, et par conséquent $\dfrac{\Gamma a}{\Delta a} = \dfrac{E}{F}$. Ainsi de suite.

Exemples. 1. On demande la valeur de $(\sqrt{(2a^3x - x^4)} - a\sqrt[3]{(a^2x)}) \div (a - \sqrt[4]{(ax^3)})$ lorsque $x = a$. Puisque $x = a$ rend $\frac{1}{dx} d(\sqrt{(2a^3x - x^4)} - a\sqrt[3]{(a^2x)})$

$$\left[= \frac{a^3 - 2x^3}{\sqrt{(2a^3x - x^4)}} - \frac{a\sqrt[3]{(a^2x)}}{3x} \right] = -\frac{3}{4}a, \text{ et } \frac{1}{dx}$$

$d(a - \sqrt[4]{(ax^3)}) \left[= -\frac{3}{4}\sqrt[4]{\frac{a}{x}} \right] = -\frac{3}{4}$, on aura $\frac{16}{9}a$

pour la valeur demandée.

2. On demande la valeur de $(x + nx^{n+2} - (n+1)x^{n+1}) \div (1 - x)^2$, lorsque $x = 1$. Puisque $x = 1$ rend $\frac{1}{dx}(dx + nx^{n+2} - (n+1)x^{n+1}) [= 1 + n(n+2)x^{n+1} - (n+1)^2x^n] = 0$; $\frac{1}{dx} d((1-x)^2)[= 2x - 2] = 0$; $\frac{1}{dx} d(1 + n(n+2)x^{n+1} - (n+1)^2x^n) [= n(n+1)(n+2)x^n - n(n+1)^2x^{n-1}] = n(n+1)(n+2) - n(n+1)^2 = n(n+1)$; et $\frac{1}{dx} d(2x - 2) = 2$, il s'ensuit que $\frac{1}{2}n(n+1)$ sera la valeur demandée.

XV. Trouver les facteurs binômes d'un polynome quelconque, formé d'après la définition II du liv. X.

Soit x nombre principal dans l'équation $V = 0$, dont les racines sont égales et en nombre pair ; dans l'équation $X = 0$, qui ne renferme que des racines réelles et inégales ; et dans $Z = 0$, où il n'y en a que d'imaginaires. On demande les facteurs binômes de VXZ.

Soient $nn'n''$ la courbe dont $Pn = y$ représente l'ordonnée, $AP = x$ l'abscisse, et $X = y$ l'équation. Les points B, C, D, etc., β, γ, δ, etc., où la courbe rencontre l'axe, déterminent les racines positives AB, AC, AD, etc., et les négatives $A\varepsilon$, $A\gamma$, $A\delta$, etc., qui rendent $X = 0$. Ainsi on remarquera d'abord, que cette courbe ne sauroit rencontrer l'axe sans le couper; car si elle ne faisoit que le toucher, comme on le voit en R, l'équation $X = 0$ devroit avoir des racines égales, contre l'hypothèse. Soit m moindre que la plus petite différence entre deux racines quelconques de $X = 0$, et supposons qu'aucune de ces racines ne soit m, ni multiple de m. Si l'on prend successivement 0, m, $2m$, $3m$, $4m$, etc.; 0, $-m$, $-2m$, $-3m$, $-4m$, etc., pour abscisses, il est clair que y doit changer de signe autant de fois qu'il y aura de racines réelles et inégales : donc chaque changement de signe indiquera une racine réelle : mais il n'y en a point dans $Z = 0$ [sup.]; donc les substitutions de 0, m, etc. sans apporter aucun changement de signe en Z, doivent produire en XZ les mêmes changements qu'en X. Séparant donc le facteur V du facteur XZ [10. 15], s'il y en a un; mettant Γx à la place de XZ, et désignant par δ la différence entre deux racines quelconques de $XZ = 0$, on aura $\Gamma(x+\delta) = 0$; car $x+\delta$ sera une racine de $\Gamma x = 0$. Éliminant x entre les deux équations $\Gamma(x+\delta) = 0$ et $\Gamma x = 0$, on obtiendra $\Delta(\delta^2) = 0$; car, désignant par a, b, c, etc., les racines de $\Gamma x = 0$, on aura $(\delta-(a-b))(\delta-(b-a))(\delta-(a-c))(\delta-(c-a))$ etc. $= (\delta-(a-b))(\delta+(a-b))(\delta-(a-c))(\delta+(a-c))$ etc. $= (\delta^2-(a-b)^2)(\delta^2-(a-c)^2)$ etc. $= 0$, équation dont on déduira δ, en regardant δ^2 comme nombre principal. Substituant $\dfrac{1}{\varepsilon}$ pour δ^2 dans $\Delta(\delta^2) = 0$, on aura encore $\Theta\varepsilon = 0$. Soit $\varkappa$ non moindre que chacun des coefficients négatifs de

$\Theta z = 0$, et $\sqrt{\dfrac{1}{z+1}}$ non $< m$: le plus petit δ sera $> m$.

Substituant donc successivement 0, m, $2m$, etc., 0, $-m$, $-2m$, etc., à la place de x dans Γx, on observera autant de changements de signe dans Γx, qu'il y a de racines réelles dans $\Gamma x = 0$. On pourra donc trouver de suite ces racines, soit exactement, soit par approximation. Si, en substituant 0, m, $2m$, $3m$, etc., on parvient à un multiple de m plus grand que chacun des coefficients négatifs de $\Gamma x = 0$, il faudra conclure qu'il n'y a plus de racines positives dans $\Gamma x = 0$. On reconnoîtra de même s'il y en a dans $\Gamma - x = 0$, c'est-à-dire, s'il n'y en a point de négatives dans $\Gamma x = 0$.

Les racines réelles une fois trouvées, il sera facile de séparer X de Z.

Venons maintenant à Z. On sait que chaque nombre a deux racines carrées, égales et contraires, et que par conséquent, si $A + B\sqrt{-1}$ est racine d'une équation quelconque, $A - B\sqrt{-1}$ le sera aussi. Or, l'expérience a fait voir aux géomètres, que l'impossibilité des racines des équations ne provient que de l'impossibilité de la racine carrée des nombres négatifs : donc, puisqu'il n'y a que des racines imaginaires dans $Z = 0$, si l'on suppose cette équation du degré $2n$, il s'ensuit qu'il y aura dans $\Delta(\delta^2) = 0$ un nombre n de racines réelles de la forme $-4B^2$. Cherchant donc les valeurs réelles de δ^2 par la méthode connue, et substituant ces valeurs dans une équation $x\Lambda\delta + \Xi\delta = 0$, que l'élimination de x doit nécessairement fournir, on aura deux valeurs de x pour chaque valeur de δ^2.

XVI. i étant un nombre positif, on demande

$$\int \frac{a'x^{i-1}+b'x^{i-2}+\ldots+h'}{x^i+ax^{i-1}+bx^{i-2}\ldots+h}\,dx.$$

Supposons que le dénominateur de cette fraction ait le nombre μ de facteurs réels de la forme $x+\alpha$, le nombre ν de facteurs binômes réels de la forme $x+6$, etc., et que les facteurs binômes imaginaires, s'il y en a dans le même dénominateur, se trouvent dans les nombres ρ, σ, etc., de trinômes réels de la forme $x^2+\varepsilon x+\zeta$, $x^2+\eta x+\theta$, etc. : on pourra donc égaler la proposée à la suite de fractions $\dfrac{Ax^{\mu-1}+Bx^{\mu-2}+\text{etc.}}{(x+\alpha)^\mu}+$

$\dfrac{A'x^{\nu-1}+B'x^{\nu-2}+\text{etc.}}{(x+6)^\nu}+\text{etc.}+$

$\dfrac{Gx^{2\rho-1}+Hx^{2\rho-2}+\text{etc.}}{(x^2+\varepsilon x+\zeta)^\rho}+\dfrac{G'x^{2\sigma-1}+H'x^{2\sigma-2}+\text{etc.}}{(x^2+\eta x+\theta)^\sigma}$

$+$ etc., dont la somme fournira un nouveau numérateur, qui étant égalé à celui de la fraction proposée, donnera les valeurs de A , B , C, etc., A$'$, B$'$, C$'$, etc., G , H , I , etc., G$'$, H$'$, I$'$, etc., etc. Ainsi, la solution du problème ne dépendra plus que de fluentes, telles que

$$\int \frac{x^m dx}{(\alpha+x)^\mu}\ \text{et}\ \int \frac{x^n dx}{(x^2+\varepsilon x+\zeta)^\rho},$$ dont la dernière revien-

dra à $\displaystyle\int \frac{(u-\frac{1}{2}\varepsilon)^n du}{(u^2-\frac{1}{4}\varepsilon^2+\zeta)^\rho}$, si l'on substitue $u-\frac{1}{2}\varepsilon$ à la place de x.

Exemple. Trouver $\int dx\,\Gamma x =$

$$\int \frac{4x^3+5x^2+2x+1}{x^6-2x^5+x^4+x^3-2x^2+x}\,dx.$$ Le dénominateur

étant $=x(x-1)(x-1)(x+1)(x^2-x+1)$, on fera

$$\Gamma x = \frac{A}{x} + \frac{A'x+B'}{(x-1)^2} + \frac{A''}{x+1} + \frac{Gx+H}{x^2-x+1},$$ dont la

somme aura pour numérateur la suite

$$\begin{array}{l} +A\,x^5-2A\,x^4+A\,x^3+A\,x^2-2A\,x+A \\ +A'x^5+B'x^4\qquad\qquad +A'x^2+B'x \\ +A''x^5-3A''x^4+4A''x^3-3A''x^2+A''x \\ +G\,x^5-G\,x^4-G\,x^3+G\,x^2 \\ \qquad +H\,x^4-H\,x^3-H\,x^2+Hx, \end{array}$$

lequel, étant comparé à celui de la fraction proposée, donnera $A+A'+A''+G=0$, $-2A+B'-3A''-G+H=0$, $A+4A''-G-H=4$, $A+A'-3A''+G-H=3$, $-2A+B'+A''+H=2$, $A=1$, et par conséquent $H=\frac{-11}{3}$, $G=-\frac{4}{3}$, $A''=\frac{1}{6}$, $A'=\frac{-5}{2}$, et $B'=\frac{15}{2}$: donc la fluente demandée sera $=\int\frac{dx}{x}$ $+\int\frac{-5x+15}{2(1-x)^2}dx+\int\frac{dx}{6(x+1)}+\int\frac{4x-11}{3(x^2-x+1)}dx$ $=lx+\frac{1}{6}\,l(x+1)-\frac{5}{2}\int x(1-x)^{-2}dx+\frac{15}{2}$ $\int(1-x)^{-2}dx+\frac{1}{3}\int\frac{4x-11}{x^2-x+1}dx$. Substituant $u+\frac{1}{2}$ pour x dans $\frac{4x-11}{x^2-x+1}dx$, on trouve cette fluxion $=$ $\frac{4u-9}{u^2+\frac{3}{4}}du=\frac{4udu}{u^2+\frac{3}{4}}-\frac{9du}{u^2+\frac{3}{4}}$: mais $\int\frac{4udu}{u^2+\frac{3}{4}}$ est $=$ $2\int\frac{2udu}{u^2+\frac{3}{4}}=2l(u^2+\frac{3}{4})=2l(x^2-x+1)$, et $\int\frac{9du}{u^2+\frac{3}{4}}=$ $\frac{9\times2}{\sqrt{3}}\int\frac{2}{\sqrt{3}}\times\frac{du}{\frac{4}{3}u^2+1}=(6\sqrt{3})\int\frac{2}{\sqrt{3}}\times\frac{du}{\frac{4}{3}u^2+1}$: et si l'on désigne par z l'arc circulaire dont $\frac{2u}{\sqrt{3}}=\frac{2x-1}{\sqrt{3}}$ est la tangente, on trouve $\int\frac{2}{\sqrt{3}}\times\frac{du}{\frac{4}{3}u^2+1}=z$: et on a aussi $\int (1-x)^{-2} dx = (1-x)^{-1}$, et $\int x (1-x)^{-2} dx = x (1-x)^{-1} + l(1-x)$; donc la fluente demandée sera $= lx + \frac{1}{6} l(x+1) - \frac{5}{2} x (1-x)^{-1} - \frac{5}{2} l(1-x) + \frac{15}{2} (1-x)^{-1} + 2l(x^2 - x + 1) - (2\sqrt{3}) z +$ *un nombre indépendant de x,* qui devra satisfaire aux conditions du problème.

Schol. La différence $\dfrac{1}{1-x} - \dfrac{x}{1-x}$ étant $= 1$, et par conséquent indépendante de la racine, on ne doit pas être surpris de ce que la fluente $\int (1-x)^{-2} dx$ soit égale à $x (1-x)^{-1}$, ou égale à $(1-x)^{-1}$: on pourra donc donner à $\int dx \Gamma x$ la forme $lx + \frac{1}{6} l(x+1) + 5x (1-x)^{-1} - \frac{5}{2} l(1-x) + 2l(x^2 - x + 1) - (2\sqrt{3}) z + \mathrm{I}$, en désignant par I le nombre qui ne dépendra que des conditions du problème.

XVII. On demande $\int x^m (a+bx^n)^{\frac{r}{s}} dx$.

Mettant u^s à la place de $a+bx^n$, on aura $(a+bx^n)^{\frac{r}{s}}$ $= u^r$, $x = \left(\dfrac{u^s - a}{b}\right)^{\frac{1}{n}}$, $x^m = \left(\dfrac{u^s - a}{b}\right)^{\frac{m}{n}}$, $dx = \dfrac{s}{nb} \times u^{s-1} \left(\dfrac{u^s - a}{b}\right)^{\frac{1}{n}-1} du$, et par conséquent $\int x^m (a+bx^n)^{\frac{r}{s}} dx$ $= \dfrac{1}{nb} \int u^{r+s-1} \times \left(\dfrac{u^s - a}{b}\right)^{\frac{m+1}{n}-1} du$, que les propositions précédentes donneront facilement, lorsque $\dfrac{m+1}{n}$ sera un nombre entier ou zéro.

Si l'on faisoit $u^s = ax^{-n} + b$, on auroit $x = \left(\dfrac{a}{u^s - b}\right)^{\frac{1}{n}}$;

$$dx = \frac{1}{n}\left(\frac{a}{u^s - b}\right)^{\frac{1}{n}-1} \times \frac{- a s u^{s-1}\,du}{(u^s - b)^2} = \left(- a^n \int u^{r-1}\,du\right) \div \left(n\,(u^s - b)^{\frac{1}{n}+1}\right);$$

et $a + bx^n = a + \dfrac{ab}{u^s - b} = \dfrac{a u^s}{u^s - b}$, et par conséquent la proposée seroit $= \int \Big(\Big(a^{\frac{r}{s}}\,u^r \times - a^{\frac{1}{n}} s u^{s-1}\,du\Big) \div \Big((u^s - b)^{\frac{m}{n}}(u^s - b)^{\frac{r}{s}} n\,(u^s - b)^{\frac{1}{n}+1}\Big)\Big) = \int \Big(\Big(- a^{\frac{r}{s}+\frac{m+1}{n}} \times s u^{r+s-1}\,du\Big) \div \Big(n\,(u^s - b)^{\frac{r}{s}+\frac{m+1}{n}+1}\Big)\Big)$, que les propositions précéden-

tes donnent également, lorsque $\dfrac{r}{s} + \dfrac{m+1}{n}$ est un nombre entier ou zéro.

Exemple. Posant $g^2 x^{-2} + 1 = u^2$, on aura $\displaystyle\int \frac{dx}{\sqrt{(g^2 + x^2)}}$

$$= \int \frac{- du}{u^2 - 1} = \tfrac{1}{2} l(u + 1) - \tfrac{1}{2} l(u - 1) + 1 = I + \tfrac{1}{2} l \frac{u+1}{u-1}$$

$$= I + \tfrac{1}{2} l \frac{\sqrt{(g^2 x^{-2} + 1)} + 1}{\sqrt{(g^2 x^{-2} + 1)} - 1} = I + \tfrac{1}{2} l \frac{\sqrt{(g^2 + x^2)} + x}{\sqrt{(g^2 + x^2)} - x}$$

$$= I + l \sqrt{\frac{\sqrt{(g^2 + x^2)} + x}{\sqrt{(g^2 + x^2)} - x}},$$ que l'on réduira à $I + l\dfrac{\sqrt{(g^2 + x^2)} + x}{g}$, en multipliant en haut et en bas par $\sqrt{(g^2 + x^2)} + x$; ou à $I + l\dfrac{g}{\sqrt{(g^2 + x^2)} - x}$, en multipliant de même par $\sqrt{(g^2 + x^2)} - x$ les deux termes de $\dfrac{\sqrt{(g^2 + x^2)} + x}{\sqrt{(g^2 + x^2)} - x}$.

XVIII. Pour trouver $\displaystyle\int x^m (a + bx^n + cx^{2n})^{\frac{p}{q}}\,dx$, il est utile de faire $x^n = u - \dfrac{b}{2c}$, lorsque m est positif, et

$x^n = \left(u - \dfrac{b}{2a} \right)^{-1}$, lorsque m est négatif.

Exemple. Désignant par φ la fluente

$$\int \frac{a\,dz}{z\sqrt{(z^2 - 2bz + b^2 - a^2)}}, \text{ et supposant } z = \left(u + \right.$$

$\left. \dfrac{b}{b^2 - a^2} \right)^{-1}$, on aura $z = \dfrac{b^2 - a^2}{(b^2 - a^2)u + b}$, $dz =$

$\dfrac{-(b^2 - a^2)\,du}{((b^2 - a^2)u + b)^2}$, $z^2 - 2bz + b^2 - a^2 = \dfrac{(b^2 - a^2)^2}{((b^2 - a^2)u + b)^2}$

$- \dfrac{2(b^2 - a^2)b}{(b^2 - a^2)u + b} + b^2 - a^2 = (b^2 - a^2)\left(\dfrac{b^2 - a^2}{((b^2 - a^2)u + b)^2} \right.$

$\left. - \dfrac{2b}{(b^2 - a^2)u + b} + 1 \right) = (b^2 - a^2)\dfrac{-a^2 + (b^2 - a^2)^2 u^2}{((b^2 - a^2)u + b)^2}$

$= \dfrac{a^2(b^2 - a^2)}{((b^2 - a^2)u + b)^2}\left(-1 + \left(\dfrac{b^2 - a^2}{a} \right)^2 u^2 \right)$ et par con-

séquent $\varphi = \dfrac{-a}{\sqrt{(b^2 - a^2)}}\int\left(\left(\dfrac{b^2 - a^2}{a}\,du \right) \div \left(\sqrt{\left(-1 + \right.} \right. \right.$

$\left. \left. \left. \left(\dfrac{b^2 - a^2}{a} \right)^2 u^2 \right) \right) \right)$. Soit $b > a$: φ sera $= \dfrac{-a}{\sqrt{(b^2 - a^2)}}$

$l\left((\sqrt{-1}) \div \left(\sqrt{\left(-1 + \left(\dfrac{b^2 - a^2}{a} \right)^2 u^2 \right)} - \dfrac{b^2 - a^2}{a}u \right) \right)$

$= \dfrac{a}{\sqrt{(b^2 - a^2)}}\,l\left(\left(\sqrt{\left(-1 + \left(\dfrac{b^2 - a^2}{a} \right)^2 u^2 \right)} - \dfrac{b^2 - a^2}{a} \right.\right.$

$\left.\left. u \right) \div (\sqrt{-1}) \right)$. Soit $a > b$: multipliant un radical

par $-\sqrt{-1}$, et l'autre par $\sqrt{-1}$, le résultat en sera le
même que si on en multiplioit un seul par $(-\sqrt{-1})$
$\sqrt{-1} = 1$: on aura donc $\varphi = \dfrac{a}{\sqrt{(a^2 - b^2)}}\int\left(\left(- \right.\right.$

$\left.\left. \dfrac{a^2 - b^2}{a}\,du \right) \div \sqrt{\left(1 - \left(\dfrac{a^2 - b^2}{a} \right)^2 u^2 \right)} \right)$. Désignons par

y l'arc circulaire dont $\dfrac{a^2 - b^2}{a}$ u $\left[= \dfrac{a^2 - b^2}{az} + \dfrac{b}{a} \right]$

est le cosinus; on aura $\dfrac{\sqrt{a^2 - b^2}}{a}$ $\varphi = y$.

XIX. $\displaystyle \int dx\,\Gamma x = x\Gamma x - \dfrac{d\Gamma x}{2dx}\, x^2 + \dfrac{d^2\Gamma x}{2.3\,dx^2}\, x^3 -$

$\dfrac{d^3\Gamma x}{2.3.4\,dx^3}\, x^4 + $ etc.

Désignant $\int dx\,\Gamma x$ par l'aire ABCD correspondante à l'abscisse AB $= x$, et à l'ordonnée perpendiculaire BC $= \Gamma x$; prenant BE $= z$, et menant EF parallèle à BC, on aura EF $= \Gamma x - \dfrac{d\Gamma x}{dx}\, z + \dfrac{d^2\Gamma x}{2\,dx^2}\, z^2 - \dfrac{d^3\Gamma x}{2.3\,dx^3}\, z^3 + $ etc.,

et BEFC $= \displaystyle \int \left(\Gamma x - \dfrac{d\Gamma x}{dx}\, z + \dfrac{d^2\Gamma x}{2\,dx^2}\, z^2 - \dfrac{d^3\Gamma x}{2.3\,dx^3}\, z^3 \right.$

$\left. + \text{etc.} \right) dz = z\Gamma x - \dfrac{d\Gamma x}{2dx}\, z^2 + \dfrac{d^2\Gamma x}{2.3\,dx^2}\, z^3 - \dfrac{d^3\Gamma x}{2.3.4\,dx^3}\,$

$z^4 + $ etc., et par conséquent $\int dx\,\Gamma x\, [= \text{BADC}] = x\Gamma x - $

$\dfrac{d\Gamma x}{2dx}\, x^2 + \dfrac{d^2\Gamma x}{2.3\,dx^2}\, x^3 - \dfrac{d^3\Gamma x}{2.3.4\,dx^3}\, x^4 + $ etc.

Schol. Si la forme particulière de Γx est telle qu'aucune des propositions précédentes ne puisse donner ABCD $= \int dx\,\Gamma x$, on adaptera à ABCD quelqu'autre aire rectiligne, suivant la méthode que nous avons employée dans la démonstration de la proposition XVII du liv. XV.

LIVRE XIX.

AVERTISSEMENT.

d^x , d^y, représentent des fluxions prises relativement à x et y, et f^x, f^y, des fluentes relatives à x et y.

PROPOSITIONS.

I. M, N, étant des fonctions de x et y, on demande $\int (\mathrm{M}dy + \mathrm{N}dx)$.

Soit O la fluente demandée. Puisque $\mathrm{M}dy$ doit être $= d^y\mathrm{O}$, il s'ensuit qu'il n'y aura point d'y dans la différence entre O et $f^y\mathrm{M}dy$ [15. 16].

Soit $(3z^2 + 2bzy - 3y^2)dz + (bz^2 - 6zy + 3cy^2)dy$ la fluxion proposée. On aura $f^z(3z^2 + 2bzy - 3y^2)dz = z^3 + byz^2 - 3y^2z$, et par conséquent $d\mathrm{O} - d(z^3 + byz^2 - 3y^2z) = 3cy^2dy$; donc $\mathrm{O} = cy^3 + z^3 + byz^2 - 3y^2z + \mathrm{I}$.

II. $\mathrm{M} = \dfrac{d^y\mathrm{O}}{dy}$ et $\mathrm{N} = \dfrac{d^x\mathrm{O}}{dx}$, donnent $\dfrac{d^x\mathrm{M}}{dx} = \dfrac{{}^cd^2\mathrm{O}}{dy\,dx}$,

et $\dfrac{d^y\mathrm{N}}{dy} = \dfrac{{}^cd^2\mathrm{O}}{dx\,dy}$, et par conséquent $\dfrac{d^x\mathrm{M}}{dx} = \dfrac{d^y\mathrm{N}}{dy}$,

pourvu que $\mathrm{M}dy + \mathrm{N}dx$ désigne une fluxion exacte.

III. $d^x f^y\mathrm{M}dy = dx f^y \dfrac{d^x\mathrm{M}}{dx} dy$.

Soit $df^y\mathrm{M}dy = \mathrm{M}dy + \mathrm{N}dx$, on aura $d^x f^y\mathrm{M}dy =$

$N dx$: mais $\dfrac{d^x M}{dx} = \dfrac{d^y N}{dy}$; donc $\dfrac{d^x M}{dx} dy = d^y N$, et

$\int^y \dfrac{d^x M}{dx} dy = N$, et par conséquent $d^x \int^y M dy \; [= N dx]$

$= dx \int^y \dfrac{d^x M}{dx} dy$.

IV. En raisonnant comme nous l'avons fait dans la proposition Ire., on trouvera de même $\int (M dy + N dx + O du)$.

Si l'on demandoit, par exemple, $\displaystyle\int\left((2xy^2 + 4bz^2 x^3)\, dx \right.$

$+ \left(\dfrac{y}{\sqrt{(y^2 + z^2)}} + 3y^2 + 2yx^2 \right) dy + \left(4z^3 + 2bx^4 z + \right.$

$\left. \dfrac{z}{\sqrt{(y^2 + z^2)}} \right) dz \Big) = P$, on auroit $P = \int^x (2xy^2 + 4bz^2 x^3) dx$

$+ Q = x^2 y^2 + b z^2 x^4 + Q$, en désignant par Q une expression où il n'entre point de x : donc $dP - d(x^2 y^2 + bz^2 x^4)$

$= dQ$, c'est-à-dire, $\left(\dfrac{y}{\sqrt{(y^2 + z^2)}} + 3y^2 \right) dy + \left(4z^3 + \right.$

$\left. \dfrac{z}{\sqrt{(y^2 + z^2)}} \right) dz = dQ$: mais $Q = \sqrt{(y^2 + z^2)} + y^3 + $

$z^4 + I$ [proposition Ire.] ; donc $P = x^2 y^2 + bz^2 x^4 + \sqrt{(y^2 + z^2)} + y^3 + z^4 + I$.

V. $M dy + N dx + O du$, ne peut être fluxion exacte que lorsque $\dfrac{d^x M}{dx} = \dfrac{d^y N}{dy}$, $\dfrac{d^u M}{du} = \dfrac{d^y O}{dy}$, et $\dfrac{d^u N}{du} = \dfrac{d^x O}{dx}$.

On démontrera cette proposition comme la IIe.

VI. Supposant $R = \dfrac{d^y P}{dy}$, $S = \dfrac{d^x P}{dx} + \dfrac{d^y Q}{dy}$, et $T = \dfrac{d^x Q}{dx}$, on aura $\int (P d^2 y + Q d^2 x + R dy^2 + S dx dy + T dx^2)$

$= P dy + Q dx$; ce que l'on démontre en prenant la fluxion de $P dy + Q dx$.

VII. Pour avoir $\int(Pd^2x+Qdx^2)$, on fera d'abord $y=dx$, et $ydx=dx^2$; et ayant trouvé $\int(Pdy+Qydx)$, on restituera la valeur de y.

Ainsi des autres cas semblables.

VIII. Soit $Pdx+Qdx=0$, et P, Q, des fonctions homogènes de x, y, c'est à-dire, des fonctions où la somme des exposants de x et y soit la même dans tous les termes. Si $Pdx+Qdy$ n'est pas fluxion exacte, on écrira zy au lieu de x; et séparant x de y dans le résultat, ce qui sera facile à faire, on aura une nouvelle équation qui satisfera complétement à la proposée. Soit, par exemple, $(ax+by)dx-(mx+ny)dy=0$. Mettant zy à la place de x, il vient $(azy+by)(zdy+ydz)-(mzy$

$+ny)dy=0$, et par conséquent $\dfrac{dy}{y}+\dfrac{(az+b)dz}{az^2+(b-m)z-n}$

$=0$.

XIX. Supposant $d^nM-d^{n-1}N+d^{n-2}O-d^{n-3}P$
$+\ldots\pm V=0, d^nM'-d^{n-1}N'+$etc.$=0$, etc., on aura
$\int(Md^ny+Nd^{n-1}y+Od^{n-2}y+\ldots+Tdy+Vy+M'd^nz$
$+N'd^{n-1}z+O'd^{n-2}z+\ldots+T'dz+V'z+$etc.$)=$
$Md^{n-1}y+(N-dM)d^{n-2}y+(O-dN+d^2M)d^{n-3}y+$
$(P-dO+d^2N-d^3M)d^{n-4}y+\ldots\pm(d^{n-1}M-d^{n-2}N$
$+d^{n-3}O-\ldots\pm T)y+M'd^{n-1}z+(N'-dM')d^{n-2}z$
$+$etc.$+$etc.$+I$.

Pour le démontrer, il suffira de prendre la fluxion de $Md^{n-1}y+$etc.

Schol. 1. Quelle fonction de x doit être y, pour satisfaire complétement à l'équation $A\dfrac{dy}{dx}+By=X$, en supposant qu'il n'y ait point d'y dans les expressions représentées par A, B, X?

Soit σ une expression dégagée de y, et capable de rendre $A\sigma dy + B\sigma y dx$ fluxion exacte. On aura $d(A\sigma) - B\sigma dx = 0$; $\dfrac{d(A\sigma)}{A\sigma} = \dfrac{B}{A}\,dx$, $l(A\sigma) = \displaystyle\int \dfrac{B}{A}\,dx$, $A\sigma = e^{\int \frac{B}{A}\,dx}$; d'où par conséquent, $y\,e^{\int \frac{B}{A}\,dx} + I =$

$$\int \dfrac{X}{A}\, e^{\int \frac{B}{A}\,dx}\,dx.$$

Satisfaire complétement à l'équation $a(g+hx)^3 \dfrac{d^3 y}{dx^3}$ $+ b(g+hx)^2 \dfrac{d^2 y}{dx^2} + c(g+hx)\dfrac{dy}{dx} + fy = X$. Supposant $\dfrac{a\sigma}{dx^2}(g+hx)^3 d^3 y + \dfrac{b\sigma}{dx}(g+hx)^2 d^2 y + c\sigma(g+hx)dy + f\sigma y dx = X\sigma dx$, il faudra satisfaire à $\dfrac{a}{dx^2} d^3(\sigma(g+hx)^3) - \dfrac{b}{dx} d^2(\sigma(g+hx)^2) + cd(\sigma(g+hx)) - f\sigma dx = 0$. L'équation $\sigma = (g+hx)^\mu$ remplira cette condition, pourvu que l'on ait $ah^3(\mu+1)(\mu+2)(\mu+3) - bh^2(\mu+1)(\mu+2) + ch(\mu+1) - f = 0$; et il sera $\dfrac{a}{dx^2}(g+hx)^{\mu+3} d^2 y + \dfrac{b - (\mu+3)ah}{dx}(g+hx)^{\mu+2} dy + (c - (\mu+2)bh + (\mu+2)$ $(\mu+3)ah^2)(g+hx)^{\mu+1} y + I = \int (g+hx)^\mu X dx$. De cette équation on déduira, suivant le même style, une équation inférieure qui donnera la valeur d'y.

Satisfaire complétement à l'équation $A\dfrac{d^2 u}{dx^2} + B\dfrac{du}{dx}$ $+ Cu + A'\dfrac{d^2 y}{dx^2} + B'\dfrac{dy}{dx} + C'y = x$.

On écrira $A\sigma\dfrac{d^2 u}{dx} + B\sigma du + C\sigma u dx + A'\sigma\dfrac{d^2 y}{dx} + B'\sigma dy$

$+C'\sigma dx = X\sigma dx$, à condition que les deux équations $\dfrac{d^2(A\sigma)}{dx} - d(B\sigma) + C\sigma dx = 0$, et $\dfrac{d^2(A'\sigma)}{dx} - d(B'\sigma) +$ $C'\sigma dx = 0$, donnent, l'une la valeur de σ, et l'autre les rapports qui doivent exister entre A, A', B, B', et C, C', pour satisfaire à l'équation proposée.

Satisfaire complétement aux équations

$$A\frac{du}{dx} + Bu + A'\frac{dy}{dx} + B'y + A''\frac{dz}{dx} + B''z = V,$$

$$C\frac{du}{dx} + Du + C'\frac{dy}{dx} + D'y + C''\frac{dz}{dx} + D''z = Y,$$

$$E\frac{du}{dx} + Fu + E'\frac{dy}{dx} + F'y + E''\frac{dz}{dx} + F''z = Z:$$

multipliant la première par λdx, la seconde par μdx, et la troisième par νdx, à condition que les produits deviennent des fluxions exactes, il faudra que l'on ait aussi $(A\lambda + C\mu + E\nu)\,du + (B\lambda + D\mu + F\nu)\,udx + (A'\lambda + C'\mu + E'\nu)\,dy + (B'\lambda + D'\mu + F'\nu)\,ydx + (A''\lambda + C''\mu + E''\nu)\,dz + (B''\lambda + D''\mu + F''\nu)\,zdx = (V\lambda + Y\mu + Z\nu)\,dx$, fluxion exacte, et on aura

$$d(A\lambda + C\mu + E\nu) - (B\lambda + D\mu + F\nu)\,dx = 0,$$

$$d(A'\lambda + C'\mu + E'\nu) - (B'\lambda + D'\mu + F'\nu)\,dx = 0,$$

$$d(A''\lambda + C''\mu + E''\nu) - (B''\lambda + D''\mu + F''\nu)\,dx = 0;$$

c'est-à-dire,

$$Ad\lambda + (dA - Bdx)\lambda + Cd\mu + (dC - Ddx)\mu + Ed\nu + (dE - Fdx)\nu = 0,$$

$$A'd\lambda + (dA' - B'dx)\lambda + C'd\mu + (dC' - D'dx)\mu + E'd\nu + (dE' - F'dx)\nu = 0,$$

$$A''d\lambda + (dA'' - B''dx)\lambda + C''d\mu + (dC'' - D''dx)\mu + E''d\nu + (dE'' - F''dx)\nu = 0;$$

d'où l'on déduira trois équations de la forme

$$\varepsilon \lambda + \zeta \; \frac{d\lambda}{dx} + \eta \; \frac{d^2\lambda}{dx} + \theta \; \frac{d^3\lambda}{dx} = 0,$$

$$\varepsilon' \mu + \zeta' \; \frac{d\mu}{dx} + \eta' \; \frac{d^2\mu}{dx} + \theta' \; \frac{d^3\mu}{dx} = 0,$$

$$\varepsilon'' \nu + \zeta'' \; \frac{d\nu}{dx} + \eta'' \; \frac{d^2\nu}{dx} + \theta'' \; \frac{d^3\nu}{dx} = 0,$$

qui finiront de résoudre le problème.

Satisfaire aux équations

$$A \frac{d^2 y}{dx^2} + B \frac{dy}{dx} + Cy + A' \frac{d^2 z}{dx^2} + B' \frac{dz}{dx} + C'z = X,$$

$$D \frac{d^2 y}{dx^2} + E \frac{dy}{dx} + Fy + D' \frac{d^2 z}{dx^2} + E' \frac{dz}{dx} + F'z = Z:$$

mettant p et q à la place de $\frac{dy}{dx}$ et $\frac{dz}{dx}$, il suffira de satisfaire aux quatre équations

$$A \frac{dp}{dx} + Bp + Cy + A' \frac{dq}{dx} + B'q + C'z = X,$$

$$D \frac{dp}{dx} + Ep + Fy + D' \frac{dq}{dx} + E'q + F'z = Z,$$

$$p - \frac{dy}{dx} = 0, \text{ et } q - \frac{dz}{dx} = 0.$$

2. Soient α, β, γ, etc., des nombres quelconques donnés, et μ', μ'', μ''', etc., les racines de l'équation

$$a + b\mu + c\mu^2 + f\mu^3 + \text{etc.} = 0.$$

Pour satisfaire à une équation de la forme $ay + b \frac{dy}{dx} +$

$c \frac{d^2 y}{dx^2} + f \frac{d^3 y}{dx^3} + \text{etc.} = 0$, il suffira de supposer y égal à un terme quelconque ou à la somme de plusieurs termes de la suite $\alpha e^{\mu' x}$, $\beta e^{\mu'' x}$, $\gamma e^{\mu''' x}$, etc., ce qui est facile à vérifier.

3. Aussi lorsque μ est imaginaire, on peut toujours supposer y égal à un sinus, ou à la somme de plusieurs sinus, par cela même que les racines imaginaires ne peuvent être qu'en nombre pair. Par exemple, si l'on pouvoit faire $y = e^{(m+n\sqrt{-1})x}$, on auroit aussi $y = e^{(m+n\sqrt{-1})x} + e^{(m-n\sqrt{-1})x} = e^{mx}(e^{nx\sqrt{-1}} + e^{-nx-\sqrt{1}}) = 2e^{mx}\cos(n^x)$.

LIVRE XX.

DÉFINITIONS.

I. Lorsque Dx, homogène à x, représente une grandeur choisie à volonté pour être appelée *différence* de la racine x, on désigne par $D\Gamma x$, et on appelle *différence* de Γz, la grandeur $\Gamma(x+Dx)-\Gamma x$.

II. Γx prend alors le nom de *somme* de $D\Gamma x$, et on écrit $\Gamma x = \int D\Gamma x$.

III. $D^2X\, [=D(DX)]$ désigne la seconde *différence* de X; $D^3X\, [=D(D(DX))]$ la troisième; ainsi de suite.

PROPOSITIONS.

I. Soit la différence Dx indépendante de x. On demande $\int 1$.

Puisque $\int Dx$ est $= x$, on aura $x = \int(1 \times Dx) = Dx \int 1$, et par conséquent $\int 1 = \dfrac{x}{Dx}$.

Supposant toujours Dx indépendante de x, on demande $\int x$.

$D(x^2)$ étant $= 2x\,Dx + Dx^2$, et par conséquent $x^2 = \int 2x\,Dx + \int Dx^2 = 2Dx \int x + Dx^2 \int 1$, on aura $\int x = \dfrac{x^2}{2Dx} - \tfrac{1}{2}x$.

On demande $\int x^2$.

$D(x^3) = 3x^2 Dx + 3x Dx^2 + Dx^3$ donne $x^3 = 3Dx \int x^2 +$ $3Dx^2 \int x + Dx^3 \int 1$, et $\int x^2 = \dfrac{x^3}{3Dx} - Dx \int x - \tfrac{1}{3} Dx^2 \int 1$

$= \dfrac{x^3}{3Dx} - \tfrac{1}{2} x^2 + \tfrac{1}{6} x Dx$.

Suivant toujours le même procédé, on trouvera

$$\int x^3 = \frac{x^4}{4Dx} - \tfrac{1}{2} x^3 + \tfrac{1}{4} x^2 Dx,$$

$$\int x^4 = \frac{x^5}{5Dx} - \tfrac{1}{2} x^4 + \tfrac{1}{3} x^3 Dx - \tfrac{1}{30} x Dx^3,$$

$$\int x^5 = \frac{x^6}{6Dx} - \tfrac{1}{2} x^5 + \tfrac{5}{12} x^4 Dx - \tfrac{1}{12} x^2 Dx^3 ;$$

ainsi de suite.

Exemples. Trouver la somme des premiers x termes de la série $1+2+3+4+5+6+$etc.

Soit Γx la somme demandée, et $Dx = 1$. Puisque x est le dernier terme de la somme demandée, et $x +$ $1 \left[= \Gamma(x+1) - \Gamma x = D\Gamma x \right]$ le terme suivant, on aura $\Gamma x = \int x + \int 1 = \tfrac{1}{2} x^2 - \tfrac{1}{2} x + x = \tfrac{1}{2} x^2 + \tfrac{1}{2} x$.

Trouver la somme des premiers x termes de la série $1+4+9+16+25+36+49+$etc.

La somme demandée sera $\int (x+1)^2 = \int x^2 - 2 \int x + \int 1 = \tfrac{1}{3} x^3 - \tfrac{1}{2} x^2 + \tfrac{1}{6} x + x^2 - x + x = \tfrac{1}{3} x^3 + \tfrac{1}{2} x^2 + \tfrac{1}{6} x$.

II. Trouver $\int a^x$.

On aura $\int a^x = 1 + a + a^2 + a^3 + \ldots + a^{x-1} + I = \dfrac{1 - a^x}{1 - a} + I$, ou, en abrégeant, $= I + \dfrac{a^x}{a - 1}$.

Trouver $\int x a^x$.

$D\Gamma x = \Gamma(x+1) - \Gamma x$ donne $\Gamma x = \Gamma(x+1) - D\Gamma x$, et par conséquent $\int x a^x = \int (x+1) a^{x+1} - x a^x = a \int x a^x$ $+ a \int a^x - x a^x = \dfrac{a \int a^x - x a^x}{1 - a}$.

Trouver $\int x^2 a^x$.

On aura $\int x^2 a^x = \int (x+1)^2 a^{x+1} - x^2 a^x = a \int x^2 a^x$

$+ a \int (2x+1) a^x - x^2 a^x = \dfrac{a \int (2x+1) a^x - x^2 a^x}{1 - a}$. Ainsi de suite.

III. Dx étant $= 1$, et A, B, deux expressions où il n'entre point d'y, résoudre l'équation $Ay + BDy = o$.

Supposons que x entre en $\dfrac{A}{B}$: je dis qu'en écrivant $\Gamma x = 1 - \dfrac{A}{B}$, l'équation $y = (\Gamma(x-1))(\Gamma(x-2))(\Gamma(x-3))$ etc. $\Gamma 1$, satisfera à la proposée ; car on aura $Dy = (\Gamma x)(\Gamma(x-1))(\Gamma(x-2))(\Gamma(x-3))$ etc. $\Gamma 1 - (\Gamma(x-1))(\Gamma(x-2))(\Gamma(x-3))$ etc. $\Gamma 1 = y(\Gamma x - 1) = \left(-\dfrac{A}{B}\right) y$, et par conséquent $Ay + BDy = Ay + B\left(-\dfrac{A}{B}\right) y = o$.

S'il n'y avoit point de x dans $\dfrac{A}{B}$, l'équation $y = \left(1 - \dfrac{A}{B}\right)^x I$, satisferoit également.

IV. Satisfaire complétement à l'équation $Ay + BDy = X$, lorsqu'il n'y a point d'y dans les expressions A, B, X.

Faisant $y = uz$, on aura $Dy = uDz + zDu + DuDz$, et par conséquent $Auz + B(uDz + zDu + DuDz) = X$. Supposant $Az + BDz = o$, on aura $BzDu + BDuDz = X$, et $Du = \dfrac{X}{B(z + Dz)}$. Trouvez une valeur de z qui satisfasse à l'équation $Az + BDz = o$, et cette valeur vous donnera $u = I + \int \dfrac{X}{B(z + Dz)}$, et $y = z\left(I + \int \dfrac{X}{B(z + Dz)}\right)$.

Exemple. Soit $y + (x+1)Dy = -a(2x+1)$ l'équation proposée. Il faudra satisfaire à $z + (x+1)Dz = 0$,

et la proposition précédente donnera $z = \dfrac{x-1}{x} \times \dfrac{x-2}{x-1}$

$\times \dfrac{x-3}{x-2} \times$ etc. $= \dfrac{1}{x}$, et par conséquent $y = \dfrac{1}{x}\Big(1 +$

$\displaystyle\int \dfrac{-a(2x+1)}{(x+1)\left(\dfrac{1}{x} + D\dfrac{1}{x}\right)}\Big)$: mais $\dfrac{1}{x} + D\dfrac{1}{x} = \dfrac{1}{x+1}$; donc

$$y = \dfrac{1}{x}\left(1 - a\int(2x+1)\right) = \dfrac{1}{x} - ax.$$

V. Satisfaire à l'équation $ay + bDy + cD^2y + fD^3y$ $+$ etc. $= X$, lorsque a, b, c, f, etc., ne dépendent point de x.

Soit $ay + bDy + cD^2y = X$ la proposée. $Dy = p$ donnera $D^2y = Dp$, et $ay + bp + cDp = X$. Ajoutant $\sigma(Dy - p) = 0$ à la précédente, on aura $ay + (b - \sigma)p + \sigma Dy$ $+ cDp = X$. Supposons $\sigma D(ay + (b - \sigma)p) = a(\sigma Dy + cDp)$, c'est-à-dire, $a\sigma Dy + \sigma(b - \sigma)Dp = a\sigma Dy + acDp$: on aura $\sigma(b - \sigma) = ac$, ou $0 = ac - b\sigma + \sigma^2$; et toute valeur de σ rendra $\sigma D(ay + (b - \sigma)p) = a(\sigma Dy + cDp)$. Supposons $z = ay + (b - \sigma)p$: il en viendra $\sigma Dy + cDp$ $= \dfrac{\sigma}{a}Dz$, et par conséquent $z + \dfrac{\sigma}{a}Dz = X$. Ainsi, on n'aura qu'à déterminer z par la proposition précédente, pour pouvoir résoudre l'équation $ay + (b - \sigma)$ $Dy = z$, et trouver y.

Soit $ay + bDy + cD^2y + fD^3y = X$ la proposée. Les deux hypothèses $Dy = p$, $Dp = q$, donnent $ay + bp + cq$ $+ fDq = X$; d'où, en ajoutant $\sigma(Dy - p) = 0$, et $\sigma'(Dp - q) = 0$, on tirera $ay + (b - \sigma)p + (c - \sigma')q +$

$\sigma D y + \sigma' D p + f D q = X$. Supposons $\sigma D (a y + (b - \sigma) p + (c - \sigma') q) = a(\sigma D y + \sigma' D p + f D q)$, c'est-à-dire, $\sigma a D y + \sigma (b - \sigma) D p + \sigma (c - \sigma') D q = a \sigma D y + a \sigma' D p + a f D q$: il viendra $\sigma (b - \sigma) = a \sigma'$, et $\sigma (c - \sigma') = a f$, ce qui, en éliminant σ', donne $o = a^2 f - a c \sigma + b \sigma^2 - \sigma^3$. Posons $z = a y + (b - \sigma) p + (c - \sigma') q$, et par conséquent $\sigma D y + \sigma' D p + f D q = \dfrac{\sigma}{a} D z$, et $z + \dfrac{\sigma}{a} D z = X$: la valeur de z fournira, comme dans le cas précédent, celle d'y, moyennant l'équation $a y + (b - \sigma) D y + (c - \sigma') D^2 y = z$. Ainsi de suite.

Schol. 1. Au lieu de réduire la proposée à une équation immédiatement inférieure, celle-ci à une autre plus inférieure, et ainsi de suite, il seroit plus commode de trouver y de la manière suivante. Soit $a y + b D y + c D^2 y + f D^3 y = X$ la proposée : trouvez σ, σ', z, comme ci-dessus, et les trois valeurs de σ vous donneront z', z'', z''', trois valeurs de z ; b', b'', b'', trois valeurs de $b - \sigma$; et c', c'', c''', autant de valeurs de $c - \sigma'$; et par conséquent les trois équations

$$a y + b' \, D y + c' \, D^2 y = z',$$
$$a y + b'' \, D y + c'' \, D^2 y = z'',$$
$$a y + b''' \, D y + c''' \, D^2 y = z''';$$

d'où l'on déduira y, en éliminant $D^2 y$ et $D y$.

2. La résolution de ces équations aux différences, s'applique, sans changer de style, à celle des équations fluxionnaires du livre précédent.

3. Plus les différences seront petites, moins leur calcul différera de celui des fluxions ; et cela sans limite,

DÉFINITION IV.

Soit x un nombre entier quelconque; n le nombre de termes de la suite a, b, c, etc., h, de nombres donnés; Γo, $\Gamma 1$, $\Gamma 2$, $\Gamma 3$,.... $\Gamma(x+n)$, une série proposée, et $\Gamma(x+n) = a\Gamma(x+n-1) + b\Gamma(x+n-2) + \ldots + h\Gamma x$: en pareils cas, la série proposée se nommera *recurrente*; $a + b + c + \ldots + h$, en sera l'*échelle de relation*, et Γx le *terme général*.

PROPOSITIONS.

VI. Les premiers termes d'une série quelconque étant donnés, examiner si la série est recurrente, et quelle en est l'échelle de relation.

Soit proposée la série -1, -1, 1, 11, 49, 179, 601, etc. On voit de suite que son échelle de relation doit être composée de plus d'un terme. Désignons-la par $a+b$: on aura $1 = -a-b$, $11 = a-b$, et par conséquent $a = 5$, et $b = -6$; et on trouvera que l'échelle $5-6$ donne exactement les termes suivants, $5 \times 11 - 6 \times 1 = 49$, $5 \times 49 - 6 \times 11 = 179$, et $5 \times 179 - 6 \times 49 = 601$.

Soit 1, 1, 1, 2, 4, 6, 7, 7, 7, 8, 10, 12, 13, 13, 13, 14, 16, etc., la série proposée. On trouvera d'abord que toute échelle à deux ou trois termes seroit insuffisante. Essayons-en quatre: $a+b+c+d$ donnera $4 = 2a+b+c+d$, $6 = 4a+2b+c+d$, $7 = 6a+4b+2c+d$, $7 = 7a+6b+4c+2d$. Retranchant de la seconde équation la première, et du double de la troisième la quatrième, on aura $2 = 2a+b$, $7 = 5a+2b$, et par conséquent $a = 3$, et $b = -4$. Substituant ces valeurs dans la première et dans la troisième, il viendra $2 = c + d$, $5 = 2c + d$, $3 = c$, $d = -1$, et on trouvera que l'échelle $3 - 4 + 3 - 1$ satisfait exactement aux termes suivants. Ainsi des autres cas semblables.

VII. L'échelle de relation et les premiers termes d'une série recurrente étant donnés, trouver le terme général.

Soit $5 - 6$ l'échelle; $-1, -1, 1, 11, 49$, etc., la série; y le terme général, et y', y'', les deux termes suivants: on aura $y'' = 5y' - 6y$, et $y'' - 5y' + 6y = 0$: mais $y' = y + Dy$, et $y'' = y' + Dy' = y + Dy + D(y + Dy) = y + 2Dy + D^2y$; donc $2y - 3Dy + D^2y = 0$; équation que l'on peut résoudre d'après le scholie de la proposition V, entre les deux équations $2y - 4Dy = 3^x I$, et $2^x - 3Dy = 2^x I'$, lesquelles donneront $y = \frac{3}{2} \times 3^x I - 2 \times 2^x I'$, ou plus commodément $y = 3^x A + 2^x B$; d'où l'on tirera $-1 = A + B$, $-1 = 3A + 2B$, $1 = A$, $-2 = B$, et enfin le terme général $y = 3^x - 2 \times 2^x$.

Soit $3 - 4 + 3 - 1$ l'échelle, et $1, 1, 1, 2, 4, 6, 7, 7, 7, 8, 10$, etc., la série: on aura $y^{\text{iv}} - 3y''' + 4y'' - 3y' + y = 0$, $D^2y + D^3y + D^4y = 0$. Supposant $u = D^2y$, et résolvant l'équation $u + Du + D^2u = 0$, on trouvera

$$D^2y\,[= u] = \left(\frac{1}{2} + \frac{1}{2}\sqrt{-3}\right)^x A + \left(\frac{1}{2} - \frac{1}{2}\sqrt{-3}\right)^x B,$$

et en attribuant à A, B, d'autres valeurs, $Dy = \left(\frac{1}{2} + \frac{1}{2}\sqrt{-3}\right)^x A + \left(\frac{1}{2} - \frac{1}{2}\sqrt{-3}\right)^x B + C$; d'où résulte, suivant le même style, $y = \left(\frac{1}{2} + \frac{1}{2}\sqrt{-3}\right)^x A + \left(\frac{1}{2} -\right.$

$$\frac{1}{2}\sqrt{-5}\Big)^{x} B + Cx + E,$$

$$1 = A + B + E,$$

$$1 = \left(\frac{1}{2} + \frac{1}{2}\sqrt{-5}\right)A + \left(\frac{1}{1} - \frac{1}{2}\sqrt{-5}\right)B + C + E,$$

$$1 = \left(-\frac{1}{2} + \frac{1}{2}\sqrt{-5}\right)A + \left(-\frac{1}{2} - \frac{1}{2}\sqrt{-5}\right)B +$$

$$2C + E,\quad 2 = -A - B + 5C + E,$$

$$A = \frac{1}{2} - \frac{1}{2\sqrt{-5}},\quad B = \frac{1}{2} + \frac{1}{2\sqrt{-5}},\quad C = 1,\quad E = 0,$$

$$\text{et par conséquent } y = \left(\frac{1}{2} + \frac{1}{2}\sqrt{-5}\right)^{x}\left(\frac{1}{2} - \frac{1}{2\sqrt{-5}}\right)$$

$$+ \left(\frac{1}{2} - \frac{1}{2}\sqrt{-5}\right)^{x}\left(\frac{1}{2} + \frac{1}{2\sqrt{-5}}\right) + x = x + \frac{1}{2}$$

$$\left(\left(\frac{1}{2} + \frac{\sqrt{5}}{2}\sqrt{-1}\right)^{x} + \left(\frac{1}{2} - \frac{\sqrt{5}}{2}\sqrt{-1}\right)^{x}\right) -$$

$$\frac{1}{\sqrt{5}} \times \frac{1}{2\sqrt{-1}}\left(\left(\frac{1}{2} + \frac{\sqrt{5}}{2}\sqrt{-1}\right)^{x} - \left(\frac{1}{2} - \frac{\sqrt{5}}{2}\right.\right.$$

$$\left.\left.\sqrt{-1}\right)^{x}\right) = x + \cos x\, 60° - \frac{\sin x\, 60°}{\sqrt{5}}.$$

VIII. A, B, C, E, F, etc., étant une série recurrente, et $a + b + c +$ etc. son échelle de relation, on aura A, Br, Dr^2, Cr^3, Er^4, Hr^5, etc., série recurrente, et $ar + br^2 + cr^3 +$ etc. son échelle de relation.

IX. Toute série recurrente de la forme A + Br + Cr^2 + etc., dont l'échelle de relation est $ar + br^2 + cr^3 + \ldots + hr^n$, peut être regardée comme le quotient d'un polynome A $+ b'r + c'r^2 + \ldots + h'r^{n-1}$ divisé par $1 - ar - br^2 - cr^3 - \ldots - hr^n$.

Cette proposition est facile à prouver, en supposant successivement $n = 2$, $n = 5$, $n = 4$, etc.

Schol. 1. Puisque $\dfrac{A + b'r + c'r^2 + \text{etc.}}{1 - ar - br^2 - cr^3 - \text{etc.}}$ est $=$

$A + Br + Cr^2 + $ etc., il s'ensuit que le terme général de cette série sera égal à la somme de tous les termes généraux qui doivent répondre de la même manière aux fractions partielles dont $\dfrac{A + b'r + \text{etc.}}{1 - ar - \text{etc.}}$ seroit la fraction totale ; ce qui offre un moyen facile de trouver le terme général de toute série dont on connoît les premiers termes et l'échelle de relation ; car chaque fraction particulle peut être représentée sous cette forme

$$\frac{G + Hr + Ir^2 + \ldots + Pr^{n-1}}{(1 - ar)^n} ;$$ et puisque $\dfrac{G}{(1 - ar)^n}$ donne dans le terme général, un terme

$$\frac{n(n+1)(n+2)\ldots(x-1)x(x+1)\ldots(x+n-1)}{1.2.3\ldots n(n+1)\ldots(x-1)x}\,\alpha^x r^x =$$

$$\frac{(x+1)(x+2)\ldots(x+n-1)}{1.2\ldots(n-1)}\,\alpha^x r^x,$$ il s'ensuit que la

fraction $\dfrac{G + Hr + Ir^2 \ldots + Pr^{n-1}}{(1 - ar)^n}$ donnera

$$G\,\frac{(x+1)(x+2)\ldots(x+n-1)}{1.2\ldots(n-1)}\,\alpha^x r^x +$$

$$H\,\frac{(x+1)(x+2)\ldots(x+n-2)}{1.2\ldots(n-2)}\,\alpha^x r^x +$$

$$I\,\frac{(x+1)(x+2)\ldots(x+n-3)}{1.2\ldots(n-3)}\,\alpha^x r^x + \text{etc.} = (A'x^{n-1}$$

$+ B'x^{n-2} + \ldots + H')\,\alpha^x r^x$. Observons, pour plus de facilité, qu'en désignant par α le réciproque de la racine de l'équation $1 - ar - br^2 - \ldots - hr^n = 0$, on aura α racine de l'équation $K^n - aK^{n-1} - bK^{n-2} - \ldots - h = 0$.

Exemples. Soit $-1 - r + r^2 + 11r^3 + 49r^4 + 179r^5 + 601r^6 + $ etc. la série proposée. Puisque $5r - 6r^2$ en est l'échelle de relation, et que 5 et 2 sont les racines de l'é quation $K^2 - 5K + 6 = 0$, le terme général sera $A \times 3^x + B \times 2^x$, et par conséquent $-1 = A + B$, $-1 = 3A + 2B$, $A = 1$, $B = -2$, et $A \times 3^x + B \times 2^x = 3^x - 2 \times 2^x$.

Soit $-2, -6, 8, 40, 224, 672, 2176, 5760, 15872$, etc., la série proposée. Ayant trouvé $4 + 0 - 16 + 16$, échelle de relation, les racines $-2, 2, 2, 2$, de $K^4 - 4K^2 + 16K - 16 = 0$, indiqueront un terme général de cette forme : $(-2)^x A + 2^x (B x^2 + C x + E)$; donc $-2 = A + E$, $-6 = -2A + 2B + 2C + 2E$, $8 = 4A + 16B + 8C + 4E$, $40 = -8A + 72B + 24C + 8E$; c'est-à-dire, $-2 = A + E$, $-3 = -A + B + C + E$, $2 = A + 4B + 2C + E$, $5 = -A + 9A + 3C + E$; d'où l'on tire $A = 1$, $B = 1$, $C = 0$, $E = -3$, et par conséquent le terme général $(-2)^x + 2^x (x^2 - 3)$.

Schol. 2. Le terme général qui satisfait aux termes $\Gamma 0, \Gamma 1, \Gamma 2, \Gamma 3$, etc., pourra satisfaire aussi à d'autres termes intermédiaires, si l'on y ajoute une expression de cette forme : $A \sin x\pi + B \sin 2x\pi + C \sin 3x\pi +$ etc., dont le nombre de termes soit égal à celui des intermédiaires proposés, et pourvu qu'il soit possible de satisfaire à tous ces termes.

Exemple. Ayant trouvé $3^x - 2 \times 2^x$, terme général qui satisfait à la série $\Gamma 0 = -1$, $\Gamma 1 = -1$, $\Gamma 2 = 1$, $\Gamma 3 = 11$, $\Gamma 4 = 49$, $\Gamma 5 = 179$, $\Gamma 6 = 601$, etc., on en demande un autre qui satisfasse encore aux termes $\Gamma \frac{1}{3} = 3$ et $\Gamma \frac{2}{3} = -2$. Supposant ce terme général $= 3^x - 2 \times 2^x + A \sin x\pi + B \sin 2x\pi$, les équations

$$3^{\frac{1}{3}} - 2 \times 2^{\frac{1}{3}} + A \sin 60° + B \sin 120° = 3,$$

$$3^{\frac{2}{3}} - 2 \times 2^{\frac{2}{3}} + A \sin 120° + B \sin 240° = -2;$$

c'est-à-dire,

$$\overset{1}{5}{}^{3} - 2 \times \overset{1}{2}{}^{3} + A \sin 60° + B \sin 60° = 3,$$

$$\overset{2}{5}{}^{3} - 2 \times \overset{2}{2}{}^{3} + A \sin 60° - B \sin 60° = -2,$$

donneront A et B.

Mais s'il étoit question de satisfaire encore au terme $\Gamma \frac{5}{5}$, cette méthode ne réussiroit plus que par hasard; car la correction $A \sin x\pi + B \sin 2x\pi$ du terme général, en seroit la même que pour le terme $\Gamma \frac{2}{5}$.

Voulant cependant satisfaire au terme $\Gamma \frac{11}{5} = \frac{2}{5}$, qui n'a pas le même inconvénient, on n'aura qu'à ajouter un autre terme $C \sin 5x$ à la correction trouvée, et l'équation $\overset{11}{5}{}^{3} - 2 \times \overset{11}{2}{}^{3} + A \sin (11 \times 36°) + B \sin (22 \times 36°) + C \sin (33 \times 36°) = \frac{2}{5}$ donnera C.

Si l'on veut satisfaire encore à $\Gamma \frac{12}{5} = 2$, il faudra chercher de nouvelles valeurs d'A, B, C, et déterminer un autre coefficient E entre les équations

$$\overset{1}{5}{}^{3} - 2 \times \overset{1}{2}{}^{3} + A \sin 60° + B \sin 60° + 0 - E \sin 60° = 3,$$

$$\overset{2}{5}{}^{3} - 2 \times \overset{2}{2}{}^{3} + A \sin 60° - B \sin 60° + 0 + E \sin 60° = -2,$$

$$\overset{11}{5}{}^{3} - 2 \times \overset{11}{2}{}^{3} + A \sin 36° + B \sin 72° + C \sin 72° + E \sin 36° = \frac{2}{5},$$

$$\overset{12}{5}{}^{3} - 2 \times \overset{12}{2}{}^{3} + A \sin 72° + B \sin 36° - C \sin 36° - E \sin 72 = 2.$$

Après avoir satisfait à $\Gamma \frac{1}{5} = 3$, et $\Gamma \frac{2}{5} = -2$, si l'on veut satisfaire aussi à $\Gamma \frac{5}{5} = 5$ et $\Gamma \frac{10}{5} = 7$, on pourra regarder

1 et 7, non pas comme $\Gamma\frac{2}{5}$ et $\Gamma\frac{1}{5}$, mais comme $\Gamma\left(\frac{1}{5}+t\right)$ et $\Gamma\left(\frac{2}{5}+t\right)$, en désignant par t un terme aussi petit qu'on pourra de la série 0; $0,1$; $0,001$; $0,0001$, etc.

X. Trouver une fonction Γx qui satisfasse aux termes $\Gamma o, \Gamma a, \Gamma b, \Gamma c, \Gamma e, \Gamma f$, etc., en supposant $a<b, b<c, c<e, e<f$, ainsi de suite et positifs.

Ayant calculé $\dfrac{\Gamma a-\Gamma o}{a}=A, \dfrac{\Gamma b-\Gamma a}{b-a}=A', \dfrac{\Gamma c-\Gamma b}{c-b}=A'', \dfrac{\Gamma e-\Gamma c}{e-c}=A'''$, etc.; $\dfrac{A'-A}{b}=B, \dfrac{A''-A'}{c-a}=B', \dfrac{A'''-A''}{e-b}=B'', \dfrac{A^{iv}-A'''}{f-e}=B'''$, etc.; $\dfrac{B'-B}{c}=C, \dfrac{B''-B'}{e-a}=C', \dfrac{B'''-B''}{f-b}=C'', \dfrac{B^{iv}-B'''}{g-c}=C'''$, etc. $\dfrac{C'-C}{e}=E, \dfrac{C''-C'}{f-a}=E'$, etc., on aura Γx

$$=\Gamma o+Ax+Bx(x-a)+Cx(x-a)(x-b)+Ex(x-a)(x-b)(x-c)+\text{etc.};$$

car posant successivement $x=a$, $x=b, x=c$, etc., l'expression $\Gamma x=\Gamma o+Ax+$etc. satisfait aux équations $\Gamma a=\Gamma o+Aa$, $\Gamma b=\Gamma o+Ab+Bb(b-a)$, $\Gamma c=\Gamma o+Ac+Bc(c-a)+Cc(c-a)(c-b)$, etc., qui dérivent des équations ci-dessus calculées.

Exemples. On demande le terme général de la série $\Gamma o=1, \Gamma 2=27, \Gamma 3=64, \Gamma 7=512, \Gamma 9=1000, \Gamma 10=1331$, etc. En observant la règle, on trouvera

$$
\begin{array}{cccccc}
0, & 2, & 3, & 7, & 9, & 10, \text{ etc.} \\
1, & 27, & 64, & 512, & 1000, & 1331, \text{ etc.} \\
13, & 37, & 112, & 244, & 331, & \text{etc.} \\
8, & 15, & 22, & 29, & \text{etc.} \\
1, & 1, & 1, & \text{etc.} \\
0, & 0, & \text{etc.} \\
\end{array}
$$

et le terme général $1 + 15x + 8x(x-2) + 1x(x-2)$
$(x-5) = 1 + 5x + 5x^2 + x^3$.

On demande le terme général de la série $\Gamma 0 = 0$, $\Gamma 1$
$= 1$, $\Gamma 5 = 27$, $\Gamma 4 = 64$, $\Gamma 8 = 512$, $\Gamma 10 = 1000$, $\Gamma 11$
$= 1551$, etc.

On trouvera

$$0 \; , \; 1 \; , \quad 5 \; , \quad 4 \; , \quad\;\; 8 \; , \qquad 10 \quad , \quad 11 \; , \; \text{etc.}$$
$$0 \; , \; 1 \; , \; 27 \; , \; 64 \; , \quad 512 \; , \quad 1000 \quad , \; 1551 \; , \; \text{etc.}$$
$$1 \; , \; 15 \; , \; 57 \; , \; 112 \; , \; 244 \quad , \quad 551 \quad , \; \text{etc.}$$
$$4 \; , \; 8 \; , \; 15 \; , \quad 22 \quad , \quad 29 \qquad , \; \text{etc.}$$
$$1 \; , \; 1 \; , \; 1 \quad , \quad 1 \qquad , \quad\; \text{etc.}$$
$$0 \; , \; 0 \quad , \quad 0 \quad , \; \text{etc.}$$

et le terme général $0 + x + 4x(x-1) + x(x-1)(x-5)$
$= x^3$.

XI. Trouver $\int dx \Gamma x$, lorsqu'on connoît quelques valeurs de x et les valeurs correspondantes de Γx.

Il faudra chercher d'abord la forme spéciale de Γx,
et calculer ensuite $\int dx \Gamma x$ par les méthodes du liv.
XVIII.

———

LIVRE XXI.

PROBLÈMES.

I. Désignant par n un nombre entier, et par A, B, deux expressions *rationnelles*, c'est-à-dire, dégagées de radicaux, on demande trois nombres rationnels u, x, z, qui rendent $\sqrt[n]{(A \pm \sqrt{B})} = (u \pm \sqrt{x}) \sqrt[n]{z}$.

On aura $A \pm \sqrt{B} = (u \pm \sqrt{x})^n z = z (u^n \pm n u^{n-1} \sqrt{x} + \frac{n(n-1)}{2} u^{n-2} x \pm$ etc. , et A égal à la somme des termes rationnels du second membre de l'équation, c'est-à-dire,

$$A = z \left(u^n + \frac{n(n-1)}{2} u^{n-2} x + \frac{n(n-1)(n-2)(n-3)}{2.3.4.} u^{n-4} x^2 + \text{etc.} \right).$$

Or, les équations $A + \sqrt{B} = (u + \sqrt{x})^n z$, et $A - \sqrt{B} = (u - \sqrt{x})^n z$ donnent $A^2 - B = z^2 (u^2 - x)^n$, et par conséquent $u^2 - x = \sqrt[n]{\frac{A^2 - B}{z^2}}$; donc si le problème est possible, l'expression $\sqrt[n]{\frac{A^2 - B}{z^2}}$ devra être rationnelle, et les équations $A = z \left(u^n + \frac{n(n-1)}{2} u^{n-2} x + \right.$ etc. $\left. \right)$, et $u^2 - x = \sqrt[n]{\frac{A^2 - B}{z^2}}$ en fourniront la solution.

Exempl. On demande la racine carrée de $28 + 10\sqrt{3}$.

$A = 28$ et $B = 300$ donnent $A^2 - B = 484$, dont la racine carrée est 22. On pourra donc supposer $z = 1$, et on aura $28 = u^2 + x$, $u^2 - x = 22$, $u = 5$, $x = 3$, et $\sqrt{(28 \pm 10\sqrt{3})} = 5 \pm \sqrt{3}$.

On demande la racine cubique de $2 \pm \sqrt{3}$.

$A = 2$ et $B = 3$ donnent $A^2 - B = -1$, dont la racine cubique est -1. On pourra donc supposer $z = 1$, et on aura $2 = u^3 + 3ux$, $u^2 - x = -1$, et [en éliminant x] $4u^3 + 3u = 2$, $u = \dfrac{1}{2}$, $x = \dfrac{5}{4}$, et $\sqrt[3]{(2 \pm \sqrt{3})} = \dfrac{1 \pm \sqrt{3}}{2}$.

On demande la racine cubique de $5 \pm 3\sqrt{3}$.

$A = 5$ et $B = 27$ donnent $\sqrt[3]{(A^2 - B)} = \sqrt[3]{-2}$ irrationnel. Posons $z^2 = \dfrac{1}{4}$, et nous aurons $\sqrt[3]{\dfrac{A^2 - B}{z^2}} = \sqrt[3]{-8} = -2$; donc $5 = +\dfrac{1}{2}(u^3 + 3ux)$ et $u^2 - x = -2$.

Éliminant x, on trouve $2u^3 + 3u - 5 = 0$, et par conséquent $u = 1$; donc $x = 3$, et $\sqrt[3]{(5 \pm 3\sqrt{3})} = (1 \pm \sqrt{3})\sqrt[3]{\dfrac{1}{2}} = \dfrac{1 \pm \sqrt{3}}{\sqrt[3]{2}} = \dfrac{1}{2}(1 \pm \sqrt{3})\sqrt[3]{4}$.

L'équation $y^3 - 6y + 4 = 0$ donne $y = \sqrt[3]{(-2 + 2\sqrt{-1})} + \sqrt[3]{(-2 - 2\sqrt{-1})}$, dont les termes imaginaires doivent s'entre-détruire, si le nombre $-2 \pm 2\sqrt{-1}$ est susceptible de racine cubique. Faisant donc $A = -2$ et $B = -4$, on aura $A^2 - B = 8$, $\sqrt[3]{(A^2 - B)} = 2$, et on pourra supposer $z = 1$. Les équations $-2 = u^3 + 3ux$, et $u^2 - x = 2$, donneront $u = 1$ et $x = -1$; d'où $\sqrt[3]{(-2 \pm 2\sqrt{-1})} = 1 \pm \sqrt{-1}$, et enfin $y = 2$.

II. a, b, étant deux nombres rationnels, on en demande deux autres u, x, qui rendent $u^2 + ax^2 = b^2$.

Supposant $u = b - zx$, et substituant cette différence à la place d'u dans l'équation proposée, on aura

$$z^2x^2 - 2bzx + ax^2 = 0, \quad z^2x - 2bz + ax = 0, \quad x = \frac{2bz}{a + z^2}$$

et $u = \pm \dfrac{b(a - z^2)}{a + z^2}$; donc tout nombre rationnel mis à la place de z, rendra les nombres u, x, rationnels.

III. Soient a, b, u, x, des nombres rationnels, et $u^2 - a^2x^2 = b$: on demande u, x.

Supposant $u = z - ax$, on trouvera, comme dans la question précédente, $x = \dfrac{z^2 - b}{2az}$, et $u = \dfrac{z^2 + b}{2z}$.

IV. a, b, u, x, étant rationnels, et $u^2 + x^2 = a^2 + b^2$, on demande u, x.

Soit $u = a - z$, et $x = zy - b$. Éliminant u, x, entre ces deux équations et la proposée, on trouvera $-2az + z^2 + z^2y^2 - 2bzy = 0$, $z = \dfrac{2a + 2by}{1 + y^2}$, et par conséquent

$$u = \frac{ay^2 - a - 2by}{1 + y^2}, \quad \text{et } x = \frac{by^2 - b + 2ay}{1 + y^2}.$$

V. *Investigation de logarithmes et de puissances.*

lx, logarithme de x, veut dire une fonction de x, qui donne toujours $la + lb = l(ab)$, lorsqu'on substitue deux nombres quelconques a, b, et leur produit ab à la place de x.

On aura donc $l1 = 0$.

Au lieu de aa, aaa, $aaaa$, etc., on écrira a^2, a^3, a^4, etc.

Puisque $l1$ est toujours $= 0$, essayons de donner à

$l(1+u)$ la forme $Au+Bu^2+Cu^3+Du^4+$ etc. Si cela est possible dans tous les cas, on aura

$$l(1+2u+u^2) = 2Au + Au^2$$
$$+ 4Bu^2 + 4Bu^3 + Bu^4$$
$$+ 8Cu^3 + 12Cu^4$$
$$+ 16Du^4 + \text{etc.} :$$

mais $l(1+2u+u^2) = l((1+u)^2) = 2l(1+u)$; donc $2Au + (A+4B)u^2 +$ etc. $= 2Au + 2Bu^2 +$ etc.; $A+4B = 2B$; $4B+8C = 2C$; $B+12C+16D = 2D$, etc.; $B = -\frac{1}{2}A$; $C = \frac{1}{3}A$; $D = -\frac{1}{4}A$; $E = \frac{1}{5}A$, etc.; et par conséquent $l(1+u) = A(u - \frac{1}{2}u^2 + \frac{1}{3}u^3 - \frac{1}{4}u^4 + \frac{1}{5}u^5 -$ etc.$)$. Le nombre A demeurant arbitraire, il s'ensuit que le nombre de systèmes de logarithmes que l'on peut adopter est également arbitraire.

Puisque $l(1+u)$ est $= A(u - \frac{1}{2}u^2 + \frac{1}{3}u^3 -$ etc.$)$, on aura aussi $l(1-u) = A(-u - \frac{1}{2}u^2 - \frac{1}{3}u^3 -$ etc.$)$: donc $l\frac{1+u}{1-u}[= l(1+u) - l(1-u)] = A(2u + \frac{2}{3}u^3 + \frac{2}{5}u^5 + \frac{2}{7}u^7 +$ etc.$)$. Posons $a = \frac{1+u}{1-u}$: on aura $u = \frac{a-1}{a+1}$, et

$$la = 2A\left(\frac{a-1}{a+1} + \frac{1}{3}\left(\frac{a-1}{a+1}\right)^3 + \frac{1}{5}\left(\frac{a-1}{a+1}\right)^5 +\text{etc.}\right).$$

L'expression a^n [puissance d'a indiquée par n] désigne un nombre dont le logarithme seroit n dans le système qui auroit pour base le nombre a.

L'expression $(1+u)^n$ étant susceptible de la forme $1 + nu + Au^2 + Bu^3 + Cu^4 +$ etc. dans plusieurs rencontres, on aura, si cela est possible dans tous les cas,

$$(1+2u+u^2)^n = 1 + 2nu + nu^2$$
$$+ 4Au^2 + 4Au^3 + Au^4$$
$$+ 8Bu^3 + 12Bu^4 + \text{etc.}$$
$$+ 16Cu^4 + \text{etc.} :$$

mais $(1 + 2u + u^2)^n = ((1+u)^n)^2 = (1 + nu + Au^2 + Bu^3 + \text{etc.})^2 = 1 + 2nu + 2Au^2 + 2Bu^3 + 2Cu^4 + \text{etc.}$
$+ n^2u^2 + 2nAu^3 + 2nBu^4 + \text{etc.}$
$+ A^2u^4 + \text{etc.}$;

donc $2A + n^2 = n + 4A$, $2B + 2nA = 4A + 8B$, $2C + 2nB + A^2 = A + 12B + 16C$, etc. ; et par conséquent A $\left[= \dfrac{n^2 - n}{2} \right] = n\,\dfrac{n-1}{2}$, $B = n\,\dfrac{n-1}{2} \times \dfrac{n-2}{3}$, etc.

VI. *Investigation de la proposition VI du liv. X.*

Trouver un nombre x qui rende $x^3 + bx + c = 0$.

$x = n + z$ donne $n^3 + 3n^2z + 3nz^2 + z^3 + bn + bz + c = 0$; $3nz = -b$ donnera $n^3 + z^3 + c = 0$. Éliminant z entre ces deux équations, on trouvera $n^6 + cn^3 - \frac{1}{17}b^3 = 0$, $n = \sqrt[3]{(-\frac{1}{2}c \pm \sqrt{(\frac{1}{4}c^2 + \frac{1}{27}b^3)})}$, et $x = n + z = n - \dfrac{b}{3n}$. Etc.

VII. *Investigation de la proposition Ire. du l. XVIII.*

Supposant $R = a + bx^n$, réduire $\int x^m R^p dx$ à la forme $Ax^{m+1-n}R^{p+1} + B\int x^{m-n}R^p dx$.

On aura $x^m R^p dx = (m + 1 - n)Ax^{m-n}R^{p+1}dx + (p + 1)Ax^{m+1-n}R^p dR + Bx^{m-n}R^p dx$. Substituant $nbx^{n-1}dx = dR$, et divisant par $x^m R^p dx$, on a $1 = (m + 1 - n)Ax^{-n}R dx + bn(p+1)A + Bx^{-n}$, et substituant $a + bx^n = R$, il vient $1 = (m + 1 - n)Aax^{-n} + (mb + b + npb)A + Bx^{-n}$. On aura donc $(mb + b + npb)A = 1$, $(m + 1 - n)Aa + B = 0$, $A = \dfrac{1}{b(m + 1 + np)}$, et $B = \dfrac{-a(m + 1 - n)}{b(m + 1 + np)}$.

VIII. Supposant que $x = 0$ rende $\int x^m (a + bx^n)^p dx = 0$, on demande la valeur de $\int x^m (a + bx^n)^p dx$, lorsque $x = \sqrt[n]{\left(\dfrac{-a}{b}\right)}$.

Posant $q = m + 1 + np$, la proposition VIII du liv. XVIII donne $\int x^m (a + bx^n)^p dx =$ à une série dont le dernier terme est

$$\frac{b^t (q + n)(q + 2n)(q + 3n)\ \text{etc.}}{a^t (m+1)(m+1+n)(m+1+2n)\ \text{etc.}} \int x^{m + tn}(a + bx^n)^p dx,$$

et dont tous les termes précédents s'évanouissent par la supposition de $x = \sqrt[n]{\left(\dfrac{-a}{b}\right)}$: on aura de même alors $\int x^{n-1}(a + bx^n)^p dx =$

$$\frac{b^t (np + 2n)(np + 3n)(np + 4n)\ \text{etc.}}{a^t n \cdot 2n \cdot 3n \cdot \text{etc.}} \int x^{n - 1 + tn}(a + bx^n)^p dx$$

$$= \frac{b^t (p + 2)(p + 3)(p + 4)\ \text{etc.}}{a^t \cdot 1 \cdot 2 \cdot 3 \cdot \text{etc.}} \int x^{n - 1 + tn}(a + bx^n)^p dx;$$

et par conséquent

$$\frac{\int x^m (a + bx^n)^p dx}{\int x^{n-1}(a + bx^n)^p dx} =$$

$$\frac{(q + n)(q + 2n)(q + 3n)\ \text{etc.}}{(m+1)(m+1+n)(m+1+2n)\ \text{etc.}} \times \frac{1 \cdot 2 \cdot 3 \cdot \text{etc.}}{(p + 2)(p + 3)\ \text{etc.}} \times \frac{\int x^{m + tn}(a + bx^n)^p dx}{\int x^{n - 1 + tn}(a + bx^n)^p dx}.$$

Réduisant $(a + bx^n)^p$ en série, on aura $\int x^{m + tn}(a + bx^n)^p dx =$

$$\frac{a^p x^{m + tn + 1}}{m + tn + 1} + \frac{p a^{p-1} b x^{m + tn + n + 1}}{m + tn + n + 1} + \text{etc.} = x^{m + tn + 1}\left(\frac{a^p}{m + tn + 1} + \frac{p a^{p-1} b x^n}{m + tn + n + 1} + \text{etc.}\right).$$

On trouvera de même $\int x^{n + tn - 1}(a + bx^n)^p dx = x^{n + tn}\left(\frac{a^p}{n + tn} + \frac{p a^{p-1} b x^n}{2n + tn} + \text{etc.}\right).$

Supposons t infini : nous aurons $\left(\frac{a^p}{m + tn + 1} + \right.$

$$\frac{pa^{p-1}bx^n}{m+in+n+1} + \text{etc.}\bigg) \div \bigg(\frac{a^p}{n+in} + \frac{pa^{p-1}bx^n}{2n+in} + \text{etc.}\bigg)$$

$$= 1 + \text{infinitième}, \text{ et par conséquent}, \ x = \sqrt[n]{\left(\frac{-a}{b}\right)}$$

rend $\dfrac{\int x^m(a+bx^n)^p dx}{\int x^{n-1}(a+bx^n)^p dx} = \dfrac{(q+n)(q+2n)(q+3n\ \text{etc.}}{(m+1)(m+1+n)(m+1+2n)\,\text{etc.}}$

$$\times \frac{1.2.3.\text{etc.}}{(p+2)(p+3)(p+4)\text{etc.}}\ x^{m-n+1}\,(1 + \text{infinitième}):$$

mais $x = \sqrt[n]{\left(-\dfrac{a}{b}\right)}$ rend $\int x^{n-1}(a+bx^n)^p dx = -$

$\dfrac{a^{p+1}}{nb(p+1)}$; donc $x = \sqrt[n]{\left(-\dfrac{a}{b}\right)}$ rendra $\int x^m(a+bx^n)^p dx$

$$= -\frac{a^{p+1}}{nb(p+1)} \times \frac{(q+n)(q+2n)(q+3n)\ \text{etc.}}{(m+1)(m+1+n)(m+1+2n)\text{etc.}} \times$$

$$\frac{1.2.3.\text{etc.}}{(p+2)(p+3)(p+4)\text{etc.}} \times \left(-\frac{a}{b}\right)^{\frac{m-n+1}{n}} \times (1 + \text{infi-}$$

nitième).

Exemples. 1. On demande la valeur de $\int (1-x^2)^{-\frac{1}{2}}\,dx$ pour $x = 1$.

La valeur demandée sera $\dfrac{1}{1} \times \dfrac{2.\,4.\,6.\,8.\ \text{etc.}}{1.\,3.\,5.\,7.\ \text{etc.}} \times$

$$\frac{1.2.3.4.\text{etc.}}{\frac{3}{2}.\frac{5}{2}.\frac{7}{2}.\frac{9}{2}.\ \text{etc.}} \times 1 = \frac{2.4.6.8.\ \text{etc.}}{1.3.5.7.\ \text{etc.}} \times \frac{2.4.6.8.\ \text{etc.}}{3.5.7.9.\ \text{etc.}} =$$

$$\frac{2.2.4.4.6.6.8.8.\text{etc.}}{1.3.3.5.5.7.7.9.\text{etc.}} = \tfrac{1}{2}\pi.$$

2. On demande $\displaystyle\int \frac{dx}{\sqrt{(-lx)}}$ pour $x = 1$.

lx est $= \int x^{-1}dx$. Soit i un nombre entier assez grand

pour faire $\int x^{\frac{1}{i}-1}\,dx = \int x^{-1}\,dx$ sans erreur considérable.

On aura $lx = ix^{\frac{1}{i}} - i$, et par conséquent $\int \frac{dx}{\sqrt{(-lx)}} =$

$$\int \left(i - ix^{\frac{1}{i}}\right)^{-\frac{1}{2}} dx = 2i^{\frac{1}{2}} \times$$

$$\frac{\left(1 - \frac{1}{2i} + \frac{1}{i}\right)\left(1 - \frac{1}{2i} + \frac{2}{i}\right)\left(1 - \frac{1}{2i} + \frac{3}{i}\right)\text{etc.},}{1\left(1 + \frac{1}{i}\right)\left(1 + \frac{2}{i}\right)\text{etc.}}$$

$$\times \frac{1.\,2.\,3.\ \text{etc.}}{\frac{3}{2}.\frac{5}{2}.\frac{7}{2}.\ \text{etc.}} \times 1 = 2i^{\frac{1}{2}} \times \frac{2.4.6.8.\ \text{etc.}}{3.5.7.9.\ \text{etc.}}.\ \text{Poussant}$$

l'approximation jusqu'à i facteurs, on aura

$$4i \times \frac{2.2.4.4.6.6....2i.2i}{3.3.5.5.7.7....(2i+1)(2i+1)} =$$

$$\frac{2.2.4.4.6.6....2i.2i.4i}{1.3.3.5.5.7...(2i-1)(2i+1)(2i+1)} = \text{au carré de la va-}$$

leur demandée. Mais i infini rend $\dfrac{2i.2i.4i}{(2i-1)(2i+1)(2i+1)}$

$= 2 -$ infinitième ; donc le carré de la valeur demandée

sera $= 2\,\dfrac{2.2.4.4.6.6.\ \text{etc.}}{1.3.3.5.5.7.\ \text{etc.}}$, et par conséquent $x = 1$ ren-

dra $\int \dfrac{dx}{\sqrt{(-lx)}} = \sqrt{\dfrac{2.2.2.4.4.6.6.\ \text{etc.}}{1.1.3.3.5.5.7.\ \text{etc.}}} = \sqrt{\pi}$.

VIII. On demande la somme de la série 1, $\dfrac{1}{3}$, $\dfrac{1}{6}$,

$\dfrac{1}{10}$, $\dfrac{1}{15}$, $\dfrac{1}{21}$, ..., $\dfrac{2}{x(x+1)}$, c'est-à-dire, $\int \dfrac{2}{(x+1)(x+2)}$.

Soit $\dfrac{2}{(x+1)(x+2)} = \dfrac{a}{x+2} - \dfrac{a}{x+1} : \dfrac{a}{x+2}$ et $\dfrac{a}{x+1}.$

étant deux mêmes fonctions de $x+1$ et x, on pourra

faire $\dfrac{2}{(x+1)(x+2)} = D\,\dfrac{a}{x+1} = \dfrac{a}{x+2} - \dfrac{a}{x+1}$; d'où

$a = 2$, et $\int \dfrac{2}{(x+1)(x+2)} = \dfrac{-2}{x+1} + 1$. Et si on veut que 1 en soit le premier terme, la série viendra $= 2 - \dfrac{2}{x+1}$.

Trouver la somme de la série 1, $\dfrac{1}{4}$, $\dfrac{1}{10}$, $\dfrac{1}{20}$, $\dfrac{1}{35}$, $\dfrac{1}{56}$, ..., $\dfrac{6}{x(x+1)(x+2)}$.

Faisant $\dfrac{6}{(x+1)(x+2)(x+3)} = \dfrac{a}{(x+2)(x+3)} - \dfrac{a}{(x+1)(x+2)}$, on trouvera $a = -3$, et la série proposée $= \dfrac{3}{2} - \dfrac{3}{(x+1)(x+2)}$.

IX. Trouver la somme de la série $\cos a$, $\cos 2a$, $\cos 3a$,...., $\cos xa$.

Désignant cette somme par S, on aura S $=$

$$\tfrac{1}{2} e^{a\sqrt{-1}} + \tfrac{1}{2} e^{2a\sqrt{-1}} + \tfrac{1}{2} e^{3a\sqrt{-1}} + \text{etc.} + \tfrac{1}{2} e^{xa\sqrt{-1}} +$$
$$\tfrac{1}{2} e^{-a\sqrt{-1}} + \tfrac{1}{2} e^{-2a\sqrt{-1}} + \tfrac{1}{2} e^{-3a\sqrt{-1}} + \text{etc.} + \tfrac{1}{2} e^{-xa\sqrt{-1}}$$

$$= \dfrac{e^{a\sqrt{-1}} - e^{(x+1)a\sqrt{-1}}}{2 - 2e^{a\sqrt{-1}}} + \dfrac{e^{-a\sqrt{-1}} - e^{-(x+1)a\sqrt{-1}}}{2 - 2e^{-a\sqrt{-1}}}$$

$$= \dfrac{\cos a - 1 + \cos xa - \cos (x+1)a}{2 - 2\cos a} =$$

$$\dfrac{\cos xa - \cos (x+1)a}{2 - 2\cos a} - \dfrac{1}{2} = \dfrac{\sin (x+\tfrac{1}{2})a}{2\sin \tfrac{1}{2}a} - \dfrac{1}{2}.$$

X. Soient x, y, des coordonnées perpendiculaires d'une courbe, dont l'équation est $x^3 + y^3 = axy$: on demande l'aire de cette courbe.

Puisque $\dfrac{x^2}{y} + \dfrac{y^2}{x}$ est $= a$, si l'on fait $\dfrac{x}{y} = z$, on aura $zx + \dfrac{x}{z^2} = a$, $x = \dfrac{az^2}{z^3+1}$, $dx = \dfrac{2z - z^4}{(z^3+1)^2} a\,dz$, et par conséquent $\int y\, dx = \int \frac{2z^2 - z^5}{(z^3 + 1)^3} a^2\, dz = \frac{a^2}{5(z^3 + 1)} -$

$\frac{a^2}{2(z^3 + 1)^2} = \frac{a y^2}{5 x} - \frac{y^4}{2 x^2}.$

XI. Résoudre l'équation $\frac{d^n z}{dy^n} = A$, où l'on désigne par z une fonction inconnue de x et y, et par A une fonction proposée de x et y.

On aura $\frac{d^n z}{dy^n}\, dy = \frac{d^n z}{dy^{n-1}} = A\, dy$, et $\frac{d^{n-1} z}{dy^{n-1}} = \int A\, dy + I$, en désignant par I une fonction arbitraire de x. Que l'on continue ainsi, et on parviendra à $\frac{d^{n-n} z}{dy^{n-n}}$, c'est-à-dire, à z.

XII. Trouver le *maximum* de Γx, c'est-à-dire, la plus grande valeur d'une fonction proposée.

Il est clair que les fluxions de deux valeurs quelconques de Γx, entre lesquelles se trouvera le *maximum* de Γx, doivent être contraires entre elles; donc celle du *maximum* sera 0, ou $\frac{1}{0}$ [17. 9. schol.].

Exemples. 1. Couper une droite a en deux parties x et $a - x$, telles que le rectangle $x(a - x)$ en soit un *maximum*.

Posant $d(x(a - x)) = 0$, on aura $a\, dx - 2x\, dx = 0$, et par conséquent $x = \frac{1}{2} a$.

Démonstration. Soit d une ligne droite quelconque, positive ou négative, et $x = \frac{1}{2} a + d$: on aura $x(a - x) = (\frac{1}{2} a + d)(\frac{1}{2} a - d) = \frac{1}{4} a^2 - d^2$, toujours $< \frac{1}{4} a^2$.

2. Couper la droite a en deux parties x et $a - x$, telles que $x^2 (a - x)$ en soit un *maximum*.

$d(x^2 (a - x)) = 2ax\, dx - 3x^2\, dx = 0$ donnera $x = \frac{2}{3} a$.

Démonstration. $(\frac{2}{3} a + d)^2 (a - (\frac{2}{3} a + d)) [= \frac{4}{27} a^3 - a d^2$

$— d^3$] est toujours $< \frac{4}{27} a^3$, tant qu'on suppose $a + d$ expression positive; et si on veut que la ligne d soit négative et $> a$, il n'y aura point de *maximum*.

5. On demande le *maximum* d'$a (u + z)^2 — u z^2$.

Regardant l'inconnue u comme déjà trouvée, $d(a(u + z)^2 — u z^2) = 0$ donnera $z = \dfrac{au}{u — a}$, et par conséquent $\dfrac{au^3}{u — a} = maximum$: mais $d \left(\dfrac{au^3}{u — a} \right) = 0$ donne $u = \frac{3}{2} a$, et $z = 3a$; donc $\frac{27}{4} a^3$ sera le *maximum* demandé.

Autre solution. $d'(a(u + z)^2 — u z^2) = 0$ donne $au + az — uz = 0$, et $d''(a(u + z)^2 — u z^2) = 0$ donne $2au + 2az — z^2 = 0$; et par conséquent $u = \frac{3}{2} a$ et $z = 3a$.

Schol. Quelle fonction d'u doit être z, pour qu'à chaque valeur d'u réponde une valeur d'$a (u + z) — (u + 2z)^2$, non moindre que toute autre fonction d'u ne la rendroit?

Désignons par z et $z + \delta z$ deux diverses fonctions d'u, et par δ des fluxions relatives uniquement à z, fluente de δz. Supposant $a(u + z) — (u + 2z)^2$ *maximum*, on trouvera $\delta(a(u + z) — (u + 2z)^2) = a\delta z — 4u\delta z — 8z\delta z = 0$, $z = \frac{1}{8} a — \frac{1}{2} u$, et par conséquent $\frac{1}{16} a^2 + \frac{1}{2} au$ le *maximum* d'$a (u + z) — (u + 2z)^2$; car mettant $\frac{1}{8} a — \frac{1}{2} u + d$ à la place de z, on trouvera $a(u + z) — (u + 2z)^2 = \frac{1}{16} a^2 + \frac{1}{2} au — 4d^2$, valeur toujours plus petite que $\frac{1}{16} a^2 + \frac{1}{2} au$, excepté dans le seul cas où quelque valeur d'u rendra $d = 0$; donc $\frac{1}{16} a^2 + \frac{1}{2} au$ est la limite des valeurs de l'expression proposée.

On demande une fonction u de z, qui donne la limite des valeurs d'$a(u + z) — (u + 2z)^2$.

On trouvera $u = \frac{1}{4} a — 2z$, et on démontrera, comme ci-dessus, que $\frac{1}{4} a^2 + \frac{1}{2} az$ est la limite demandée.

XIII. Soit $d\mathcal{C} = A\,d^{n+1}y + B\,d^{n}y + C\,d^{n-1}y + \ldots + T\,dy + V$: on demande quel doit être le rapport entre A, B, C, etc., pour que $\mathcal{C}\,dx$ soit une fluxion exacte.

Soit $z = \int \mathcal{C}\,dx$, et $n = 1$: on aura $\mathcal{C}\,dx = dz = \dfrac{{}^{\iota}dz}{dy^{\prime}}\,dy$

$+ \dfrac{{}^{\iota}dz}{dx^{\prime}}\,dx$, et $d(\mathcal{C}dx) = \dfrac{{}^{\iota}dz}{dy^{\prime}}\,d^{2}y + \left(d\dfrac{{}^{\iota}dz}{dy^{\prime}} \right)dy + d\dfrac{{}^{\iota}dz}{dx^{\prime}} =$

$(A\,d^{2}y + B\,dy + V)dx$: donc $A\,dx = \dfrac{{}^{\iota}dz}{dy^{\prime}}$; $B\,dx = d\,\dfrac{{}^{\iota}dz}{dy^{\prime}}$;

et $dA - B = 0$, équation identique, c'est-à-dire, $\dfrac{1}{dx}$

$\left(d\dfrac{{}^{\iota}dz}{dy^{\prime}} - d\dfrac{{}^{\iota}dz}{dy^{\prime}} \right) = 0.$

Soit $n = 2$: on aura $\mathcal{C}\,dx = \dfrac{{}^{\iota}dz}{d^{2}y^{\prime}}\,d^{2}y + \dfrac{{}^{\iota}dz}{dy^{\prime}}\,dy +$

$\dfrac{{}^{\iota}dz}{dx^{\prime}}\,dx$, et $d(\mathcal{C}dx) = \dfrac{{}^{\iota}dz}{d^{2}y^{\prime}}\,d^{3}y + \left(d\dfrac{{}^{\iota}dz}{d^{2}y^{\prime}} + \dfrac{{}^{\iota}dz}{dy^{\prime}} \right)d^{2}y$

$+ \left(d\dfrac{{}^{\iota}dz}{dy^{\prime}} \right)dy + d\dfrac{{}^{\iota}dz}{dx^{\prime}} = (A\,d^{3}y + B\,d^{2}y + C\,dy + V)dx$;

et par conséquent $A\,dx = \dfrac{{}^{\iota}dz}{d^{2}y^{\prime}}$; $B\,dx = d\dfrac{{}^{\iota}dz}{d^{2}y^{\prime}} + \dfrac{{}^{\iota}dz}{dy^{\prime}}$;

$C\,dx = d\dfrac{{}^{\iota}dz}{dy^{\prime}}$; $(dA - B)\,dx = - \dfrac{{}^{\iota}dz}{dy^{\prime}}$; et $d^{2}A - dB + C$

$= \dfrac{1}{dx}\left(-d\dfrac{{}^{\iota}dz}{dy^{\prime}} + d\dfrac{{}^{\iota}dz}{dy^{\prime}} \right) = 0$, équation identique.

Suivant toujours le même procédé, on trouvera $d^{n}A - d^{n-1}B + d^{n-2}C - d^{n-3}D + \ldots \pm T = 0$, équation identique.

Schol. Si $d\mathcal{C}$ étoit $= A\,d^{n+1}y +$ etc. $+ A^{\prime}d^{n^{\prime}+1}z +$ etc. $+ A^{\prime\prime}d^{n^{\prime\prime}+1}u +$ etc. $+$ etc., on auroit de même une suite d'équations identiques $d^{n}A -$ etc. $= 0$, $d^{n^{\prime}}A^{\prime} -$ etc. $= 0$, $d^{n^{\prime\prime}}A^{\prime\prime} -$ etc. $= 0$, etc.

XIV. Soit $d6 = A d^{n+1} y + B d^n y + C d^{n-1} y + D d^{n-2} y + \ldots + V$: quelle fonction de x doit être y, pour qu'à chaque valeur de x réponde toujours un $\int 6 dx$ *maximum* ou *minimum* ?

Soient y et $y + \delta y$ diverses fonctions de x, et supposons δ des fluxions relatives à y fluente de δy, $AB = x$, $BB' = dx$, $BC = y$, $Cc = \delta y$, $BD = 6$, $Dd = \delta 6$, et $De = A\delta d^{n-1} y$: on aura $\delta 6 = A\delta d^n y + B\delta d^{n-1} y + \ldots + T\delta y$; $\int dx \Gamma (y + \delta y) = \int dx (\Gamma y + \delta \Gamma y + \text{etc.}) = \int dx \Gamma y + \int dx \delta \Gamma y + \text{etc.}$, et par conséquent $\delta \int dx \Gamma y = \int dx \delta \Gamma y$; donc $\delta \int 6 dx [= \int dx \delta 6]$ sera l'aire que Dd décrit : et il est également clair que les points de la courbe décrite par le point d, s'approcheront de ceux de la courbe décrite par D, d'autant plus que la fluxion δy sera plus petite, et que par conséquent $\delta \int 6 dx [= \int dx \delta 6]$ sera $= o$, lorsque $\delta 6 = o$; donc, pour que $\int 6 dx$ soit un *maximum* ou un *minimum*, il faudra que $A\delta d^n y + B\delta d^{n-1} y + \ldots + T\delta y$ devienne $= o$. Et puisque les arcs cc' et CC', ee' et DD' tendent à la coïncidence et au parallélisme, à mesure que les fluxions δy et dx deviennent plus petites, si l'on met y' à la place de $B'C'$, on aura

$$\frac{A'\delta d^{n-1} y'}{A\delta d^{n-1} y} \left[= \frac{D'e'}{De} \right] = 1 + \text{infinitième} : \text{mais on a}$$

aussi $\dfrac{y' - y}{dy} = 1 + \text{infinitième}$; donc dx et δy infinitièmes rendront $= 1 + \text{infinitième}$ chacun des quotients

$$\frac{A\delta d^n y}{A\delta d^{n-1} y' - A\delta d^{n-1} y}, \quad \frac{A\delta d^{n-1} y' - A\delta d^{n-1} y}{A\delta d^{n-1} y' - A'\delta d^{n-1} y'},$$

$$\frac{A\delta d^{n-1} y' - A'\delta d^{n-1} y'}{- dA\delta d^{n-1} y'}, \quad \frac{- dA\delta d^{n-1} y'}{- dA\delta d^{n-1} y} ; \text{ donc } A\delta d^n y$$

$= - dA\delta d^{n-1} y$. On trouvera de même $- dA\delta d^{n-1} y$

$= d^2A \delta d^{n-2}y$, ainsi de suite. Réduisant ainsi chaque terme d'$A\delta d^n y + B\delta d^{n-1}y + $ etc., on trouvera enfin $\delta\mathcal{C} = \pm d^n A \delta y \mp d^{n-1} B\delta y \pm$ etc. $= 0$; c'est-à-dire, $d^n A - d^{n-1} B + d^{n-2} C - d^{n-3} D + \ldots \pm T = 0$.

Corol. Si $\mathcal{C}$ étoit indépendant de x, on auroit $d\mathcal{C} = A d^{n+1}y + B d^n y + \ldots + T dy$: mais $d^n A - d^{n-1} B + \ldots \pm T = 0$; donc $\mathcal{C} = A d^n y + (B - dA) d^{n-1}y + (C - dB + d^2 A) d^{n-2}y + $ etc.

Exemples. 1. Quelle fonction de x doit être y pour qu'un *minimum* $\int \sqrt{\dfrac{dx^2 + dy^2}{x}}$ réponde toujours à x?

On aura $\mathcal{C} = x^{-\frac{1}{2}}\left(1 + \dfrac{dy^2}{dx^2}\right)^{\frac{1}{2}}$; $d\mathcal{C} = x^{-\frac{1}{2}}\left(1 + \dfrac{dy^2}{dx^2}\right)^{-\frac{1}{2}}$

$\dfrac{dy}{dx^2} d^2 y - \tfrac{1}{2} x^{-\frac{3}{2}}\left(1 + \dfrac{dy^2}{dx^2}\right)^{\frac{1}{2}} dx$; $B = 0$; $dA = d\left(x^{-\frac{1}{2}}\right.$

$\left(1 + \dfrac{dy^2}{dx^2}\right)^{-\frac{1}{2}} \dfrac{dy}{dx^2}\right) = 0$; $d\left(x^{-\frac{1}{2}}\left(1 + \dfrac{dy^2}{dx^2}\right)^{-\frac{1}{2}} \dfrac{dy}{dx}\right)$

$= 0$; $x^{-\frac{1}{2}}\left(1 + \dfrac{dy^2}{dx^2}\right)^{-\frac{1}{2}} \dfrac{dy}{dx} = a^{-\frac{1}{2}}$, et enfin $\dfrac{dy}{dx} = \sqrt{\dfrac{x}{a - x}}$.

2. On demande qu'un *minimum* $\int \sqrt{\dfrac{dx^2 + dy^2}{y}}$ réponde toujours à x.

On aura $\mathcal{C} = y^{-\frac{1}{2}}\left(1 + \dfrac{dy^2}{dx^2}\right)^{\frac{1}{2}}$; $d\mathcal{C} = y^{-\frac{1}{2}}\left(1 + \dfrac{dy^2}{dx^2}\right)^{-\frac{1}{2}}$

$\dfrac{dy}{dx^2} d^2 y - \tfrac{1}{2} y^{-\frac{3}{2}}\left(1 + \dfrac{dy^2}{dx^2}\right)^{\frac{1}{2}} dy$; $\mathcal{C} = y^{-\frac{1}{2}}\left(1 + \dfrac{dy^2}{dx^2}\right)^{\frac{1}{2}}$

$= y^{-\frac{1}{2}}\left(1 + \dfrac{dy^2}{dx^2}\right)^{-\frac{1}{2}} \dfrac{dy}{dx^2} dy + a^{-\frac{1}{2}}$, et $\dfrac{dx}{dy} = \sqrt{\dfrac{y}{a - y}}$.

5. On demande la courbe qui, avec son rayon de courbure et la développée, renferme le plus petit espace.

Soit l'ordonnée y perpendiculaire à l'abscisse x. Le rayon de courbure en sera $= \dfrac{(dx^2 + dy^2)^{\frac{3}{2}}}{dx\,d^2y}$; d'où il suit que la surface dont on demande le *minimum*, doit être $=$

$$\int \left(\frac{(dx^2 + dy^2)^{\frac{3}{2}}}{2dx\,d^2y} \sqrt{(dx^2 + dy^2)} \right) = \frac{1}{2} \int \frac{(dx^2 + dy^2)^2}{dx^2 d^2y}\,dx.$$

On a d'abord $d\,\dfrac{(dx^2 + dy^2)^2}{dx^2 d^2y} = - \dfrac{(dx^2 + dy^2)^2}{dx^2 d^2y^2}\,d^3y +$

$\dfrac{4(dx^2 + dy^2)dy}{dx^2 d^2y}\,d^2y$; et par conséquent $d^2A - dB + C =$

$$d^2\left(- \frac{(dx^2 + dy^2)^2}{dx^2 d^2y^2} \right) - d\,\frac{4(dx^2 + dy^2)dy}{dx^2 d^2y} + 0 = 0 ;\ \text{donc}$$

$B - dA = \dfrac{a}{dx}$ [parce que $B - dA$ est une fonction de x divisée par dx]; donc $C = \dfrac{(dx^2 + dy^2)^2}{dx^2 d^2y} = - \dfrac{(dx^2 + dy^2)^2}{dx^2 d^2y^2}$

$d^3y + \dfrac{a}{dx}\,dy + b$. Ecrivant $u\,dx$ à la place de dy, on trouvera $4dx = 2au(1 + u^2)^{-2}du + 2b(1 + u^2)^{-2}du$; $4dy$ $[= 4u\,dx] = 2au^2(1 + u^2)^{-2}du + 2bu(1 + u^2)^{-2}du$; $4x =$ $- a(1 + u^2)^{-1} + bu(1 + u^2)^{-1} + b\int(1 + u^2)^{-1}du + c$; $4y =$ $- au(1 + u^2)^{-1} + a\int(1 + u^2)^{-1}du - b(1 + u^2)^{-1} + f$; $4ax - 4by = - a^2(1 + u^2)^{-1} + 2abu(1 + u^2)^{-1} + b^2$ $(1 + u^2)^{-1} + ac - bf$: mais $(1 + u^2)^{-1}$ ne sauroit être fluente de $2u(1 + u^2)^{-2}du$, sans que $- u^2(1 + u^2)^{-1}$ le soit aussi [18. 1. 2]; donc $ac - bf - 4ax + 4by =$ $a^2(1 + u^2)^{-1} - 2abu(1 + u^2)^{-1} + b^2u^2(1 + u^2)^{-1} = (a -$ $bu)^2(1 + u^2)^{-1} = (a\,dx - b\,dy)^2(dx^2 + dy^2)^{-1}$; c'est-à-dire, $\sqrt{(dx^2+dy^2)} = \dfrac{adx - bdy}{\sqrt{(ac - bf - 4ax + 4by)}}$, équation de la cycloïde.

4. Renfermer entre un arc donné de grandeur, et ses coordonnées perpendiculaires, un espace *maximum* ou *minimum*.

Soit $\int y\,dx$ l'espace : puisque l'arc $\int \sqrt{(dx^2 + dy^2)}$ est connu, on aura, en désignant par a une ligne donnée,

$$\int y\,dx + a\int \sqrt{(dx^2+dy^2)} = \int \left(a\left(1+\frac{dy^2}{dx^2}\right)^{\frac{1}{2}} + y \right) dx = maximum \text{ ou } minimum;$$

$d\mathcal{C} = \dfrac{ady}{dx^2}\left(1+\dfrac{dy^2}{dx^2}\right)^{-\frac{1}{2}} d^2y + dy$, et par conséquent $\mathcal{C} =$

$$a\left(1+\frac{dy^2}{dx^2}\right)^{\frac{1}{2}} + y = \frac{ady}{dx^2}\left(1+\frac{dy^2}{dx^2}\right)^{-\frac{1}{2}} dy + b \,; \quad dx =$$

$\dfrac{(b - y)\,dy}{\sqrt{(a^2 - (b - y)^2)}}$, et $x = c - \sqrt{(a^2 - (b - y)^2)}$, équation du cercle. Les deux valeurs du radical donnent les deux solutions du problème.

Schol. S'il s'agissoit de plusieurs variables, telles que x, y, z, u, etc., et de $d\mathcal{C} = Ad^n + {}^1y + $ etc. $+ A'd^{n'} + {}^1z +$ etc. $+ A''d^{n''} + {}^1u +$ etc. $+$ etc., les équations $d^nA - d^{n-1}B +$ etc. $= 0$, $d^{n'}A' -$ etc. $= 0$, $d^{n''}A'' -$ etc. $= 0$, résoudroient le problème ; ce qu'on verra facilement, en regardant successivement chacune des variables y, z, u, etc., comme si elle étoit la seule, et toutes les autres comme déjà trouvées.

FIN.

PAGES.	LIGNES.	FAUTES.	CORRECTIONS.
45.	*10.	unité	et réciproquement.
60.	*11.	$\dfrac{x}{z} \backsim \dfrac{1}{6\gamma} > \dfrac{B}{6} \backsim \dfrac{C}{\gamma}$	$\dfrac{x}{z} \backsim \dfrac{B}{6} > \dfrac{1}{6\gamma}$ et $> \dfrac{B}{6} \backsim$
62.	*14.	$- 8 \times 8 + 2 \times 8 \times 0,7 + 0,7 \times 0,7$	$- (8 \times 8 + 2 \times 8 \times 0,7 - 7 \times 0,7)$
66.	11.	$0,06 + 0,06$	$0,06 \times 0,06$
94.	* 5.	ABF	ABC
108.	2.	EI	FI
109.	12.	équiangle	équiangle, pourvu que le polygone circonscrit nombre de côtés soit imp
131.	15.	Ils	elles
138.	4.	$- 63$	$+ 63$
139.	* 5.	ce	c
146.	1.	$- 2x^2$	$- x^2$
147.	6.	$8x$	$8x^2$
150.	* 6.	$\frac{1}{2} u - 5 \frac{1}{2} u$	$\frac{1}{2} u, \frac{1}{2} u - 5$
154.	1.	$\dfrac{9u}{u}$	$\dfrac{9u}{5}$
157.	12.	as^3	$2s^3$
	* 4.	$a^2 + 3b$	$a^2 - 3b$
	* 1.	$z-^2$	z^{-2}
198.	* 8.	$\dfrac{dx - d\Gamma x}{dx} \big[$	$\dfrac{dx + d\Gamma x}{dx} \big[=$
200.	4.	$z^y dlz = z^y y\, dy\, lz$	$z^y y\, dlz = z^y dy\, lz$
217.	10.	$\big[$	$\big[=$
218.	7.	tang	tang z
220.	* 3.	$\dfrac{2i - 2}{a}$	$\dfrac{2i - 2}{u}$
230.	* 8.	$AB \times AC$	$AB \times BC$
253.	2.	dx	dz
255.	9.	$\dfrac{1}{dx} (dx$	$\dfrac{1}{dx} d\, (x$
259.	11.	$- \dfrac{4}{3}$	$\dfrac{4}{3}$
262.	* 7.	$- I$	$- 1$
266.	14.	O	o
267.	* 2.	x	X
270.	* 2.	$- \sqrt{}\ 1$	$\sqrt{}\ - 1$
277.	14.	$2^x - 5 D y$	$2y - 5 D y$

N. B. Les chiffres précédés du signe * marquent les lignes qu'il faut compt en remontant.

Livre 1.
pl. 1.

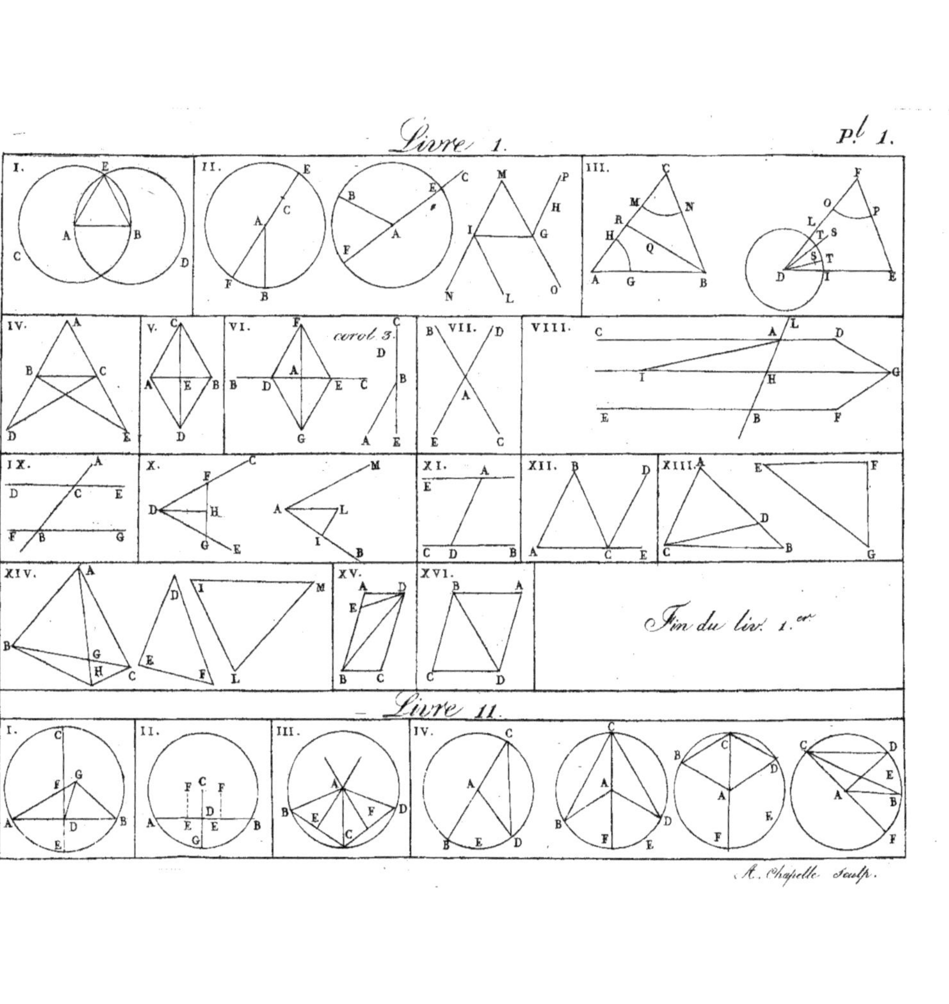

Fin du liv. 1.er
Livre 11.
A. Chapelle Sculp.

V.   VI.   VII.   VIII.

IX.   corollaires.   Fin du liv. 11.

Livre V.

I.   II.   III.

IV.   V.   VI ET VII.   VIII.

Suite du Liv. v.
pl. 3.

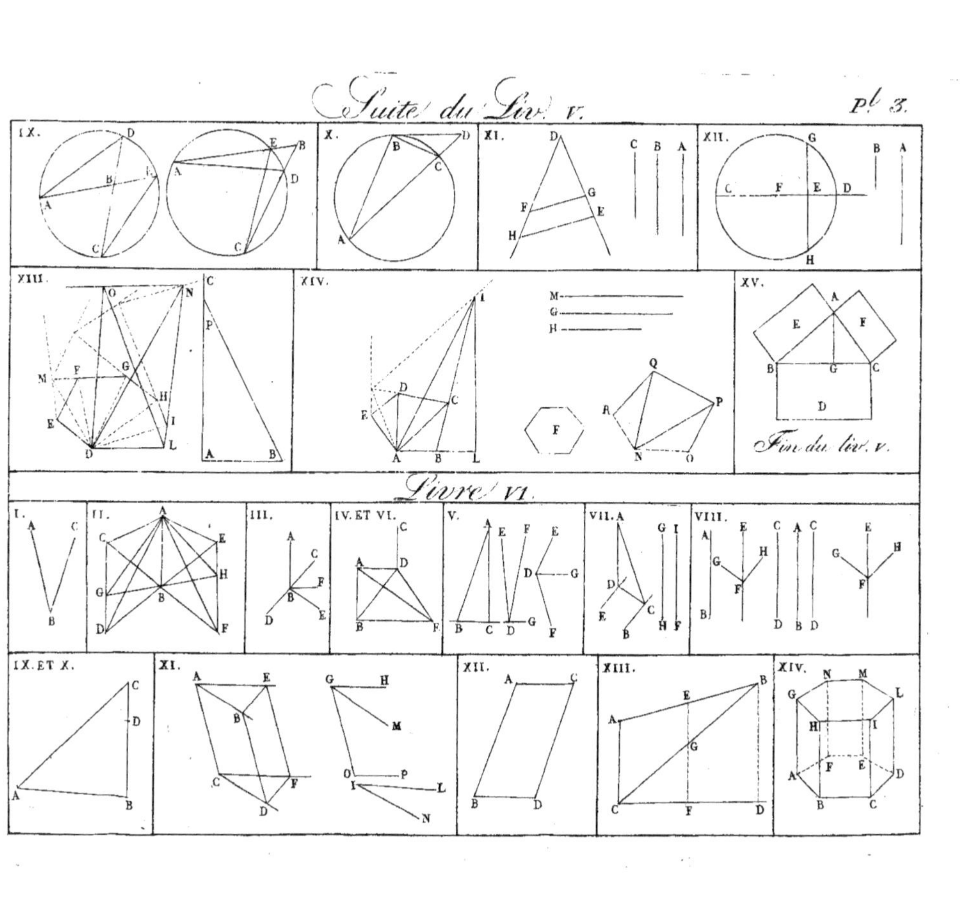

Livre VI.
Fin du liv. v.

XVI.

Fin du liv. VI.

Livre VII.

I.

II.

III. corol. 1.

IV.

V.

VI.

VII.

VIII.

IX.

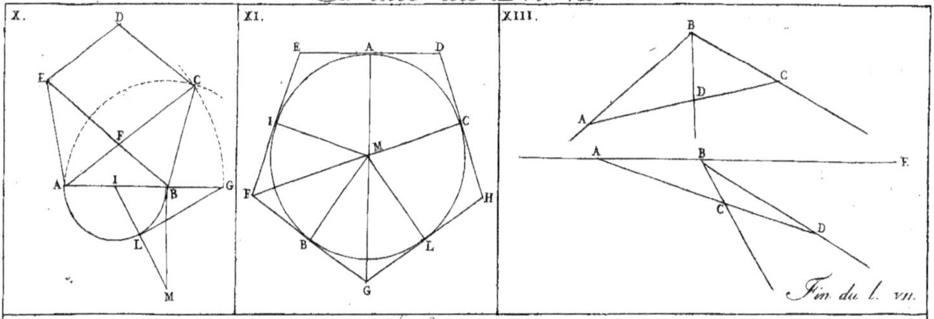
X.
XI.
XIII.
Fin du l. VII.

Livre XIII.

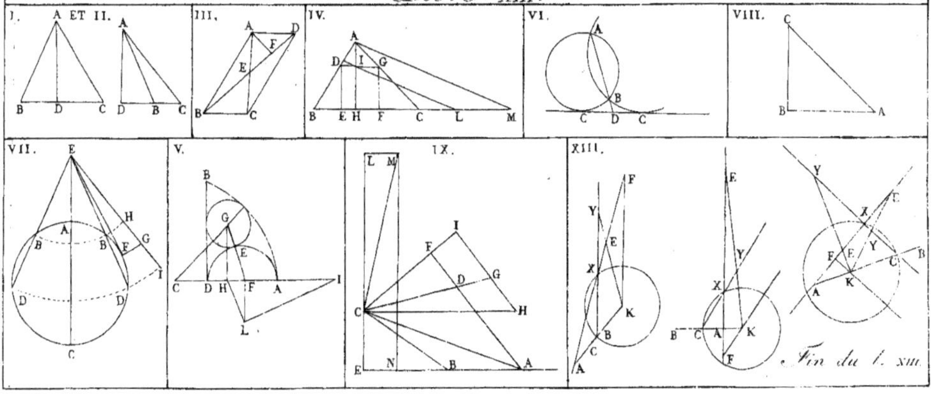
I. ET II.
III.
IV.
VI.
VIII.
VII.
V.
IX.
XIII.
Fin du l. XIII.

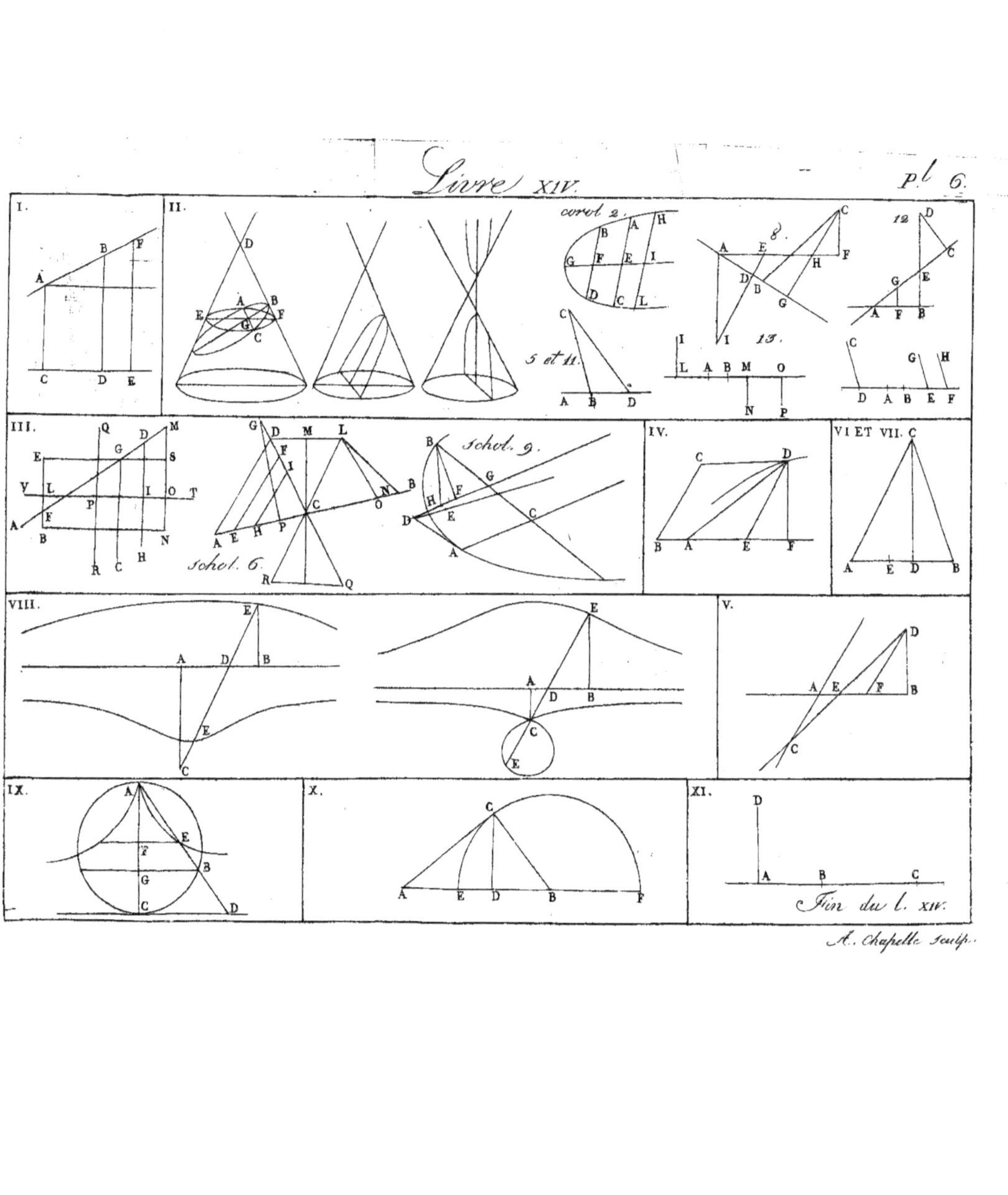
I.
II.
corol 2.
8.
12.
5 et 11.
13.
III.
schol. 6.
schol. 9.
IV.
VI ET VII.
VIII.
V.
IX.
X.
XI.
Fin du l. XIV.

Livre XV.

pl. 7.

XIII ET XIV.

XV.

XVII.

XVIII.

Fin du l. XV.

Livre XVI.

III ET XXXVII.

XI.

XLI.
et def. VII.

XXXVIIII.

XLII. Jusqu'a XLIV.

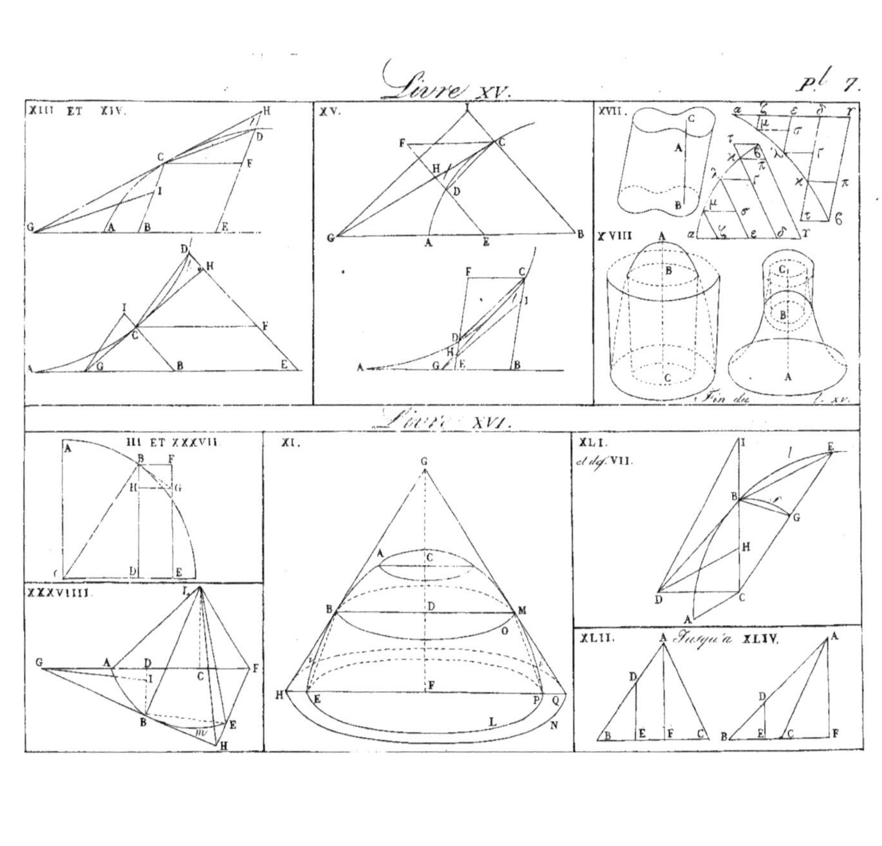

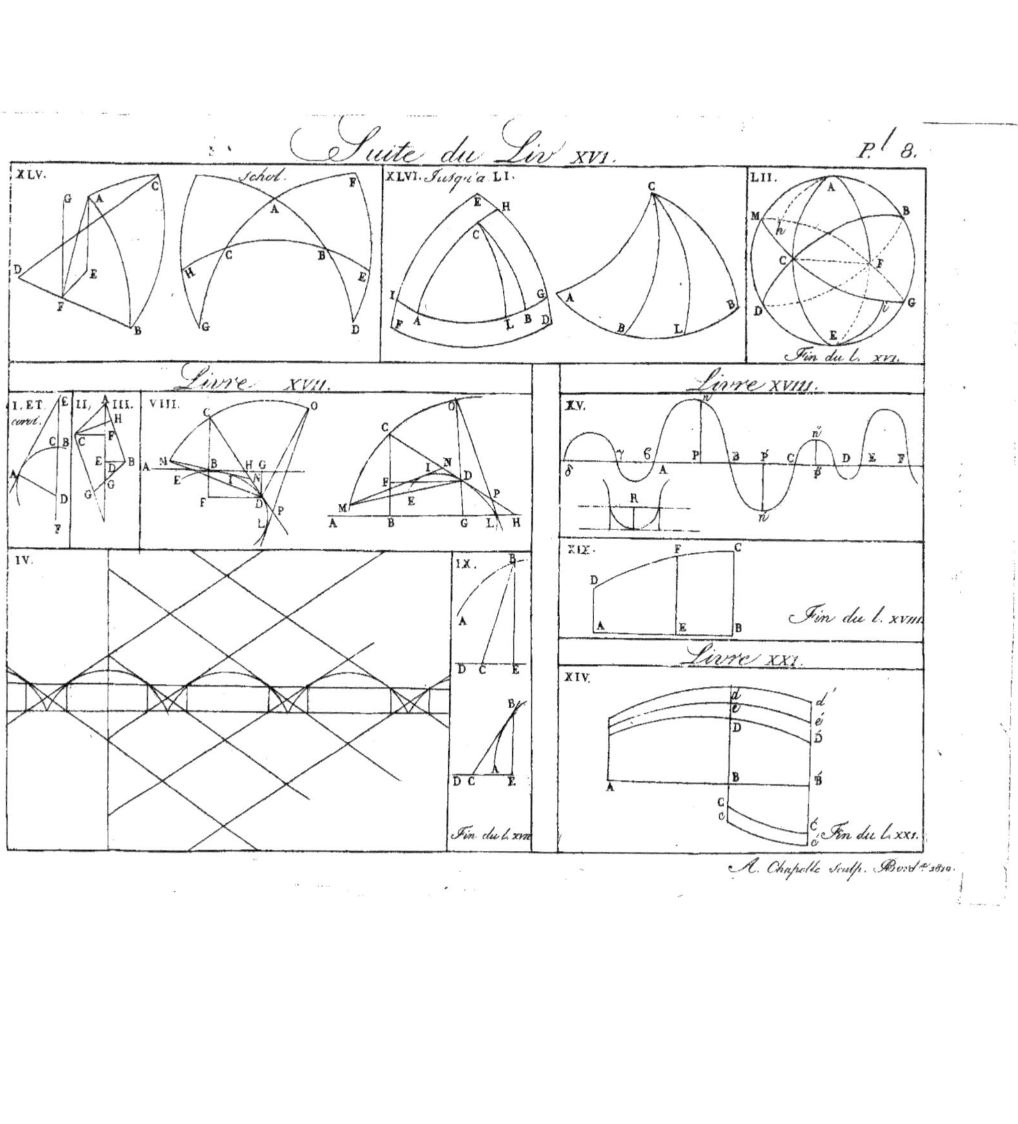

Suite du Liv. XVI.
Pl. 8.
XLV.
schol.
XLVI. Jusqu'a LI.
LII.
Fin du l. XVI.
Livre XVII.
I. ET corol.
II.
III.
VIII.
Livre XVIII.
XV.
IV.
IX.
XIX.
Fin du l. XVIII.
Livre XXI.
XIV.
Fin du l. XVII.
Fin du l. XXI.
A. Chapelle Sculp. Bord.x 1810.